一流本科专业一流本科课程建设系列教材

电力系统自动装置
第3版

主　编　武晓冬　李凤荣
参　编　马丽英　刘　芳　任婷婷

机械工业出版社

本书根据电力系统自动装置的教学要求，结合我国目前电力系统自动化技术的发展，重点讲述了电力系统自动装置的工作原理和实际应用。全书共分为七章，主要内容包括同步发电机的自动并列、电力系统电压的自动调节、电力系统频率及有功功率的自动调节、电力系统自动化技术概论、自动重合闸、电力系统自动低频减载装置及其他安全自动装置，同时在每章后附有复习思考题。

本书主要作为普通高等学校电气类专业的教材，也适用于成人高等教育和高职高专院校，同时也可供相关工程技术人员参考。

本书每章配有一个二维码，将本章重点和难点内容进行音视频讲解。

图书在版编目（CIP）数据

电力系统自动装置/武晓冬，李凤荣主编. —3 版. —北京：机械工业出版社，2022.7（2025.1 重印）

一流本科专业一流本科课程建设系列教材

ISBN 978-7-111-70763-9

Ⅰ.①电… Ⅱ.①武… ②李… Ⅲ.①电力系统-自动装置-高等学校-教材 Ⅳ.①TM76

中国版本图书馆 CIP 数据核字（2022）第 080740 号

机械工业出版社（北京市百万庄大街 22 号 邮政编码 100037）

策划编辑：王雅新 责任编辑：王雅新 聂文君

责任校对：潘 蕊 王明欣 封面设计：张 静

责任印制：邹 敏

中煤（北京）印务有限公司印刷

2025 年 1 月第 3 版第 3 次印刷

184mm×260mm · 12.5 印张 · 286 千字

标准书号：ISBN 978-7-111-70763-9

定价：39.80 元

电话服务　　　　　　　　　网络服务

客服电话：010-88361066　　机 工 官 网：www.cmpbook.com

　　　　　010-88379833　　机 工 官 博：weibo.com/cmp1952

　　　　　010-68326294　　金 书 网：www.golden-book.com

封底无防伪标均为盗版　　机工教育服务网：www.cmpedu.com

前　言

电力是国民经济发展的基础性产业，在国家能源结构中占有重要地位。电力系统自动控制技术对于科学配置电力资源、提高电力系统整体运行效率和运行质量具有关键作用。党的二十大报告指出："必须坚持科技是第一生产力、人才是第一资源、创新是第一动力，深入实施科教兴国战略、人才强国战略、创新驱动发展战略，开辟发展新领域新赛道，不断塑造发展新动能新优势。"这一要求为电力系统自动控制技术的创新发展和普及应用指明了方向。

本书内容以推动国家电力高质量发展为导向，立足于电力系统规模不断扩大、电力系统的结构和运行方式日益复杂的实际，全面阐明了电力系统自动装置基本原理、运行特性，详尽介绍了微机型自动装置的特点及实现方法。同时，在第2版的基础上，注重新能源高渗透率背景下新原理、新技术的应用，增加了部分新能源技术及其自动装置的介绍，为在新能源发展进程中有效平移、改进、创新工业自动化技术，推动新能源行业技术进步，拓展电力系统自动控制技术的市场空间，促进产学研深度融合，做出有益探索。

在编写过程中，本着理论联系实际的原则，力求简单实用和通俗易懂，尽量避免复杂的公式推导，对具体的自动装置不做过于细致的动作过程分析，因此可读性较强，既可作为普通高等学校电力工程类专业的教材，也适用于成人高等教育和高职高专院校，同时也可供相关工程技术人员参考。

本书由山西大学相关专业老师共同编写，全书共分为七章，其中第一章为同步发电机的自动并列，由李凤荣编写；第二章为电力系统电压的自动调节，由刘芳编写；第三章为电力系统频率及有功功率的自动调节，第四章为电力系统自动化技术概论，由武晓冬编写；第五章为自动重合闸，由任婷婷编写；第六章为电力系统自动低频减载装置，由马丽英编写；第七章为电力系统其他安全自动装置，其中的备用电源自动投入装置由马丽英编写，厂用电切换、自动解列及故障录波装置由任婷婷编写。

本书在编写过程中参考了本领域许多著作及相关技术资料，得到了各方面的支持与帮助，编者在此一并表示衷心的感谢。

由于编者水平有限，书中难免存在不妥和错误，敬请广大读者批评指正。

编　者

目 录

绪　　论

随着电力系统规模的越来越大及单机容量的不断提高，电网结构日趋复杂，电力系统运行方式的变化越来越频繁。因此，为保证电能质量，使电力系统更加安全、可靠地运行，对电力系统自动化技术的要求越来越高，也促进了电力系统自动化技术的快速发展。

根据电力系统的组成和运行特点，电力系统的自动化技术一般包括电力系统自动监视和控制、电厂动力机械自动控制和电力系统自动装置。

电力系统自动监视和控制的主要任务是提高电力系统的安全、经济运行水平，电力系统中各发电厂、变电所把反映电力系统运行状态的实时信息，由远动终端装置送给调度控制中心的计算机系统，由计算机及时地对电力系统的运行进行分析并得出安全经济运行的决策，然后通过人机联系系统显示出来，供运行人员参考，由于经安全分析后及时采取预防性措施，极大地提高了电力系统运行的安全性。

电厂动力机械的控制是电厂自动控制的主要组成部分，它随电厂的类型不同而有很大差别，如火电厂中的锅炉和汽轮机的自动控制系统与水电厂中水力机械的自动控制系统分属各自专业对这一领域的研究。

电力系统自动装置，是指对发电厂、变电所电气主接线设备运行进行控制和操作的自动装置，是直接为电力系统安全、经济运行和保证电能质量服务的基础自动化设备。电压和频率是电能质量的两个主要指标，电力系统发生事故时，需要采取各种措施保证电压和频率的稳定。

在电力系统自动装置中，同步发电机的自动并列装置既可保证同步发电机并列操作的正确性和安全性，同时又加快了发电机的并列过程；同步发电机的自动励磁控制系统可保证系统电压水平、提高电力系统稳定性及加快故障切除后电压的恢复，同时可使无功功率在并联运行机组间合理分配，使系统运行更加经济；电力系统频率及有功功率的自动调节装置可保证电力系统正常运行时有功功率的自动平衡，使电力系统频率在规定范围内变动，同时可使有功功率在并联运行机组间合理分配，提高系统运行的经济性；在电力系统自动化的进一步发展中，电网调度自动化系统可以和火电厂自动化、水电厂自动化、变电站综合自动化、配电自动化及前述各种自动化装置进行协调、融汇和整合，实现更高层次上的电力系统综合自动化，进一步保证了电能质量，提高电力系统经济运行水平；输电线路的自动重合闸装置、备用电源自动投入装置可提高系统供电的可靠性；电力系统自动低频减载装置，可防止电力系统有功不足时引起的系统频率的大幅度降低，保证系统的稳定运行。

上述这些电力系统安全自动装置及自动化技术在电力系统中应用相当普遍，为电力系统安全经济运行发挥着极其重要的作用。

第一章
同步发电机的自动并列

第一节　概述

一、自动并列的意义

电力系统中的负荷是随机变化的，为保证电能质量，需要经常将发电机投入和退出运行；另外，当系统发生某些事故时，也常要求将备用发电机组迅速投入运行。在上述情况下，把一台空载运行的发电机经过必要的调节，在满足并列运行的条件下经断路器操作与系统并列，这种操作过程称为同步发电机的并列操作。因此，同步发电机的并列操作是发电厂中一项重要的操作。在某些情况下，需要将已经解列的电力系统的两部分重新联合运行，这种操作也属于并列操作。两电网间的并列操作与同步发电机的并列操作相比，其调节过程更为复杂，涉及的面较广，内容也较为烦琐。因此本书仅讨论同步发电机的并列操作。

在发电厂中，每一个有可能进行并列操作的断路器都称为电厂的同期点。如图 1-1 所示，每个发电机的断路器都是同期点，因为各发电机的并列操作都在各自的断路器上进行；母联断路器是同一母线上所有发电单元的后备同期点；当变压器检修完毕投入运行时，可以在变压器的低压侧进行并列操作；对于三绕组变压器，为了减少并列

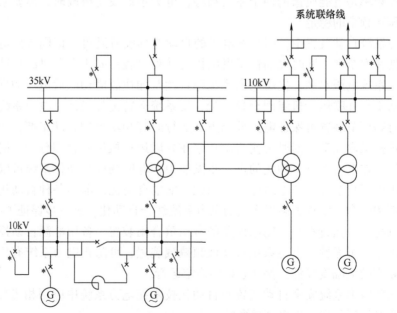

图 1-1　发电厂的同期点举例（＊表示同期点）

进行时可能出现的母线倒闸操作，保证迅速可靠地恢复供电，其高、中、低三侧都有同期点；110kV 以上线路，当设有旁路母线时，在线路主断路器因故退出工作的情况下，也可利用旁路母线断路器进行并列操作；而母线分段断路器一般不作为同期点，因为低压侧母线解列时，高压侧是连接的，因此没有设同期点的必要。

电力系统的容量在不断增大，同步发电机的单机容量也越来越大，如操作不当将损坏发电机并引起系统电压波动，严重时可能导致系统振荡，破坏电力系统稳定运行。因此，同步发电机组在并列时应遵循以下两个原则：

1）并列断路器合闸时，冲击电流尽可能小，其瞬时最大值一般不超过发电机额定电流的 1~2 倍。

2）发电机组并入电网后，应能迅速进入同步运行状态，其暂态过程要短，以减小对电力系统的扰动。

二、同步发电机并列操作的方法

同步发电机的并列操作方法可分为准同期并列和自同期并列两种。

（一）准同期并列

准同期并列是指先给待并发电机加上励磁，使其建立起电压，调整发电机的电压和频率，在符合同步条件时，合上并列断路器，将发电机并入系统。

任一发电机电压和系统电压的瞬时值均可表示为

$$\begin{cases} u_{\mathrm{G}} = U_{\mathrm{Gm}}\sin(\omega_{\mathrm{G}}t + \varphi_{0\mathrm{G}}) \\ u_{\mathrm{S}} = U_{\mathrm{Sm}}\sin(\omega_{\mathrm{S}}t + \varphi_{0\mathrm{S}}) \end{cases} \tag{1-1}$$

式中　U_{Gm}，U_{Sm}——发电机电压和系统电压的幅值；

ω_{G}，ω_{S}——发电机电压和系统电压的角频率；

$\varphi_{0\mathrm{G}}$，$\varphi_{0\mathrm{S}}$——发电机电压和系统电压的初相位。

上述电压的幅值、角频率和相位是用来恒量电压的三个重要的状态量。图 1-2 为发电机与系统并列示意图，图 1-2a 中 QF 为并列断路器即同期点，QF 的一端为待并发电机 G，其电压相量为 $\dot U_{\mathrm{G}}$；QF 的另一端为系统，其电压相量为 $\dot U_{\mathrm{S}}$。由于 QF 两侧电压的状态量不相等，QF 触头两端存在电压差 $\dot U_{\mathrm{d}}$，如图 1-2b 所示。

当电网参数一定时，$\dot U_{\mathrm{d}}$ 值越大，则合闸瞬间产生的冲击电流就越大。若要合闸瞬间冲击电流等于零且对电网不产生任何扰动，则应使 $\dot U_{\mathrm{d}}$ 值为零。因此，发电机并入系统的理想条件是断路器两侧电压的三个状态量完全相等，即

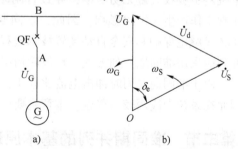

图 1-2　发电机与系统并列示意图

a）一次系统图　b）相量图

$$\left.\begin{array}{l} \omega_{\mathrm{G}} = \omega_{\mathrm{S}} \text{ 或 } f_{\mathrm{G}} = f_{\mathrm{S}} \\ U_{\mathrm{G}} = U_{\mathrm{S}} \\ \delta_{\mathrm{e}} = 0 \end{array}\right\} \tag{1-2}$$

式中 δ_e——发电机电压 $\dot{U}_G$ 和系统电压 $\dot{U}_S$ 之间的相位差。

当满足上述条件时，则图1-2b中 $\dot{U}_G$ 和 $\dot{U}_S$ 两个相量完全重合并保持同步旋转，并列合闸瞬间的冲击电流等于零，且并列后发电机与电网立即进入同步运行状态，没有任何扰动现象。

（二）自同期并列

自同期并列是将一台未加励磁电流的发电机升速到接近额定转速，转差角频率 ω_d（$\omega_d = \omega_G - \omega_S$）不超过允许值，且在机组的加速度小于一定值的前提下，首先合上并列断路器QF，接着立即合上励磁开关SE，给发电机加上励磁电流，在发电机电动势逐渐增加的过程中，由系统将并列的发电机拉入同步运行。其并列示意图如图1-3所示。

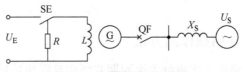

图1-3 自同期并列示意图

在发电机以自同期方式并入电网的瞬间，未经励磁的发电机接入电网，相当于电网经发电机次暂态电抗 X_d'' 短路，由此产生的冲击电流周期分量 I_m'' 为

$$I_m'' = \frac{U_S}{X_d'' + X_S} \tag{1-3}$$

式中 U_S——归算到发电机端的系统电压；

X_S——归算后的系统等值电抗。

式(1-3)表明，当发电机参数一定时，自同期并列的冲击电流主要取决于系统的情况，即决定于 U_S 和 X_S 的大小。

自同期并列方式的优点是操作简单、速度快，在系统发生故障、频率波动较大时，发电机组能迅速投入运行，可避免故障扩大，有利于处理系统事故。但因合闸瞬间发电机定子吸收大量无功功率，导致合闸瞬间系统电压下降较多，将对其他用电设备的正常工作产生一定的影响，因此，自同期并列方式在使用时有其局限性。GB 14285—2006《继电保护和安全自动装置技术规程》规定："在正常运行情况下，同步发电机的并列应采用准同期并列方式；在故障情况下，水轮发电机可以采用自同期并列方式"。

由于准同期并列时冲击电流比较小，不会使系统电压下降，并列后容易拉入同步，因而在系统中应用较为普遍。本章主要讨论同步发电机的准同期并列装置。

第二节 准同期并列的基本原理

一、准同期并列条件分析

当发电机采用准同期并列时，最理想的并列情况是在断路器触头合闸的瞬间，发电机电压和系统电压的三个状态量完全相等，即如式(1-2)，这样并列过程中产生的冲击电流为零，对系统不会造成任何扰动。但是，在实际运行中，同时满足式(1-2)中的三个条件几乎是不可能的，事实上也没有必要。只要并列时产生的冲击电流小于规定的允许值，不会危及设备安全，并列过程中对发电机和系统影响较小，不致引起不良后果，可以允许三个状态量有一定的偏差。但是，偏差值要控制在一定的允许范围内。下面分别分析式(1-2)中的任一条件不满足时所产生的冲击电流。

（一）电压幅值不相等

设发电机并列时断路器两侧电压相量如图1-4a所示，即断路器两侧电压的频率相等，合闸时相位差等于零，但两电压幅值不相等。

由于电压幅值不等所产生的冲击电流的有效值为

$$I_m'' = \frac{U_G - U_S}{X_d'' + X_S} \tag{1-4}$$

式中　U_G，U_S——发电机电压、电网电压有效值；

　　　　X_d''——发电机直轴次暂态电抗；

　　　　X_S——系统等值电抗。

由图1-4a可见，冲击电流主要为无功电流分量，其瞬时最大值为

$$i_m'' = 1.8\sqrt{2}I_m'' \tag{1-5}$$

这时冲击电流所产生的电动力会对发电机绕组产生危害，当电动力较大时，有可能引起发电机绕组的端部变形。

（二）相位不相同

设并列合闸时断路器两侧电压相量如图1-4b所示，即断路器两侧电压幅值相等、频率相等，但在合闸瞬间存在相位差。

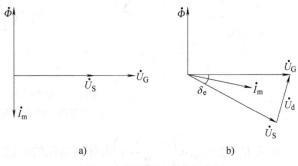

a)　　　　　　　　　b)

图1-4　准同期并列条件分析

a) 电压幅值不相等　b) 相位差不为零

由于合闸瞬间存在相位差所产生的冲击电流有效值为

$$I_m'' = \frac{2U_G}{X_q'' + X_S}\sin\frac{\delta_e}{2} \approx \frac{U_G}{X_q'' + X_S}\sin\delta_e \tag{1-6}$$

式中　X_q''——发电机交轴次暂态电抗。

当δ很小时，有$2\sin\dfrac{\delta_e}{2} \approx \sin\delta_e$。参照式(1-5)，可求出其冲击电流最大瞬时值。这时冲击电流既有有功分量，也有无功分量，当相位差较小时主要为有功电流分量，说明合闸后发电机与电网间立刻交换有功功率，使机组的联轴受到突然冲击。合闸相位差的存在，意味着在并列瞬间，发电机定子所产生的电磁转矩在极短的时间内要强迫转子纵向磁轴与其取向一致，不难想象一个数百吨重的转子在很短时段内立即旋转一个相当于相位差的电角度会产生巨大的机械转矩冲击，这会导致发电机转子绕组及轴系的机械损伤。因此，为了保证机组的安全运行，应将此冲击电流限制在较小数值内，也就是要将并列时的相位差δ_e控制在一定范围内，而且当发电机容量越大时，对δ_e值的限制越严。

（三）频率不相等

设待并发电机与系统的电压相量如图 1-5a 所示，即断路器两侧电压幅值相等、但两电压频率不同。

由于频率不相等，在断路器两侧产生的电压差为脉振变化，如图 1-5b 所示，脉振电压 u_d 为

$$u_d = U_{Gm}\sin(\omega_G t + \varphi_{0G}) - U_{Sm}\sin(\omega_S t + \varphi_{0S}) \tag{1-7}$$

设 $\varphi_{0G} = \varphi_{0S} = 0$，$U_{Gm} = U_{Sm}$，则

$$u_d = 2U_{Gm}\sin\left(\frac{\omega_G - \omega_S}{2}t\right)\cos\left(\frac{\omega_G + \omega_S}{2}t\right) \tag{1-8}$$

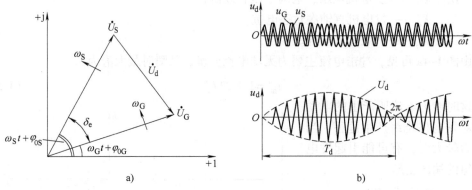

图 1-5 脉振电压
a）相量图　b）波形图

定义 $U_d = 2U_{Gm}\sin\left(\dfrac{\omega_G - \omega_S}{2}t\right)$ 为脉振电压的幅值，则式（1-8）可表示为

$$u_d = U_d\cos\left(\frac{\omega_G + \omega_S}{2}t\right) \tag{1-9}$$

由式（1-9）可见，脉振电压 u_d 的波形可看成是幅值为 U_d、频率接近于工频的交流电压。

发电机电压与系统电压的频率差称为转差，用 f_d 表示；其角频率差相应称为转差角频率，用 ω_d 表示，即

$$\left.\begin{array}{l} f_d = f_G - f_S \\ \omega_d = \omega_G - \omega_S \end{array}\right\} \tag{1-10}$$

图 1-5a 所示两电压相量的相位差 δ_e 为

$$\delta_e = \omega_d t \tag{1-11}$$

因此，脉振电压的幅值 U_d 又可表示为

$$U_d = 2U_{Gm}\sin\frac{\omega_d t}{2} = 2U_{Gm}\sin\frac{\delta_e}{2} = 2U_{Sm}\sin\frac{\delta_e}{2} \tag{1-12}$$

由图 1-5b 可见，若将系统电压 $\dot{U}_S$ 作为参考相量，则待并发电机电压 $\dot{U}_G$ 将以转差角频率 ω_d 的速度围绕 $\dot{U}_S$ 旋转，当相位 δ_e 由 0 到 π 时，$\dot{U}_d$ 相应从零变到最大值；当 δ_e 从 π 变到 2π 时，$\dot{U}_d$ 又从最大值回到零。$\dot{U}_G$ 旋转一周的时间称为一个脉振周期，用

T_d 表示。则 T_d 与转差频率 f_d 及转差角频率 ω_d 的关系为

$$T_d = \frac{1}{f_d} = \frac{2\pi}{\omega_d} \tag{1-13}$$

脉振周期 T_d、转差频率 f_d 及转差角频率 ω_d 均可用来表示待并发电机频率与电网频率之间的差值。转差频率大，则脉振周期短；转差频率小，则脉振周期长。例如，某发电机并列时，规定允许的转差角频率为 $\omega_d \leqslant 0.2\% \omega_N$，$f_N = 50\text{Hz}$，即

$$\omega_d \leqslant 0.2 \times \frac{2\pi f_N}{100} = 0.2\pi \text{ rad/s}$$

对应的脉动电压周期 T_d 为

$$T_d \geqslant \frac{2\pi}{\omega_d} = \frac{2\pi}{0.2\pi} = 10\text{s}$$

也就是说，当脉振周期 $T_d > 10\text{s}$ 时，转差角频率 $\omega_d < 0.2\% \omega_N$，满足发电机并列的要求。

由式 (1-11) 可知，当转差角频率 ω_d 一定时，相位差 δ_e 是时间 t 的函数，所以并列时合闸相位差与发出合闸信号的时间有关，如果刚好在 $\delta_e = 0$ 时合上并列断路器触头，则合闸瞬间的冲击电流等于零；如果在 $\delta_e = \pi$ 时并列断路器触头合闸，则产生最大冲击电流，给系统和发电机带来较大危害。因此，选择发出合闸信号的时刻非常关键，这一问题将在后面的内容中着重讨论。另外还需指出，如果并列时发电机与系统频率差较大，即使合闸时相位差 δ_e 很小，但合闸后发电机需要经历一个很长的暂态过程才能进入同步运行状态，严重时可能失步，因此从并列后应迅速进入同步运行的角度出发，应控制并列时的频率差。

式 (1-12) 所示的脉振电压 U_d 与相位差 δ_e 间的函数关系可用波形图表示，如图 1-6 所示。由图 1-6 可见：

当 $\delta_e = 0$ 时，$U_d = 0$；

当 $\delta_e = \pi$ 时，$U_d = 2U_{Gm} = 2U_{Sm}$。

因此，通过测量脉振电压的数值即可判断 δ_e 的大小。

另外，在图 1-6 中，脉振电压两最小值之间的时间差，刚好是一个脉振周期 T_d，所以通过测量该时间的长短便可知转差频率 f_d 和转差角频率 ω_d 的大小。

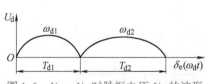

图 1-6 $U_G = U_S$ 时脉振电压 U_d 的波形

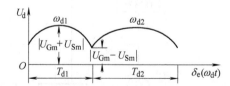

图 1-7 U_G 与 U_S 不相等时脉振电压 U_d 的波形

图 1-7 所示为发电机电压与系统电压不相等时脉振电压的波形图。由图 1-5a 的相量图可知，当断路器两侧电压幅值不相等时，脉振电压 U_d 可由三角公式求得：

$$U_d = \sqrt{U_{Gm}^2 + U_{Sm}^2 - 2U_{Gm}U_{Sm}\cos\delta_e} \tag{1-14}$$

当 $\delta_e = 0$ 时，$U_d = U_{Gm} - U_{Sm}$，此时脉振电压最小，为两电压幅值差。

当 $\delta_e = \pi$ 时，$U_d = U_{Gm} + U_{Sm}$，此时脉振电压最大，为两电压幅值和。

在图1-7中，脉振电压的最小值即反映了断路器两侧电压差的大小；两最小值之间的时间代表了脉振周期的长短；电压最小值出现在相位差最小时。

上述分析表明，在脉振电压 $\dot{U}_\mathrm{d}$ 的波形中含有准同期并列需检测的三个条件，即电压幅值差、频率差以及相位差随时间变化的规律。因此可见，脉振电压是一个非常重要的量，通过其波形中所包含的这些信息，即可判断准同期并列的条件是否满足要求。因此在早期的准同期并列装置中，多利用脉振电压进行并列条件的检测。但随着电子元器件的更新和自动控制技术的发展，其检测方法也有所不同，在后续的内容中将详细讲述。

需要指出的是，并列过程中转差角频率 ω_d 不仅在不同的脉振周期具有不同值，即使在同一个脉振周期内，ω_d 也是变化的。但为了简化分析，在图1-6和图1-7中，假设一个脉振周期内 ω_d 不变。

由以上对三个准同期并列条件的分析可知，在准同期并列时，电压差、相位差和频率差都会对发电机的运行、寿命及系统稳定产生直接的影响，但电压差和频率差产生的影响要轻于相位差的危害。在两电源间存在电压差和频率差时并列，会造成无功功率和有功功率的冲击，即在断路器合闸的瞬间，电压高的一侧会向电压低的一侧输送无功功率，频率高的一侧会向频率低的一侧输送有功功率，但在发电机空载的情况下，即使存在较大的电压差和频率差，其所产生的功率交换也是有限的，不会对发电机造成伤害。因为发电机在正常运行时具有承受一定负荷波动的能力。但是，如果在具有较大相位差的情况下并列，如前所述，会对发电机转子轴系产生较大损害，例如，绕组线棒变形松脱、出现转子一点或多点接地、联轴器螺栓扭曲、主轴出现裂纹等。

二、准同期并列装置的构成

准同期并列装置主要由频率差控制单元、电压差控制单元和合闸信号控制单元组成，如图1-8所示。

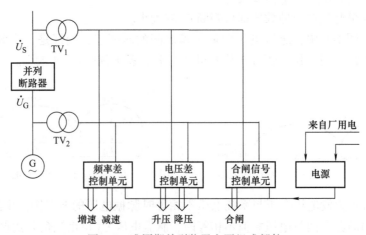

图1-8　准同期并列装置主要组成部件

（1）频率差控制单元　其作用是检测发电机电压 $\dot{U}_\mathrm{G}$ 与系统电压 $\dot{U}_\mathrm{S}$ 间的转差角频率 ω_d，调节发电机的转速，使待并发电机的频率接近于系统频率。

（2）电压差控制单元 其功能主要是检测发电机与系统间的电压差 U_d，调节发电机电压，使之与系统电压间的差值小于规定允许值，以促使并列条件的形成。

（3）合闸信号控制单元 其功能是检查并列条件，当待并发电机的频率与电压都满足并列要求时，选择适当的时间发出合闸信号，使并列断路器主触头接通时，相位差 δ_e 接近于零或控制在允许的范围内。

三、准同期并列装置的分类

发电机的准同期并列装置，按其自动化程度的不同可以分为以下几种。

（一）手动准同期并列装置

手动准同期并列装置是将供同期操作用的表计和操作开关装在同步小屏或中央信号屏上，运行操作人员通过监视电压表、频率表和同步表，判断待并发电机与系统间的电压差 U_d、频率差 ω_d 的大小并进行调整，当并列条件满足时，选择合适的时间操作断路器合闸。

在手动准同期并列中，待并发电机电压和频率完全由操作人员手动调节，使其逐渐接近系统电压和频率，当电压差和频率差小于规定允许值时，捕捉最佳合闸时机，在相位差 δ_e 符合要求时将断路器合上。在此过程中，由于操作人员技术不娴熟及紧张犹豫等原因，可能会延误并网时机，拖长并网时间；也可能在存在相位差的情况下并网，给发电机带来一定的冲击。另外，当几台机组共用一套并列装置时，各机组间的控制电缆较多，接线复杂，同步屏与并列断路器的控制地点距离较远，由于视觉误差可能引起同步操作错误。

（二）半自动准同期并列装置

半自动准同期并列装置是指在并列过程中，待并发电机的电压 U_G 和频率 f_G 由运行操作人员监视和调整，当频率和电压都满足并列条件时，并列装置自动选择合适的时间发出合闸信号。它与手动准同期并列的区别是合闸信号由装置经判断后自动发出，而不是由运行人员手动合闸。

（三）自动准同期并列装置

自动准同期并列装置是在并列过程中，由装置自动监视发电机与系统间的电压差和频率差，当电压差和频率差不合格时，由自动调节单元发出调节脉冲，直到 U_d 和 ω_d 符合要求后，自动选择理想的时机发出合闸信号。

由于发电机一般都配有自动电压调节装置，因此在有人值班的发电厂中，发电机的电压往往由运行人员直接操作控制，这样在图1-8中不必配置电压差控制单元，从而简化了并列装置的结构；在无人值班的发电厂中，自动准同期并列装置需设置具有电压自动调节功能的电压差调整单元，当发电机并列时，其电压和频率都由并列装置自动调节，整个并列过程无须运行人员参与。

在准同期并列装置中，合闸信号的控制是整个装置的核心，其控制原则是在电压差和频率差都满足并列条件的情况下，适时发出合闸信号，使断路器触头在 $\delta_e=0$ 时闭合。由于并列装置合闸出口继电器具有一定的动作时间 t_C 以及断路器存在固有的合闸时间 t_{QF}，因此，若要在 $\delta_e=0$ 的瞬间断路器触头刚好闭合，就必须在此之前发出合闸信号。根据合闸信号所取提前量的不同，准同期并列装置又可分为恒定越前相位和恒定越前时间两种不同类型。

1. 恒定越前相位准同期并列

恒定越前相位准同期并列是指合闸信号的提前量为一恒定的相位 δ_{YJ}，即在发电机电压相量 $\dot{U}_G$ 与系统电压相量 $\dot{U}_S$ 重合（$\delta_e = 0$）之前 $\delta_e = \delta_{YJ}$ 时，发出合闸信号。

由于在并列断路器合闸前发电机频率是变化的，即在不同脉动周期其转差角频率 ω_d 具有不同的值，即使在同一个脉振周期内 ω_d 也可能是不固定的。因此，每个脉振周期与恒定越前相位 δ_{YJ} 对应的越前时间 t_{YJ} 也是不同的，它与 δ_{YJ} 的关系为

$$t_{YJ} = \frac{\delta_{YJ}}{\omega_d} \tag{1-15}$$

设在某一脉振周期 $\omega_d = \omega_{d1}$，在 $\delta_e = \delta_{YJ}$ 时发出合闸信号，则与此对应的越前时间 $t_{YJ} = \delta_{YJ}/\omega_{d1}$，如果此时间刚好等于并列装置出口继电器的动作时间 t_C 和断路器的合闸时间 t_{QF} 之和，则意味着在断路器触头闭合时刚好 $\delta_e = 0$，此过程可用相量图1-9表示。

在图1-9中，仍将系统电压 $\dot{U}_S$ 作为参考相量，待并发电机电压 $\dot{U}_G$ 将以转差角频率 ω_d 的速度围绕 $\dot{U}_S$ 逆时针方向旋转（假设 $\omega_G > \omega_S$）。图1-9a所示为 $\omega_d = \omega_{d1}$，合闸时发电机电压相量 $\dot{U}_G$ 与系统电压 $\dot{U}_S$ 重合。

1）当 $\omega_d = \omega_{d2} > \omega_{d1}$ 时，则越前时间 $t_{YJ} < t_C + t_{QF}$，即在断路器合闸时，发电机电压相量 $\dot{U}_G$ 已经超前于系统电压 $\dot{U}_S$，如图1-9b所示。

2）当 $\omega_d = \omega_{d3} < \omega_{d1}$ 时，则越前时间 $t_{YJ} > t_C + t_{QF}$，即在断路器合闸时，发电机电压相量 $\dot{U}_G$ 滞后于系统电压 $\dot{U}_S$，如图1-9c所示。

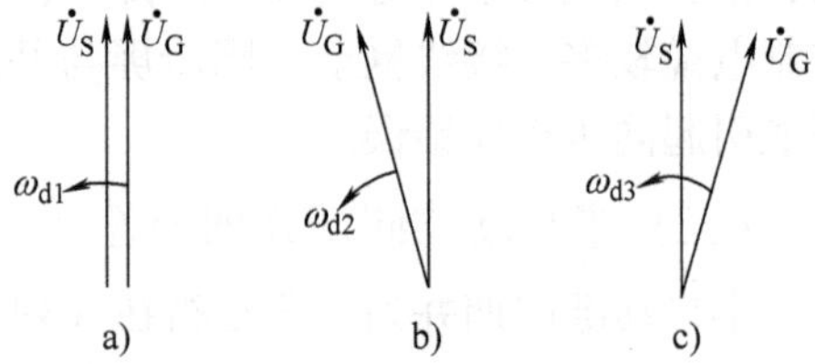

由此可见，当提前量为恒定相位时，很

图1-9　恒定越前相位原理分析
a) $\omega_d = \omega_{d1}$　b) $\omega_{d2} > \omega_{d1}$　c) $\omega_{d3} < \omega_{d1}$

难保证从发出合闸信号到断路器合上时，$\dot{U}_G$ 与 $\dot{U}_S$ 刚好重合。这样便可能造成合闸时存在相位差，由此相位差产生一定的冲击电流。

2. 恒定越前时间准同期并列

恒定越前时间准同期并列是指合闸信号的提前量为一恒定的时间 t_{YJ}，即在发电机电压相量 $\dot{U}_G$ 与系统电压相量 $\dot{U}_S$ 重合（$\delta_e = 0$）之前 t_{YJ} 时发出合闸信号。因为越前时间是固定的，因此，在不同的脉振周期与越前时间对应的越前相位 δ_{YJ} 是变化的，δ_{YJ} 与 ω_d 成正比。如果整定 $t_{YJ} = t_C + t_{QF}$，则从理论上讲，在不同的脉振周期，无论 ω_d 等于多少，都可以保证断路器合闸时相位差 $\delta_e = 0$。但实际上由于装置的越前信号时间、出口继电器的动作时间及断路器的合闸时间存在分散性，因而合闸时仍难免具有合闸相位误差。当 ω_d 越大时，合闸误差角就越大，由此产生的冲击电流也就越大，因此合闸时转差角频率必须限制在一定范围之内。

由于恒定越前时间准同期并列的优点，在准同期并列装置中，大多采用恒定越前时间原理实现合闸信号的控制。

四、恒定越前时间准同期并列装置的整定计算

（一）越前时间 t_{YJ}

根据前面分析，恒定越前时间应等于并列装置出口继电器的动作时间 t_C 与断路器合闸时间 t_{QF} 之和，即

$$t_{YJ} = t_C + t_{QF} \tag{1-16}$$

当并列断路器的类型不同时，其合闸时间也有所区别，并列装置中的越前时间 t_{YJ} 应能随之相应调整。

（二）允许电压差

并列时断路器两侧的电压差会导致冲击电流，其大小与电压差值成正比。因此，为了限制并网合闸时的冲击电流，一般规定待并发电机电压 U_G 与系统电压 U_S 间的差值 U_d 不应超过额定电压 U_N 的 $10\% \sim 15\%$，即

$$U_d \leqslant (0.1 \sim 0.15) U_N \tag{1-17}$$

（三）允许转差角频率

由于并列装置出口继电器和断路器的合闸时间都存在误差，因此造成断路器合闸时有一定的相位误差，由于合闸相位差产生的冲击电流有效值可根据式（1-6）求出。假设发电机允许的最大冲击电流为 i_m''，则合闸时允许的最大相位误差 δ_{eY} 为

$$\delta_{eY} = \arcsin \frac{i_m''(X_q'' + X_S)}{1.8 \times \sqrt{2}\, U_G} \tag{1-18}$$

在时间误差一定的条件下，相位差 δ_e 与转差角频率 ω_d 成正比。因此，由式（1-18）可求得允许转差角频率 ω_{dY} 为

$$\omega_{dY} = \frac{\delta_{eY}}{|\Delta t_C| + |\Delta t_{QF}|} \tag{1-19}$$

式中　$|\Delta t_C|$，$|\Delta t_{QF}|$——并列装置出口继电器和断路器的动作误差时间。

【例 1-1】　某发电机采用自动准同期并列方式与系统并列，系统的参数已归算到以发电机额定容量为基准的标幺值。一次系统参数为：发电机交轴次暂态电抗 $X_q'' = 0.125$；系统等值机组的交轴次暂态电抗与线路电抗为 0.25；断路器合闸时间 $t_{QF} = 0.5s$，它的最大误差时间为 ±20%；自动并列装置的最大误差时间为 ±0.05s；待并发电机允许的最大冲击电流值为 $i_m'' = \sqrt{2} I_{GN}$。试计算允许合闸误差角 δ_{eY}、允许转差角频率 ω_{dY} 及相应的脉动电压周期 T_d。

解：（1）允许合闸误差角 δ_{eY}：

$$\delta_{eY} = \arcsin \frac{i_m''(X_q'' + X_S)}{1.8 \times \sqrt{2}\, U_G} = \arcsin \frac{\sqrt{2} \times 1 \times (0.125 + 0.25)}{1.8 \times \sqrt{2} \times 1.05} = \arcsin 0.1984 = 0.199 \text{rad}$$

式中，U_G 按 1.05 计算是考虑到并列时电压有可能超过额定电压的 5%。

（2）允许转差角频率 ω_{dY}：

断路器的最大合闸时间误差：$\Delta t_{QF} = 0.5 \times 0.2 \text{s} = 0.1 \text{s}$

自动并列装置的误差时间：$\Delta t_C = 0.05 \text{s}$

$$\omega_{dY} = \frac{0.199}{0.1 + 0.05} rad/s = 1.33 rad/s$$

（3）脉动电压周期 T_d：

$$T_d = \frac{2\pi}{\omega_{dY}} = \frac{2\pi}{1.33} = 4.7s$$

上述计算结果表明，若要并列产生的冲击电流不超过 $\sqrt{2}I_{GN}$，则合闸时的转差角频率应小于 1.33rad/s。

第三节　频率差的测量及调整

一、并列装置的控制逻辑

恒定越前时间型准同期并列装置的合闸信号控制单元由转差角频率检测、电压差检测和越前时间信号等环节组成，其控制逻辑如图 1-10a 所示。由图可见，恒定越前时间信号能否通过与门 Y1 成为合闸信号，取决于转差角频率检测和电压差检测的结果。如果其中任何一个不符合并列条件，由或非门 H1 输出的非逻辑将使与门 Y1 闭锁，使得越前时间信号不能通过与门 Y1，也就不能发出合闸信号。只有当转差角频率和电压差都符合并列条件时，越前时间信号才能通过与门 Y1 成为合闸信号输出。由此可见，在一个脉振电压周期内，必须在越前时间信号到达之前完成频率差和电压差的检测，以决定是否让越前时间信号通过与门，也就是决定是否允许并列合闸。

如果在一个脉振周期中，转差角频率和电压差的大小恒定不变，则在脉振电压的前半周期和后半周期进行检测是一样的。但从前面的分析知道，随着发电机频率和电压的不断调节，转差角频率及电压差是变化的，即在一个脉振周期的前半周期和后半周期是不一样的。显然，在脉振电压的后半周期进行频率差和电压差的检测更为合理。电压差检测及频率差检测与越前时间信号间的配合如图 1-10b 所示。

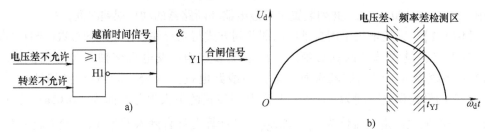

图 1-10　自动准同期并列装置的控制逻辑

a）控制逻辑　b）检测信号间的时间配合

二、相位差的检测

在准同期并列装置中，根据相位差的变化轨迹可求得频率差的值，而且恒定越前时间的形成是通过测量相位差的变化实现的。

相位差的测量电路如图 1-11 所示，发电机电压 u_G 和系统电压 u_S 经过电压变换和整形方波电路变为矩形波后，将两个方波接入异或门。当两个方波输入电平不同时，异或门的输出为高电平；当两个方波同为高电平或同为低电平时，异或门输出低电平。

设系统电压频率为 50Hz，发电机电压频率低于 50Hz，其波形如图 1-12a 所示，经电压变

图 1-11 相位差测量逻辑电路

换电路和整形方波削波限幅后的方波如图 1-12b 所示，两方波经异或门后输出为一系列宽度不等的矩形波，如图 1-12c 所示，显然该矩形波的宽度反映了发电机电压与系统电压间相位差的大小。借助定时计数器和 CPU 可读取矩形波的宽度 τ，如图 1-12d 所示，每工频周期计数器工作一次。

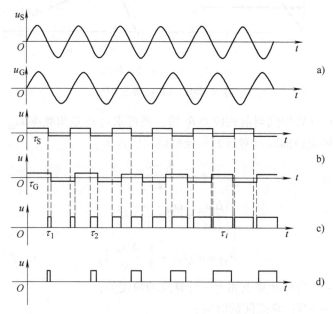

图 1-12 相位差 δ_e 测量波形分析

a) 交流电压波形　b) 削波限幅后的方波
c) 异或门输出的方波　d) 定时计数器的计数时间

如定时计数器的计数脉冲频率为 f_C，其计数值为 N，则与相位差 δ_i 对应的脉冲 τ_i 为

$$\tau_i = \frac{N}{f_C} \tag{1-20}$$

已知系统电压的方波宽度为 τ_S，它等于 1/2 工频周期（即 180°），因此 δ_i 可按下式求得：

$$\left.\begin{aligned} \delta_i &= \frac{\tau_i}{\tau_S}\pi & \tau_i \geq \tau_{i-1} \\ \delta_i &= 2\pi - \frac{\tau_i}{\tau_S}\pi & \tau_i < \tau_{i-1} \end{aligned}\right\} \tag{1-21}$$

根据式(1-21)求得 δ_i 后，便可得到 $\delta_e(t)$ 的变化轨迹，如图 1-13 所示，其中图 1-13a

为 ω_d 恒定时 $\delta_e(t)$ 的变化轨迹，图1-13b 为 ω_d 等速变化时 $\delta_e(t)$ 的变化轨迹。如果在计算中，一个转差周期的 $\delta_e(t)$ 轨迹如图1-13a 中的直线 A 所示，它所对应的 ω_d 为常数，如图中直线 A′ 所示，表明电网和待并发电机组的频率稳定。如果 $\delta_e(t)$ 的轨迹如图1-13b 中的曲线 B 所示，与它对应的 $\omega_d(t)$ 为图中直线 B′，这说明发电机组按恒定加速度升速，发电机频率与电网频率逐渐接近。

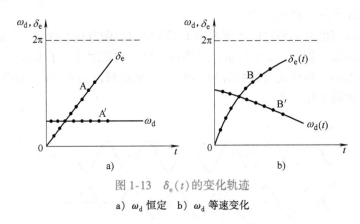

图 1-13　$\delta_e(t)$ 的变化轨迹

a) ω_d 恒定　b) ω_d 等速变化

由式(1-21) 计算得到当前相位差 δ_i 后，便可求得转差角频率 ω_{di}、相位差加速度 $\Delta\omega_{di}/\Delta t$ 以及与恒定越前时间对应的最佳越前相位差 δ_{YJ}

$$\omega_{di} = \frac{\delta_i - \delta_{i-1}}{2\tau_S} \qquad (1\text{-}22)$$

$$\frac{\Delta\omega_{di}}{\Delta t} = \frac{\omega_{di} - \omega_{d(i-n)}}{2\tau_S n} \qquad (1\text{-}23)$$

$$\delta_{YJ} = \omega_{di}t_{YJ} + \frac{1}{2}\frac{\Delta\omega_{di}}{\Delta t}t_{YJ}^2 \qquad (1\text{-}24)$$

式中　δ_i，δ_{i-1}——当前计算点和上一计算点的角度值；

$2\tau_S$——两计算点间的时间；

ω_{di}，$\omega_{d(i-n)}$——当前计算点和前 n 个计算点的转差角频率。

由于两相邻计算点的转差角频率变化甚微，因此 $\Delta\omega_{di}$ 可经若干计算点后才计算一次。式(1-24) 中计及了 δ_e 含有加速度的情况，使计算结果更加精确。

三、频率差的检测

频率差检测与电压差检测一样，都是在恒定越前时间之前要完成的检测任务，用以判别是否符合并列条件。在数字式准同期并列装置中，可用以下两种方式进行频率差的检测。

1. 利用相位差 $\delta_e(t)$ 的变化轨迹计算频率差

这种方法的计算过程如式(1-22) 所示，ω_{di} 的值可以每工频周期（约20ms）计算一次。由 ω_{di} 在已知时段（Δt）间的变化可进一步求得 ω_{di} 的一阶导数 $\Delta\omega_{di}/\Delta t$，如式(1-23) 所示。$\omega_{di}$ 的一阶导数可表明待并机组的转速是否稳定，如其值过大，则说明发电机转速尚在升速或减速过程中，并网后进入同步运行的暂态过程就会较长甚至失步，因此在并列过程中也可作为条件之一加以限制。

2. 直接测量两并列电压的频率

频率差的测量也可通过图 1-14 所示电路直接测量得到，利用该电路首先测得两并列电压频率，然后计算得到频率差值以及发电机频率高、低的信息。

图 1-14 所示测量电路的基本原理是测量交流信号的周期。首先把交流正弦电压信号转换为方波，再经二分频电路后，其半波时间即为交流电压的周期 T，然后利用正半周高电平作为可编程定时器/计数器开始计数的控

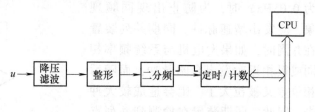

图 1-14 并列电压频率直接测量电路

制信号，其下降沿即停止计数并作为中断申请信号，由 CPU 读取其中计数值 N，并使计数器复位，以便为下一个周期计数做好准备。

如计数器的计数脉冲频率为 f_C，则所测交流电压的周期为

$$T = \frac{N}{f_C}$$

于是求得交流电压的频率为

$$f = \frac{f_C}{N} \tag{1-25}$$

设 N_G 为发电机电压周期的计数值，N_S 为系统电压周期计数值，则频率差为

$$f_d = f_G - f_S = f_C\left(\frac{1}{N_G} - \frac{1}{N_S}\right) \tag{1-26}$$

为了简化并列装置接线并且能与相位差测量电路合用，在图 1-14 中也可省略二分频环节，把交流电压正弦信号转换成方波后，就去控制计数器，这时的计数时间为半个工频周期（$T/2$），依此，计算机也可方便地求出频率值、频率差大小和频率高低。

四、频率差的调整

频率差调整的任务是将待并发电机的频率调整到接近于系统频率，使频率差接近于并列条件。如果发电机的频率低于电网频率，则发出升速脉冲信号，升高发电机转速；反之，则发出减速脉冲信号，降低发电机转速。发电机转速的调节按比例调节准则进行，当频率差较大时，发出的调节脉冲越宽；当频率差较小时，调节脉冲的宽度也就越窄。根据上述要求，频率差的调整分为频率差方向测量和调速脉冲控制两个环节。

当自动准同期并列装置测量频率差由计算机软件实现时，频率差方向的测量十分方便。根据式(1-26)可方便地测量出频率差的方向。设 Δf 为允许频率差，则

$f_d \leqslant \Delta f$ 时，不发调速脉冲；

$\left.\begin{array}{l} f_d > \Delta f \\ f_G > f_S \end{array}\right\}$ 时，发出降速脉冲；

$\left.\begin{array}{l} f_d > \Delta f \\ f_G < f_S \end{array}\right\}$ 时，发出升速脉冲。

图 1-15 为频率调节程序示意图。由图可知，除了在频率差不满足要求的情况下对发电机频率进行调整外，当频率差满足要求但数值太小（图中为 0.05Hz）时，为防止出现同频现象，应发出增速脉冲。同期并列装置在并网时，如果发电机与系统频率相同或很相近时发出合闸脉冲，而随后相位差又被拉大了，则会造成较大冲击。因此，同期装置在检测到并列点两侧电压同频时，必须控制发电机调速器，破坏当前的同频状态。一般应进行加速控制，以免同时出现逆有功功率。

在频率差的调整过程中，调速脉冲的宽度应与频率差成正比，或根据发电机调速系统特性直接设置脉冲宽度，调速周期可设定在一定范围内（如 2~5s）或为一定值。另外，并列过程中对发电机进行调频时，不断测量发电机频率，并与系统频率进行比较，然后形成调速脉冲，再通过调速器改变汽轮机进汽量（或水轮机组进水量），实现对发电机频率的调整。实际上，整个调速系统是一个闭环负反馈自动调节系统，被调量是发电机频率 f_G，目标频率是系统频率 f_S。

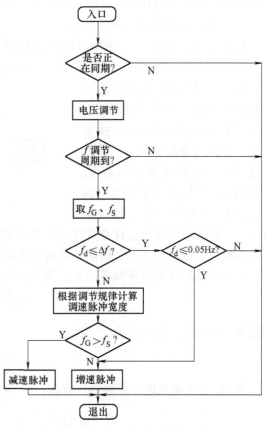

图 1-15 频率调节程序示意图

第四节 电压差的测量及调整

电压差检测的任务是在恒定越前时间之前做出电压差是否符合并列条件的判断，当电压差不满足要求时，发出升压脉冲或降压脉冲。

一、电压差的测量

在微机型自动准同期并列装置中，电压差检测的方案可分为两类：一是直接读入 U_G 和 U_S 的值，然后做计算比较；二是先利用外部输入装置从两个电压互感器的二次侧提取电压差值和极性信号，然后由 CPU 读入。

（一）直接读入方式

直接读入方式就是对发电机电压 u_G 和系统电压 u_S 采样后读入主机，然后计算两电压间的差值，判断其是否低于允许电压差值，并可判别待并发电机电压高于或低于电网电压。

利用逐次逼近型 A/D 转换器构成的电压采样电路如图 1-16 所示，主要包括电压形成电路、模拟低通滤波电路、采样保持电路、多路转换开关及 A/D 转换器五部分。现将各部分的作用简述如下：

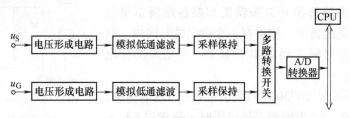

图 1-16　逐次逼近式电压模拟量输入电路结构框图

1. 电压形成电路及模拟低通滤波器

电压形成电路作用主要有两方面，一是将电压互感器的二次电压进一步降低，以适应 A/D 转换器输入范围的要求，一般 A/D 转换器要求输入电压为 ±5V 或 ±10V；二是将电压互感器的二次回路与 A/D 转换器完全隔离，提高装置的抗干扰能力。

低通滤波器的作用是限制输入信号的频率，在采样前将 $f_S/2$（f_S 为采样电路的采样频率）以上的频率分量滤去，以保持所需频率信号的采样不失真。图 1-17 所示为电压变换和 RC 低通滤波电路，模拟低通滤波器的幅频特性的最大截止频率根据采样频率的取值来确定。例如，当采样频率为 1000Hz 时，即每工频周期采样 20 个点，则要求低通滤波器必须滤除输入信号中大于 500Hz 的高频分量。稳压管 VS_1 和 VS_2 组成双向限幅，以使后面环节的输入电压在要求范围内。

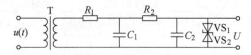

图 1-17　模拟量输入电压变换及低通滤波电路

2. 采样/保持电路

A/D 转换器完成一路信号的转换需要一定的时间，在此期间输入端的模拟电压信号应保持不变，这一任务可由采样保持器来完成。

采样保持器的基本电路如图 1-18 所示，它由模拟开关、保持电容器和缓冲放大器组成。采样期间，在控制信号为高电平时模拟电子开关 S 闭合，输入信号 u_{in} 经高增益放大器 A_1 后的输出通道通过模拟开关向电容器快速充电，使电容器电压迅速达到输入电压值。

保持期间，使控制信号为低电平，模拟开关 S 断开，由于运算放大器 A_2 输入阻抗很大，理想情况下电容器将保持充电时的最终值，即在电容器 C 上保持采样信号。A_2 的输出 u_{out} 送到 A/D 转换器。若要电容器上电压保持时间长，则需要电容足够大以及 A_2 的输入阻抗足够高。

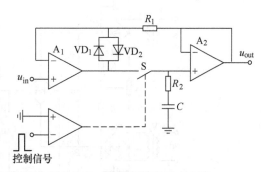

图 1-18　采样保持器基本电路

3. 多路转换开关

当数据采集装置要对多路模拟量进行采集且采用公共的 A/D 转换器时，需分时对各模拟量进行模数转换，因此要用模拟多路转换开关来轮流切换各路模拟量与 A/D 转换器之间的通道，使得在一个特定的时间内，只允许一路模拟信号输入到 A/D 转换器，目的是简化电路、节约成本。

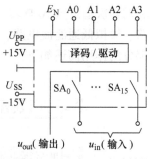

图 1-19 所示为 AD7506 多路转换开关的内部结构。当 CPU 赋于 A0 ~ A3 不同的二进制码时，便选中 SA_0 ~ SA_{15} 中一路电子开关，被选中的 SA 闭合，将此路输入

图 1-19　AD7506 多路转换开关内部结构图

信号接通到输出端，此时输出电压 u_{out} 等于相应路径的输入电压 u_{in}。

4. A/D 转换器

因为计算机只能处理数字信号，所以需要把模拟信号转换为数字信号，A/D 转换器便是完成这一功能的元件。

利用电压/频率变换技术（VFC）原理构成的电压采样电路如图 1-20 所示。输入电压 u_{in} 由电压形成电路限幅后，经电压/频率变换芯片（VFC）线性地变换为数字脉冲，脉冲频率 f 正比于输入电压的大小，然后在固定的时间内用计数器对脉冲数目进行计数，最后由 CPU 读入计数结果并根据计数值计算出输入电压的大小。

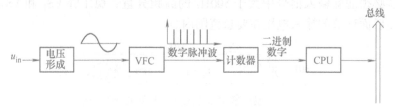

图 1-20　VFC 型电压采样电路

（二）直接求取 U_G、U_S 差值方式

图 1-21 所示为检测电压差的电路，图中待并发电机电压 u_G 和系统电压 u_S 分别经变压器和整流桥 SR_1、SR_2 后，在电阻 R_1、R_2 上得到和 u_G、u_S 幅值成比例的直流电压 U_G'、U_S'。

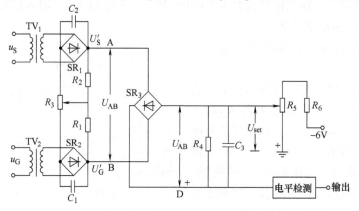

图 1-21　直接检测电压差电路

当 $U_G' = U_S'$ 时，A、B 两点间的电压差 $U_{AB} = 0$；当 $U_G' > U_S'$ 时，$U_{AB} < 0$；当 $U_G' < U_S'$ 时，$U_{AB} > 0$。电位器 R_3 用于平衡调节，以消除比较电路中元件参数对电压的影响。

为了使电压差值 U_{AB} 始终以固定极性与整定电压 U_{set} 进行比较，电路中设置了整流桥 SR_3，用以检测电压差的绝对值 $|U_{AB}|$。则在电平检测器输入端 D 点的电位为

$$U_D = |U_{AB}| - U_{set}$$

当电压差 $|U_{AB}|$ 大于整定值 U_{set} 时，D 点电位为正，表明电压差超出并列条件允许值；当电压差 $|U_{AB}|$ 小于整定值 U_{set} 时，D 点电位为负，说明电压差符合并列条件。因此，D 点电位的正、负反映了电压差是否满足并列条件，然后将 D 点电位通过接口电路读入主机。

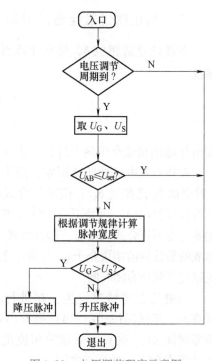

二、电压差的调整

电压差调整的作用是在并列操作过程中调节待并发电机的电压值，使电压差条件符合并列要求。在微机型自动准同期并列装置中，电压差的调整原则简单易行，利用图 1-16 或图 1-21 电压差测量电路，不仅能计算出电压差的大小，而且还能知道发电机电压的高低，因而可立即发出升压或降压的脉冲，控制脉冲的宽度应与电压差 U_d 的大小成正比，或直接设置脉冲宽度，调压周期可设在一定范围内（如 3 ~ 8s）或为一定值。

自动准同期装置发出的调压脉冲，作用于发电机的自动励磁调节装置，通过改变励磁电压，达到调节发电机电压的目的。

图 1-22　电压调节程序示意图

图 1-22 为发电机电压调节程序示意图，调压脉冲通过继电器触点输出，作用于发电机的自动励磁调节装置，使电压差快速进入设定范围。

第五节　自动准同期并列装置的合闸控制

发电机在同期并列中，应在同期点之前 t_{YJ} 发出越前时间脉冲，这样才能保证电压同相时并列断路器的触头刚好接通。

一、恒定越前时间

在微机型自动准同期并列装置中，恒定越前时间是通过相位差的测量实现的。首先按式(1-24)计算求出与恒定越前时间 t_{YJ} 相对应的最佳越前合闸相位 δ_{YJ}，将其与本计算点的 δ_i 进行比较，理想情况应是当 $|2\pi - \delta_i| = \delta_{YJ}$ 时，发出合闸信号，显然要符合上述条件是非常困难的。因此在准同期并列装置中，一般按式(1-27)比较两者关系，式中 ε 为允许误差。如果

$$\left| (2\pi - \delta_i) - \delta_{YJ} \right| \le \varepsilon \tag{1-27}$$

即可发出合闸信号。

如果

$$\left. \begin{array}{c} \left| (2\pi - \delta_i) - \delta_{YJ} \right| > \varepsilon \\ 2\pi - \delta_i > \delta_{YJ} \end{array} \right\} \tag{1-28}$$

则继续进行下一点计算，直到 $(2\pi - \delta_i)$ 逐渐逼近 δ_{YJ} 符合式(1-27) 为止。

二、防止错过最佳合闸时机

在最佳越前相位 δ_{YJ} 与本计算点的 δ_i 按式(1-27) 比较之后，也有可能出现下列情况

$$\left. \begin{array}{c} \left| (2\pi - \delta_i) - \delta_{YJ} \right| > \varepsilon \\ 2\pi - \delta_i < \delta_{YJ} \end{array} \right\} \tag{1-29}$$

即最佳越前相位介于两个计算点之间，因此错过了最佳合闸时机，如图1-23所示。

设待并发电机的转速恒定，图中计算点 a 对应的 δ_i 已接近 δ_{YJ}，但不符合式(1-27) 而符合式(1-28)；可是下一个计算点 b 对应的 δ_{i+1} 也不符合式(1-27)，却符合式(1-29)。这表明最佳越前相位介于 a、b 两点之间，因此错过了最佳合闸时间。

为避免上述情况发生，在进行本点 δ_i 计算时，可同时按式(1-30) 推算出 $\delta_i \sim \delta_{YJ}$ 所需时间 Δt_e，估算一下越前相位是否介于本计算点和下一计算点之间。

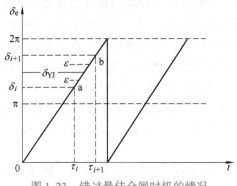

图 1-23　错过最佳合闸时机的情况

$$\Delta t_e = \frac{(2\pi - \delta_i) - \delta_{YJ}}{\omega_{di}} \tag{1-30}$$

如果　$\Delta t_e > 2\tau_S$（$2\tau_S$ 为相邻两点间计算间隔），则进行下一点计算；

如果　$\Delta t_e \le 2\tau_S$，则等待相应时间后发出合闸信号。

这样，一旦发电机频率、电压符合并列条件，在一个转差周期内就可捕捉到最佳合闸越前相位，及时发出合闸命令。

由于断路器的合闸时间具有一定的分散性，在给定允许合闸误差角的条件下，并列时的允许转差角频率及角加速度也需要通过计算确定。

三、并列断路器合闸时间测量

恒定越前时间 t_{YJ} 等于并列装置合闸信号输出回路的动作时间与断路器的合闸时间之和，是自动准同期并列装置的一个重要参数，其精确与否直接关系到并列时相位误差的大小。该时间可在并列过程中实测得到，以便对其进行修正。

在图1-12中，发电机电压和系统电压经异或门后，输出一系列矩形波，如图1-12c所示。在发电机并入系统前，该矩形波在一个工频周期内有两个，即其频率为 $2f_S$；当

并列断路器主触头闭合时，矩形波消失。因此，自动准同期并列装置可在发出合闸命令瞬间对异或门输出的矩形波进行计数，矩形波消失时停止计数。设计数值为 N，则越前时间为

$$t_{YJ} = \frac{N}{2f_S} \tag{1-31}$$

由于计数误差为矩形波的 ±1 个脉冲，所以测量误差时间为 ±0.01s。

采用断路器的辅助触点也可以对合闸时间进行测量，当并列装置发出合闸脉冲时开始计时，并列断路器辅助触点闭合时停止计时，其时间长短则反映了断路器的合闸时间。这种方法要求断路器的主触头与辅助触点之间必须同步，时差不能太大。另外，断路器的辅助触点要通过电缆引入到自动准同期装置中。

第六节　微机型自动并列装置

微机型自动并列装置主要由硬件和软件组成，两者配合完成同步发电机组的并列控制任务。

一、硬件电路

以中央处理单元 CPU 为核心的微机型自动并列装置，就是一台专用的计算机控制系统。因此，按照计算机控制系统的组成原则，硬件的基本配置由主机、输入接口、输出接口、输入过程通道和输出过程通道组成。其原理框图如图 1-24 所示。

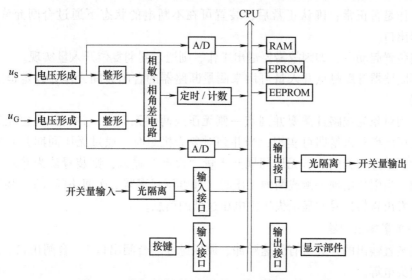

图 1-24　微机型自动准同期并列装置硬件原理框图

1. 主机系统

中央处理单元（CPU）是控制装置的核心，它和存储器 RAM、EPROM、EEPROM 等一起，通常又称为主机。其中随机存储器 RAM 用来存放采集数据、计算中间结果、标志字和事件信息等内容；只读存储器 EPROM 存放同期装置程序；只读存储器 EEPROM 存放同期对象的定值以及一些重要的参数；中央处理器 CPU 执行存放在

EPROM 中的程序，对 RAM 中的数据进行分析处理，完成并列装置的功能。

2. 电压输入回路

并列装置的电压输入回路由电压形成和电压变换电路组成。发电机电压 u_G 和系统电压 u_S 分别经电压隔离、电压变换及有关抗干扰回路变换成较低的电压，再经整形电路和 A/D 变换器，将两电压的幅值、相位变换成数字量，供 CPU 系统识别。

3. 开关量输入回路

在并列装置中需要输入的开关量通常有并列对象的选择、起动及起动次数控制、合闸允许、同期复位、无压同期等开关和断路器的辅助触点等。

一个自动准同期并列装置通常可以实现对不同并列点的断路器进行准同期并列，但在同一时间内只能对其中一个断路器进行准同期并列，并列对象的选择就由相应的开关量输入实现。当选定某一并列对象后，装置自动选取这一并列对象的设置参数，以设置的参数为依据完成同期并列。

装置输入起动开关量后就可以进行工作。起动次数开入量可使装置实现单次起动和多次起动，单次起动就是装置发出合闸脉冲命令后（已完成并列工作），需再次起动装置才能重新工作；多次起动是在装置发出合闸命令后，可自行起动进入工作状态，并不断重复。

合闸允许开入量使装置发出合闸命令完成同期并列，但此开入量一经输入，装置多次起动自动解除，避免装置发出合闸命令后并列断路器因机械故障不能合闸而引发事故扩大。一般情况下，装置接通电源起动后便进入多次起动状态，以观察装置是否完好，工作是否正常；确认正常后，装置可在不断电的状态下通过合闸允许开入量，开放合闸出口。

并列装置起动后，如因故需要退出工作，则通过同期复位开入量实现。

并列断路器辅助触点开入量可用来测量断路器的合闸时间，作为设定恒定越前时间的依据。

当并列对象为线路且需要并列点一侧无压或两侧无压时，并列装置也能工作。此时通过无压同期开入量即可实现；当并列对象为机组时，通过无压同期开入量也能实现一侧无压的并列合闸。若无压同期开入量"没有"输入，则装置认为并列点两侧为有压同期，当因故出现一侧或两侧无压时（如电压互感器二次回路断线），装置立即停止工作，发出告警信号并显示失压侧电压过低的信息。

4. 开关量输出回路

并列装置输出的开关量有调速脉冲、调压脉冲、合闸出口 1、合闸出口 2、装置告警和装置失电等。

当频率差或电压差不满足要求时，并列装置通过开出量发出调速或调压脉冲，直到频率差或电压差满足要求为止。

合闸出口 1 和合闸出口 2 均可输出合闸命令脉冲，只是合闸出口 2 只有在合闸允许开入量作用下才能发出合闸命令。一般情况下，合闸出口 1 作为装置实验出口，合闸出口 2 作为并列断路器合闸用。如果合闸允许开入量一直接入，则两个合闸出口并无区别。

当装置或并列系统出现异常时，装置有开出量输出，通知运行人员的同时，装置会自动闭锁，同时在显示屏上显示具体的告警信息。很多情况下装置告警是因为同期系统出现了异常情况，如同期超时、同期电压过高或过低、装置发出调速脉冲或调压脉冲后在一定的时间内发电机频率或电压没有变化、并列对象选择开入量重选等。若告警原因的异常情况消除后，并列装置重新起动后仍能正常工作。如果重新起动后仍然告警，则可判断并列装置发生了故障，故障内容可以从显示屏上查看。

当并列装置工作电源消失时，则有失电告警开出量输出，通知运行人员工作电源发生故障。

5. 定值输入及显示

自动准同期并列装置每个并列对象的定值输入可通过面板上的按键实现，定值一经输入后则不受装置掉电的影响。显示屏除可以显示每个并列对象的定值参数外，还可以显示同期过程中的实时信息、装置告警时的具体内容及每次同期时的同期信息等。

每个并列对象的定值输入包括以下内容：

1）并列对象类型。确定是机组型还是线路型。

2）恒定越前时间。

3）允许频率差。

4）系统侧电压。包括系统侧电压的上限值和下限值、系统侧频率的上限值和下限值。当系统侧电压设置了下限值后，在同期过程中一旦出现电压互感器二次回路断线，同期装置会立即闭锁，发出告警信号并同时在显示屏上显示"系统电压过低"的信息。

5）待并侧电压。包括待并发电机电压的上限值和下限值、发电机频率的上限值和下限值。同样，当发电机侧电压互感器二次回路断线时，装置动作行为与系统侧互感器断线时相同。

6）允许电压差。

7）频率差控制和电压差控制的调整系数。

二、并列装置的软件

并列装置的软件一般由主程序和定时中断子程序构成，其原理框图如图 1-25 和图 1-26 所示。

1. 主程序

并列装置起动后的第一步就是对主要部件进行自检。如果自检出错，则发出告警信号；如果自检正常，则开始工作。首先读取工作状态指令，根据指令要求进入相应程序包。如为并列操作，则读入并列地址编码，调用该同期点所设定的参数，然后开中断，进入并列条件检测程序。

2. 定时中断子程序

在并列操作中，当并列条件满足后才允许发出合闸指令。为了防止运行的波动性，电压差和频率差采用定时中断约 20ms 计算一次，因此并列条件在实时监视之

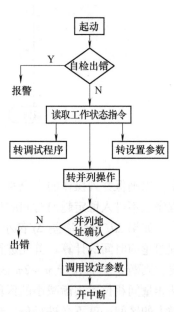

图 1-25　主程序原理框图

23

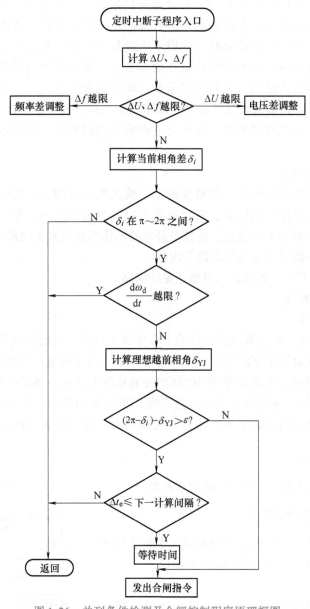

图 1-26 并列条件检测及合闸控制程序原理框图

中，以确保并列操作的安全性。并列过程中只要电压差 ΔU 和频率差 Δf 有一项越限，程序就不进入恒定越前时间的计算。

如果 ΔU 和频率差 Δf 都小于设定的限值，运行工况已基本满足并列条件，则进入理想越前时间的计算。首先进行当前相位差 δ_i 的计算，了解当前并列点脉动电压的状况，判断 δ_i 是否位于 $\pi \sim 2\pi$ 区间，因为恒定越前时间对应的最佳越前相位一般设定在两相量间相位差逐渐减小的区段。如果 δ_i 的值在 $0 \sim \pi$ 之间，则说明相位差 δ_i 在逐渐增大的区间，就不必进行最佳越前相位的计算。如果 δ_i 在 $\pi \sim 2\pi$ 之间，则设法捕捉最佳合闸相位，发出合闸指令。

第七节 风力发电机组并网方式概述

随着化石能源存储量的不断减少，地球环境被破坏和污染程度的日益加重，风力发电和光伏发电等新能源因为具有清洁、环保、可再生等特点，正逐渐成为能源供应的主要发展方向。由于风力发电和光伏发电均属于间歇性能源发电，具有波动性、随机性的特点，引起风电场和光伏电站输出功率不稳定，而且风电场和光伏电站一般都处于电网的末端，此处电网的网架结构相对薄弱，大规模风电机组和光伏电站并网时输出功率波动和电流冲击可能会造成电网电压波动、线路传输功率超出热稳定极限、系统短路容量增加和系统暂态稳定性改变等一系列问题，因此，风电机组和光伏电站并网技术已成为电网运行控制中一个非常重要的环节。相比于光伏发电，风电机组类型更多、并网方式更加复杂，所以本节主要介绍风力发电机组的并网方式。

风力发电机组分为异步发电机和同步发电机，用于风力发电的异步发电机又有笼型异步感应风力发电机和绕线转子异步感应风力发电机；用于风力发电的同步发电机有一般同步风力发电机和永磁同步风力发电机。

一、异步风力发电机并网方式

1. 笼型异步风力发电机的并网方式

笼型异步风力发电机相比于同步风力发电机具有更好的转矩风速特性，既减少了机械负荷又可以降低造价，所以仍有一些厂家在生产这种风电机组。笼型异步风力发电机的并网方式通常有四种，如图1-27a~d所示。

图1-27a所示并网方式为直接并网方式，只要发电机的相序与电网的相序相同，当异步发电机转速接近同步转速的90%~100%时即可自动并入电网。自动并网的信号由测速装置给出，空气开关自动合闸完成并网。直接并网的优点是过程简单、操作容易，不需同步设备和整步操作。但这种并网方式会在并网瞬间产生非常大的冲击电流（约为额定电流的4~7倍），同时使电压瞬时下降，可能导致低电压继电保护动作。大容量的风电机组如果以这种方式并入较弱的电网会对电网造成更大的冲击，而且过大的冲击电流对发电机本身也有损害，所以这种并网方式适合于发电机组的容量在百千瓦级以下异步发电机或与大电网并网的情况。除上述直接并网方式外，笼型异步发电机还可以通过交–直–交整流逆变装置或交–交直接变频技术与电网相连，以减小并网时的冲击电流，其并网结构如图1-27b、c所示。

现代大型（几百千瓦）笼型异步风电机组一般采用图1-27d所示双向晶闸管软并网方式，并且并联相应数量的电容器组以提高运行时的功率因数和补偿发电机对电网的无功需求。这种并网方式是在发电机的定子和电网之间每相串入一个双向晶闸管，通过调节晶闸管使导通角逐渐增大来控制并网时的冲击电流，从而得到一个平滑的并网暂态过程。并网时由风力机将发电机带到同步转速附近，在检查发电机相序与电网相序相同后合上断路器，发电机与电网之间经双向晶闸管连接，然后在微机的控制下双向晶闸管的导通角由0°~180°逐渐增大，将并网时的冲击电流控制在允许范围内，当晶闸管全部导通进入稳定运行状态时，将旁路接触开关闭合，短接晶闸管完成并网

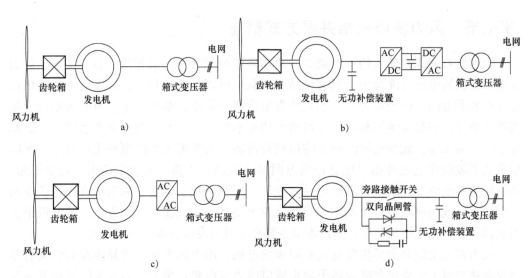

图 1-27 笼型异步风力发电机组并网方式

操作。并网运行后，双向晶闸管被短接，异步发电机的输出电流不再经过双向晶闸管，而是通过已闭合的接触开关直接流入电网。笼型异步感应发电机需要感性的无功功率用于励磁，还有较小一部分用于定子和转子漏磁中消耗的无功功率，发电机所需要的无功功率约为其额定容量的 20%～25%，因此，发电机并网后会增加电网的无功负荷，并网后应立即在发电机端并入无功补偿装置，将发电机的功率因数提高到 0.95 以上。双向晶闸管软并网方式的优点是可使并网电流控制在一定范围内，大幅降低并网冲击电流，得到一个平稳的过渡过程，增加风电机组的使用寿命和可靠性。缺点是对晶闸管器件以及与之相关的触发电路提出了严格的要求，只有发电机主回路中的每相双向晶闸管特性一致、并且控制极触发电压和触发电流一致、全开通后压降相同，才能保证晶闸管导通角在 0°～180°同步逐渐增大，保证发电机三相电流平衡；同时需要采用自动并网开关即旁路接触开关，控制回路较复杂；另外必须采用能承受高反压大电流的双向晶闸管，价格较贵。

2. 绕线转子异步风力发电机的并网方式

目前大型绕线转子双馈异步风力发电机组大多采用图 1-28 所示并网方式，其定子三相绕组直接与电网相连，转子通过背靠背的绝缘栅双极型晶体管（Insulated Gate Bipolar Transistor，IGBT）变流器连接到电网，给发电机提供励磁电流，也可以向电网输出部分功率。变流器可以调节励磁电流的频率、幅值和初相角，调节励磁电流的频率可以保证发电机在变速运行情况下发出恒定频率的电压，而改变励磁电流的幅值和相位可以调节其输出的有功功率和无功功率。由于发电机的定子和转子线圈都与电网相连，都参与能量转换过程，所以称为"双馈"。在低风速时，发电机转子以低于同步速（次同步）旋转，此时变频器会给转子提供可以调节频率的交流电流用于励磁，代替了专门的直流励磁电流，而且其频率的变化与转差变化一致，即转子旋转磁场相对于转子以转子落后于同步速的频率旋转；转子的旋转频率与转子磁场相对于转子的旋转频率相加，转子磁场自身仍然以同步频率转过定子线圈，在定子线圈中感应出 50Hz 交流电流，这种情况下能量从电网侧经过变频器流向转子，如果忽略机械损耗、铜耗和铁耗等损耗，电网得到的功率就是机械功率减去转子中的功率，即只有定子中的功率真正馈入电网。在高风速时，转子转速高于同步速（超同步），变频器给转子提供的交流励磁电流使转子磁场转速降低到同步速，与次同步时一样，转子磁场自身以同步频率转过定子线圈并在定子线圈中感应出 50Hz 交流电流，在这种情况下能量从转子侧经过变频器流向电网，即机械功率分别由定子和转子馈入电网。当转子在同步速附近旋转时，功率只通过定子馈入电网，变频器只是利用很少的功率保证定子的正常工作。双馈异步风力发电机只将发电机的转差功率传送给电网，通常为发电机总功率的 1/3，因此，变频器不需要达到发电机的额定功率，这是其主要优点；另外变流器实现了有功功率和无功功率的解偶控制，可以在无须附加功率补偿装置的情况下实现灵活的电压控制，因此，得到了广泛应用。

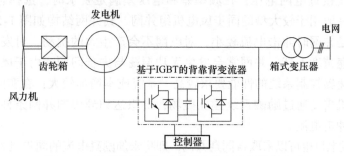

图 1-28　绕线转子双馈异步风力发电机组并网方式

　　双馈异步发电机的并网方式主要是基于定子磁链或电网电压定向矢量控制的准同期并网控制技术，包括空载并网、独立负载并网、孤岛并网和电动式并网四种方式，本节只介绍前三种。

　　（1）空载并网方式　空载并网方式在并网前发电机空载，定子电流为零，发电机不参与能量和转速的控制，此时转子由交流电源进行励磁，采用定子磁链定向或电网电压定向技术，通过调节转子励磁电流对发电机的定子电压进行调节，当建立的定子空载电压与电网电压的频率、相位和幅值一致时进行并网。并网完成后从并网控制切换到发电控制，根据实际风速进行功率的实时调整。这种方式并网时风电机组不带本地负载，适合直接向电网供电的大型风电场并网控制。其优点是并网使用设备少，并网控制简单、性能优良，在并网过程中几乎无冲击电流，采用电网电压定向的并网方式不需要观测定子磁链，避免了定子磁链检测不准确而造成的并网性能恶化，使并网过程更加顺滑。缺点是并网前转速完全由风力机决定，为了防止并网前发电机的能量失衡而引起的转速失控，需要风力机有较强的调速能力。采用定子磁链定向的并网方式，由于并网前定子磁链并不是恒定不变的，定子磁链的检测和定向都难以做到非常准确，从而使得空载并网的控制性能恶化，不可避免地对电网产生冲击。

　　（2）独立负载并网方式　独立负载并网方式在并网前发电机已经带有独立负载（如电阻性负载）、定子中有电流，并网前发电机参与原动机的能量控制，根据电网信息和定子电压、电流对电机进行控制，当负载两端建立的定子电压与电网电压两者的频率、相位、幅值一致时进行并网。这种并网方式的优点是能实现在变风速条件下的无冲击并网；发电机具有一定的能量调节作用，可与风力机配合实现转速的控制，降低了对风力机调速能力的要求，提高了系统运行的可靠性。缺点是控制复杂，需要进行电压补偿和检测更多的电压、电流量；需要多一个阻性负载。

（3）孤岛并网方式 孤岛并网方式的并网过程分为励磁、孤岛运行和并网三个阶段。这种并网方式在并网前形成能量回路，转子变流器的能量输入由定子提供，降低了并网时的能量损耗。缺点是并网方法复杂、操作麻烦、并网速度慢，需要预充电回路，成本较高。

二、同步风力发电机组并网方式

同步风力发电机通过准同期并网时，要求发电机的电压、相序、频率以及并网瞬间的初相角都要与电网相同，在投入系统前通过调节原动机转速和发电机励磁电流，使发电机端电压接近电网电压，在频率差和电压差满足要求时，选择合适时机合闸。这种并网方式一般用于较大型的同步风电机组并网，其并网结构如图1-29所示。准同期并网的优点是并网时冲击电流较小，对电网不会产生大的扰动，对发电机组不会损伤。缺点是调速精度不高，并网常会发生无功振荡与失步问题；由于风能的随机性和间歇性，对调速器控制系统的性能要求较高，系统成本增加较大；在实际并网操作时，普通同步发电机需要通过励磁系统建立磁场，要想达到理想的并网条件很难，并网时会产生一定的冲击电流。

同步风力发电机也可以采取自同期并网，即将未加励磁电流的同步风力发电机的转速升到额定转速，首先合上断路器并入电网，然后再合上励磁开关供给励磁电流，将发电机自动拉入同步。自同期并网方式一般仅用于电网容量比发电机大很多的情况下并网操作，其优点是不需要复杂的并网装置，操作简单、并网迅速；在系统发生故障且频率波动较大时，仍能并列操作并迅速投入电网运行，可避免故障的扩大，有利于处理系统事故。

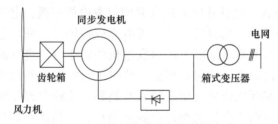

图1-29 同步风力发电机组并网方式

采用准同期并网和自同期并网方式的同步发电机与电力系统之间为"刚性连接"，即发电机输出频率完全取决于风力机的速度，与电网和发电机励磁无关。由于风速的随机性，使其作用在转子上的转矩不稳定，并网时其调速性能很难达到高精度要求，并网后若不进行有效控制常会发生无功振荡与失步问题。近年来随着电力电子技术的发展，通过在同步发电机与电网之间采用变频装置，从技术上解决了这些问题。

在同步风力发电机组中，目前我国应用较多的是直驱永磁同步风力发电机，其特点是没有齿轮箱和励磁环节，省去了容易出故障的转子上的集电环和电刷等装置，不存在励磁绕组的铜损耗，机组效率高，而且电机结构简单，运行可靠。直驱永磁同步风力发电机的并网方式多采用经全功率变流器与电网相连接的方式，其控制结构如图1-30所示，主要由风力机、永磁同步发电机、基于IGBT的全功率变流器和相应的控制系统组成。由于直驱发电机工作在与风速相同的转速下，发电机组的电压频率会随风速的变化而变化，利用发电机与电网之间的电力电子变频装置，可以使风电机组电压频率与电网电压频率匹配。同时还可以利用中间变流器将发电机与电网隔离，使风速对电网的扰动通过对电力电子器件的控制而得到抑制或减小。为保证并网瞬间发电机与电网上的电压、频率及相序一致，通过控制器采集电网电压、频率及相序等参数，然后与逆变器输出电压等参数比较，当达到并网条件时进行并网。风力发电机输出的有功功率和无功功率因为中间的变频器环节也可以被解耦，从而实现恒定功率因数控制（正常运行时并网功率因数为1，即无功功率控制为0）；但因为要和风力机转速匹配，所以需要增加发电机的磁极数目以降低电机转速。永磁发电机的励磁恒定，若忽略电枢绕组等效电阻和电感的影响，输出电压将随发电机转子转速做非线性的变化，而风力机工作在 3～25m/s 风速之间，直驱发电机输出电压幅度和频率都会在一个很宽的范围内随风速变化而变化，以使风力机能够在低于额定风速时捕获更多风能，而在大于额定风速时获得稳定的额定功率。这种并网方式的优点是并网时无电流冲击，对系统几乎没有影响；发电机频率与电网频率彼此独立，风力机及发电机的转速可以变化；通过采用阻抗匹配和功率跟踪反馈来调节输出负荷，可使风电机组按最佳效率运行，向电网输送更多的电能。其缺点是需要高电压大功率的晶闸管，控制复杂、成本高；频率变换装置采用静态自励式逆变器，虽然可以调节无功功率，但是有高频电流流向电网。

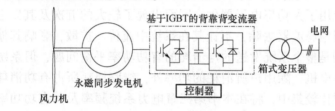

图 1-30　直驱永磁同步风力发电机组并网方式

复习思考题

1-1　同步发电机组并列时需遵循哪些原则？

1-2　同步发电机的准同期并列有哪几种类型？不同类型间有哪些区别？

1-3　在同步发电机的准同期并列过程中，由电压差、频率差和相位差产生的冲击电流各有什么特点？

1-4　准同期并列装置主要由哪几部分组成？各部分的作用是什么？

1-5　按提前量信号的不同，准同期并列装置分为哪两种类型？试简述其原理。

1-6　自动准同期并列装置需要设定哪些参数？各参数的整定原则是什么？

1-7　在自动准同期并列装置中，测量相位差、频率差的方法有哪些？

1-8　在自动准同期并列装置中，电压差检测方法有哪些？简述其测量电路的构成及各环节的作用。

1-9　简述微机型自动准同期并列装置的合闸控制过程。

1-10　什么是晶闸管软并网方式？试简述其并网过程和特点。

1-11　双馈异步风力发电机是如何实现风速改变时而发电机定子电压频率不变的？

第二章

电力系统电压的自动调节

第一节　同步发电机运行电压的有关问题

　　电力系统运行的任务是使许多相距遥远、大小不等的分散的发电机电源，经过错综复杂的输、配电网络相互连接起来，并进行有功功率与无功功率的传输与分配，使地域辽阔、分布分散的大大小小的用户，都能及时地得到合格的电能供应。对电力系统的运行管理，我国采取了分区、分级（电压）、分层的方式，但每区、每级与每个用户点的电能质量，都必须达到一定的国家规定。电能质量指标一般分为三个方面，即电压、频率与波形，这三方面都随着电力系统的不断扩大而不断出现新的要求。如波形问题，20 世纪 50 年代前后，主要是限制因磁饱和引起的三次谐波等；但在现代电力系统中，广泛地应用了大功率电子器件，因而出现了较大的五次及其以上的谐波，这些谐波一般都被当地滤波器去除，不让其在系统中流传、扩散，影响其他厂站的设备运行。频率合格则是整个系统发送的与消耗的有功功率平衡问题，但系统有功功率的资源，只能来自发电机，除用户所消耗的功率外，线路损耗所占有功消耗的比重毕竟较小，问题的性质比较集中，将在本书第三章电力系统频率及其有功功率的自动调节中讨论。随着特高压、超高压输电线路的建设与运行，无功功率资源的种类增加了，除发电机外，特高压、超高压线路本身就是一个不可自控的无功电源；还有短时超重负荷（如冶金、电气化铁路等）的大量增加，如果不用并联电容等及时地加以补偿，就可能使受端电压产生忽高忽低的变化，电能质量不能满足要求。由此看来，在现代电力系统三个电能质量的指标中，稳定的电压质量已经成为一个较为复杂的问题。电力系统的电压已经不仅是无功功率平衡的条件，而且在某些情况下已经成为有功功率传送的资源与条件了，本章主要讨论电力系统的电压调节问题。

　　在所提到的无功功率资源中，并不都是电力系统的电压资源。如升压变压器，它可以将电压升高到超高压、特高压水平，以致使输电线路成了新的无功功率资源，但变压器与高压线路本身都不是电力系统的电压资源，它们都只能在已存在交流电压的条件下，方能发挥其在无功功率方面的作用。其他如线路并联电抗、电容等，也都如此。电力系统的电压资源只能是同步发电机和少数补偿器，同步发电机通过其励磁系统的运行，建立起内电动势 E_d，发电机就有了端电压 U_G，这就为全电力系统建立起基础的网络电压，于是其他的无功功率资源，方能在运行中发挥各自的作用，共同保证系统电压的质量。下面将从同步发电机及其励磁系统开始，分别讨论在电力系统中保持无功功率平衡与电压质量的主要设备、其运行功能及有关电压问题。

　　同步发电机是将旋转形式的机械功率转换成三相交流电功率的特定的机械设备。为完成这一转换，它本身需要一个直流磁场，产生这个磁场的直流电流称为同步发电机的励磁电流，又称转子电流 I_{EF}。专门为同步发电机供应励磁电流的有关机器设备，都属于同步发电机的励磁系统。在电力系统的运行中，同步电机的励磁电流是建立电力系统电压的唯一资源，所以同步发电机的励磁特性对电力系统的运行电压，无论在正常情况下或是事故情况下，都是十分重要的。为了改善电力系统电压的运行质量，提高其在反事故中的能力，必须在励磁系统增设必要的自动控制与自动调节的设备。具有自动控制与自动调节设备的励磁系统称为自动调节励磁系统或发电机自动电压调节系统。

现结合发电机正常运行时的电压特性，对其励磁调节的一些基本要求讨论如下：

一、同步发电机单机正常运行的有关问题

图 2-1a 是同步发电机的电路原理图。rL 是同步发电机的励磁绕组，发电机的定子绕组送出三相交流电流 $\dot{I}_G$。在正常情况下，流经 rL 的直流励磁电流 I_{EF} 在同步发电机内建立起磁场，使定子三相绕组产生相应的感应电动势 $\dot{E}_d$，如图 2-1b 所示。改变 I_{EF} 的大小，就可以使 E_d 得到相应的改变：I_{EF} 增大，E_d 就增大；I_{EF} 减小，E_d 也减小。其中，感应电动势 $\dot{E}_d$ 与端电压 $\dot{U}_G$ 有如下关系：

$$\dot{U}_G + \mathrm{j}\,\dot{I}_G X_d = \dot{E}_d \tag{2-1}$$

式中　$\dot{I}_G$——发电机的负荷电流；

X_d——发电机的 d 轴感抗。

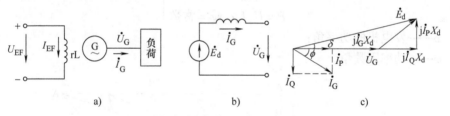

a)　　　　　　　　　b)　　　　　　　　　c)

图 2-1　同步发电机的电路原理

a）原理图　b）等效电路图　c）相量图

图 2-1c 是式（2-1）的相量图。图 2-1c 说明，发电机感应电动势的有效值 E_d 与端电压 U_G 有如下关系：

$$E_d \cos\delta = U_G + I_Q X_d$$

式中　δ——$\dot{E}_d$ 与 $\dot{U}_G$ 间的相位差；

I_Q——发电机负荷电流的无功电流。

在正常运行状态下，δ 一般是相当小的，即 $\cos\delta \approx 1$，于是，得到一个简单的代数式：

$$\left.\begin{array}{l} E_d = U_G + I_Q X_d \\ U_G = E_d - I_Q X_d \end{array}\right\} \tag{2-2}$$

式（2-2）说明：负荷电流的无功分量，是造成发电机感应电动势 E_d 与端电压 U_G 差值的主要原因。发电机的无功负荷越大，其端电压的降落就越大。

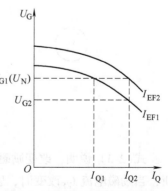

图 2-2　同步发电机的外特性

式(2-2)是对式(2-1)进行简化后得出来的,这种简化不是为了精确的计算,而是为了突出其间的最基本的关系。

式(2-2)也可以说明:同步发电机的外特性必然是下降的。如图2-2所示,当励磁电流 I_{EF} 为定值时,发电机端电压 U_G 会随着无功电流的增大而不断下降,但是,电能质量要求发电机的端电压应基本不变,这个矛盾只能用调节励磁电流的方式来解决。图2-2说明,若负荷无功电流为 I_{Q1}、发电机端电压 $U_G = U_N$ 时的励磁电流为 I_{EF1};当负荷无功电流变至 I_{Q2} 时,如果不相应改变励磁电流,则 U_G 会降至 U_{G2},电能质量变得很差。要达到维持端电压为 U_G 的目的,必须将励磁电流增大到 I_{EF2};同理,如果励磁电流固定在 I_{EF2} 不变,则无功负荷减小时,U_G 又会上升到不利的数值。由此可见,同步发电机的励磁电流必须随着无功负荷的变化而不断调整,才能满足电能质量的要求。所以励磁电流的调整装置是同步发电机励磁系统的重要设备。

二、同步发电机与无穷大母线并联运行的有关问题

把系统看成是无穷大电源时,发电机端电压不随着负荷大小而变化,图2-3是上述情况的示意图和相量图。此时,对发电机励磁电流的变化,可做如下分析。由于调速器并未使发电机的输出功率发生变化,所以发电机的有功功率恒定,如式(2-3)所示,即

$$\left.\begin{array}{l} P = \dfrac{E_d U_G}{X_d}\sin\delta = 常数 \\[2mm] P = U_G I_G \cos\varphi = 常数 \end{array}\right\} \tag{2-3}$$

或

式中　δ——发电机的功率角;

　　　φ——功率因数角。

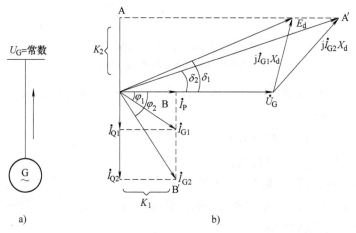

图2-3　同步发电机与无穷大母线并联

a)接线图　b)相量图

式(2-3)说明,改变励磁电流时,$E_d\sin\delta$ 与 $I_G\cos\varphi$ 保持不变。图2-3的相量图说明,当励磁电流 I_{EF} 改变时,感应电动势 E_d 随着改变,但其端点只沿着 AA′ 虚线变化,而发电机电流 I_G 的端点则沿着 BB′ 虚线变化。由于无穷大母线的电压恒定,所以,发

电机励磁电流调整的结果只是改变了发电机送入系统的无功功率，而完全没有了"调压"作用。

在实际运行中，与发电机并联运行的母线并不是无限大母线，即系统等值阻抗并不等于零，母线的电压将随着负荷波动而改变。电厂输出无功电流与它的母线电压水平有关，改变其中一台发电机的励磁电流不但影响发电机电压和无功功率，而且也将影响与之并联运行机组的无功功率，其影响程度与系统情况有关。因此，同步发电机的励磁自动控制系统还担负着并联运行机组间无功功率合理分配的任务。

三、并联运行各发电机间无功负荷的分配

当两台以上的同步发电机并联运行时，如图 2-4a 所示，发电机 G_1 和 G_2 的端电压都等于母线电压 U_{bus}，它们发送的无功电流值 I_{Q1} 和 I_{Q2} 之和必须等于母线总负荷电流的无功分量值 I_Q，即 $I_Q = I_{Q1} + I_{Q2}$。

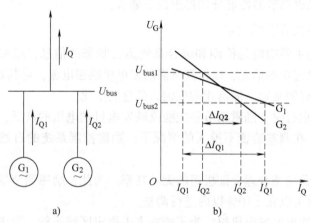

图 2-4　并联运行发电机间无功负荷的分配

a）原理图　b）发电机的外特性

并联各发电机间无功电流的分配取决于各发电机的外特性，图 2-4b 中发电机 G_1 和 G_2 的外特性曲线不同，但都是稍有下倾的。当母线电压为 U_{bus1} 时，G_1 发出的无功电流为 I_{Q1}，G_2 发出的无功电流为 I_{Q2}，并有 $I_{Q1} < I_{Q2}$。假设电网需要的无功负荷增加了，则要求发电机送出的无功电流也相应加大；由于发电机都是下倾的外特性，所以母线电压必然相应地降低。假设母线电压由 U_{bus1} 降至 U_{bus2} 时，无功功率重新得到平衡，此时，G_1 的无功电流增至 I'_{Q1}，G_2 的无功电流增至 I'_{Q2}，由图可知，发电机 G_1 无功电流的变化为 ΔI_{Q1}，而发电机 G_2 无功电流变化为 ΔI_{Q2}，最终 $I'_{Q1} > I'_{Q2}$，改变了负荷增加前两机组无功电流分配的比例。可见并联运行发电机间的无功负荷分配，取决于机组的外特性曲线。曲线越平坦的机组，无功电流的增量就越大。

解释发电机间无功负荷分配的规律，并不是目的，目的是运用这种规律来改善并联运行发电机间无功负荷分配的不合理状况，希望发电机间无功电流应当按照机组容量的大小进行比例分配，大容量的机组担负的无功增量应相应较大，小容量机组的增量应相应较小。即希望各台发电机应按照其额定容量的大小成比例的分配其输出的无功电流，从以上分析可以看出，只要并联发电机的"$U_G - I_{Qi.pu}$"特性完全一致时

（$I_{Qi.pu}$ 为第 i 台发电机无功电流与其无功电流额定值的比值）才能使无功电流在并联机组间进行合理的分配。将并联运行且容量不同的发电机组直接做成相同的" $U_G - I_{Qi.pu}$ "特性是不可能的。因此，在发电机自动励磁调节系统中有一个形成发电机外特性的环节——调差环节，通过它可以改变发电机的外特性，很容易地做到使并联运行发电机组的外特性都一致，从而达到并联机组间无功负荷合理分配的目的。

四、对同步发电机励磁系统设计的基本要求

同步发电机的励磁系统实质上是一个可控的直流电源，由励磁功率单元和励磁调节器两部分组成。为了满足正常运行的要求，在设计励磁系统方案时，首先应考虑其可靠性。励磁系统一旦发生故障，轻则自动励磁调节器退出工作，改由运行人员手动调节；重则造成停机事故，将直接影响电厂乃至电力系统的正常运行，甚至造成设备损坏。为了充分发挥励磁系统的作用，完成发电机励磁自动控制系统的各项任务，对励磁功率单元和励磁调节器性能分别提出以下要求：

（一）对励磁调节器的要求

励磁调节器的主要功能是检测和综合系统运行状态的信息，经相应处理后，产生控制信号，控制励磁功率单元，以得到所需的发电机励磁电流，对其要求如下：

1）有较小的时间常数，能迅速响应输入信息的变化。

2）系统正常运行时，励磁调节器应能反映发电机端电压的高低，以维持发电机端电压的给定水平。在调差装置不投入的情况下，励磁控制系统的自然调差系数一般在1%以内。

3）励磁调节器应能合理分配机组的无功功率。为此，励磁调节器应保证同步发电机端电压调差系数可以在 ±10% 以内进行调整。

4）对远距离输电的发电机组，为了能在人工稳定区域运行，要求励磁调节器没有失灵区。

5）励磁调节器应能迅速反映系统故障，具备强行励磁等控制功能，以提高系统暂态稳定和改善系统运行条件。

（二）对励磁功率单元的要求

发电机励磁功率单元的任务是向同步发电机提供直流电流，除自并励励磁方式外，一般是由励磁机担当的。励磁功率单元受励磁调节器控制，对其有如下要求：

1）要求励磁功率单元有足够的可靠性并具有一定的调节容量。在电力系统运行中，发电机依靠励磁电流的变化进行系统电压和无功功率控制。因此，励磁功率单元应具备足够的容量以适应电力系统中各种运行工况的要求。

2）具有足够的励磁顶值电压和电压上升速度。从改善电力系统运行条件和提高电力系统暂态稳定性来说，希望励磁功率单元具有较大的强励能力和快速的响应能力。因此，在励磁系统中励磁顶值电压和电压上升速度是两项重要的指标。

励磁顶值电压 U_{EFq} 是励磁功率电源在强行励磁时可能提供的最高输出电压值，该值与额定工况下励磁电压 U_{EFN} 之比称为强励倍数。其值的大小，涉及制造成本等因素，一般取 1.6 ~ 2.0。

第二节　同步发电机励磁系统

在电力系统发展初期，同步发电机的容量不大，励磁电流是由与发电机组同轴的直流发电机供给，即所谓的直流励磁机励磁系统。随着发电机容量的增大，所需励磁电流亦相应增大，机械换向器在换流方面遇到了困难，而大功率半导体整流元件制造工艺却日益成熟，于是大容量机组的励磁功率单元就采用了交流发电机和半导体整流元件组成的交流励磁机励磁系统。不论是直流励磁机励磁系统还是交流励磁机励磁系统，一般都是与主机同轴旋转，为了缩短主轴长度，降低造价，减少环节，后又出现用发电机自身作为励磁电源的方法，即以接于发电机出口的变压器作为励磁电源，经晶闸管整流后供给发电机励磁，这种励磁方式称发电机自并励系统，又称为静止励磁系统。还有一种无刷励磁系统，交流励磁机为旋转电枢式，其发出的交流电经同轴旋转的整流器件整流后，直接与发电机的励磁绕组相连，实现无刷励磁。下面对几种常用的励磁系统做简要介绍。

一、直流励磁机励磁系统

直流励磁机励磁系统是最早应用的一种励磁方式。由于它是靠发电机的换向器进行整流的，当励磁电流过大时，换向就很困难，所以这种方式只能在 100MW 以下的中小容量机组中采用。直流励磁机大多与发电机同轴，它是靠剩磁来建立电压的，按励磁机励磁方式不同又分为自励式和他励式两种。

图 2-5 是自励直流励磁机励磁系统原理图，图 2-6 是他励直流励磁机励磁系统原理图，图中 EX 为主励磁机，SE 为副励磁机。如图所示，自励直流励磁机励磁系统是由励磁机向它自己提供励磁电流，而他励直流励磁机励磁系统的励磁电流是由另一台与发电机同轴的副励磁机供给的，由于他励方式取消了励磁机的自并励，励磁单元的时间常数就是励磁机励磁绕组的时间常数，与自励方式相比，时间常数减小了，即提高了励磁系统的电压增长速率。由于水轮发电机的机械转动惯量大，励磁绕组的时间常数过大，会使得励磁自动控制系统的动态指标变差。因此，减小励磁机的时间常数对保证励磁自动控制系统的稳定性和动态指标具有重要作用。他励直流励磁机励磁系统一般用于水轮发电机组。

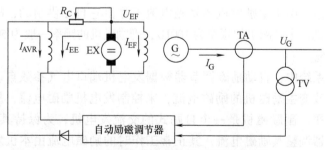

图 2-5　自励直流励磁机励磁系统原理图

在电力工业发展初期，由于发电机的容量较小，全部采用直流励磁机励磁系统。随着发电机容量的不断增大，励磁机的容量亦不断增大。在实际运行中存在的问题更

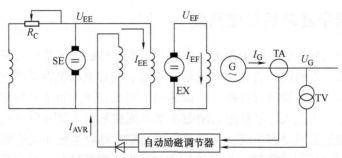

图 2-6　他励直流励磁机励磁系统原理图

加突出：直流励磁机靠机械换向器换向，有电刷、换向器等转动接触部件，运行维护繁杂；当发电机容量大于 100MW 时，直流励磁机的换向问题难以解决；直流励磁机与同容量的交流励磁机或静止励磁系统相比，体积大、造价高。基于以上原因，直流励磁机励磁系统只用于容量在 100MW 及以下的发电机。

二、交流励磁机励磁系统

随着电力电子技术的发展和大容量整流器件的出现，为适应大容量发电机组的需要，产生了交流励磁机励磁系统。这种励磁系统的励磁功率单元由与发电机同轴的交流励磁机和整流器组成，其中交流励磁机又分为自励和他励两种方式；整流器又分为晶闸管整流器和非晶闸管整流器两种，每一种又有静止和旋转两种形式。励磁系统的自动励磁调节器又有模拟式的，也有数字式的。功率单元和调节器的各种不同形式的组合配用，使交流励磁机励磁系统的类型多种多样。

（一）他励交流励磁机励磁系统

他励交流励磁机励磁系统是指交流励磁机备有他励电源——中频副励磁机或永磁副励磁机。在此励磁系统中，交流励磁机经非晶闸管整流器供给发电机励磁，其中非晶闸管整流器可以是静止的，也可以是旋转的，因此又分为以下两种方式。

1. 他励交流励磁机静止整流励磁系统

图 2-7 所示是他励交流励磁机静止整流励磁系统原理接线图。交流主励磁机和交流副励磁机均与发电机同轴旋转。副励磁机输出的交流电经晶闸管整流器整流后供给主励磁机的励磁绕组。由于主励磁机的励磁电流不是由它自己供给的，故称这种励磁机为他励交流励磁机。主励磁机的频率为 100Hz，副励磁机的频率一般为 500Hz，以组成快速响应的励磁系统。

在这种励磁系统中，自动励磁调节器根据发电机端口电气参数自动调整晶闸管整流器件的控制角改变主励磁机的励磁电流，来控制发电机励磁电流，从而保证发电机端电压在给定水平。副励磁机是一个自励式的交流发电机，为保持其端电压的恒定，有自励恒压调节器调整其励磁电流，其正常工作时的励磁电流由本机发出的交流电压经晶闸管整流（在自励恒压调节器中）后供给，由于晶闸管的可靠起励电压偏高，所以在起动时必须外加一个直流起励电源，直到副励磁机发出的交流电压足以使晶闸管导通时，副励磁机的自励恒压调节器才能正常工作，起励电源方可退出。

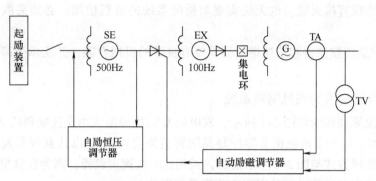

图 2-7　他励交流励磁机静止整流励磁系统原理接线图

2. 他励交流励磁机旋转整流励磁系统（无刷励磁）

图 2-8 是他励交流励磁机旋转整流励磁系统原理接线图。他励交流励磁机静止整流励磁系统是国内使用最多的一种系统。由于发电机的励磁电流是经过集电环供给的，当发电机容量较大时其转子的励磁电流也相应增大，这给集电环的正常运行和维护带来困难。为了提高励磁系统的可靠性，就必须设法去掉集电环，使整个励磁系统都无滑动接触元件，这就是所谓的无电刷励磁系统。

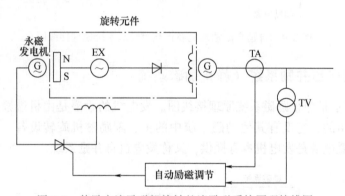

图 2-8　他励交流励磁机旋转整流励磁系统原理接线图

在该系统中，主励磁机的电枢及磁极的位置与一般发电机相反，即励磁绕组放在定子上静止不动，电枢绕组放在转子上与发电机同轴旋转。这样就可以将主励磁机电枢中产生的交流电经整流后（整流元件固定在转轴上）与发电机励磁绕组直接相连，省去集电环部分，实现了无电刷励磁。因主励磁机的电枢、硅整流元件、发电机的励磁绕组都在同轴上旋转，故又将这种系统称为他励交流励磁机旋转整流励磁系统。该系统的性能和特点为：

1）无电刷和集电环，维护工作量小。

2）发电机励磁由主励磁机独立供电，副励磁机为永磁发电机，整个励磁系统无电刷和集电环，其可靠性较高。

3）没有炭粉和铜末对电机绕组的污染，故电机的绝缘寿命较长。

4）发电机励磁控制是通过调节交流励磁机的励磁实现的，因而整个励磁系统的响应速度较慢。必须采取相应措施减小励磁系统的等值时间常数。

5）发电机的励磁回路随轴旋转，因此在励磁回路中不能接入灭磁设备，发电机励磁回路无法实现直接灭磁，也无法实现对励磁系统的常规检测，必须采取特殊的测试方法。

6）要求旋转整流器和快速熔断器等要有良好的机械性能，并能承受高速旋转的离心力。

（二）自励交流励磁机励磁系统

自励系统原理接线如图 2-9 所示，发电机 G 的励磁电流由交流励磁机 AE 经硅整流装置 VD 供给，电子型励磁调节器控制晶闸管整流装置 VS，以达到调节发电机励磁的目的。这种励磁方式与图 2-8 所示励磁方式相比响应速度较慢，因为在这里还增加了交流励磁机自励回路环节，使动态响应速度受到影响。

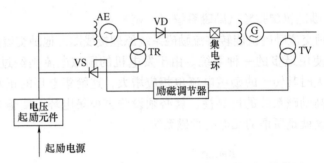

图 2-9　自励交流励磁机静止整流励磁系统原理接线图

三、发电机自并励系统（静止励磁系统）

图 2-10 所示是静止励磁系统原理接线图。发电机的励磁是由机端励磁变压器经整流装置直接供给的，它没有其他励磁系统中的主、副励磁机旋转设备，故称静止励磁系统。由于励磁电源是发电机本身提供，又称发电机自并励系统。

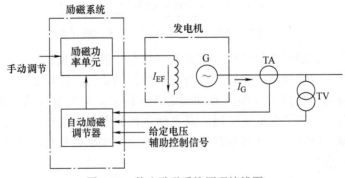

图 2-10　静止励磁系统原理接线图

该系统的主要优点是：

1）励磁系统接线和设备简单，无转动部分，维护方便，可靠性高。

2）不需要同轴励磁机，可缩短发电机主轴长度，降低基建投资。

3）直接用晶闸管控制励磁电压，可获得近似阶跃函数那样的快速响应速度。

4）由发电机机端取得励磁电源。机端电压与机组转速成正比，故静止励磁系统输出的励磁电压与机组转速成正比。而其他励磁机励磁系统输出的励磁电压与转速的二次方成正比。这样，当机组甩负荷时静止励磁系统机组的过电压较低。

对于静止励磁系统，人们曾有过两点疑虑：

1）静止励磁系统的顶值电压受发电机端口处系统短路故障的影响。在靠近发电机附近发生三相短路而切除时间较长时，由于励磁变压器一次电压急剧下降，励磁系统能否提供足够的强行励磁电压。

2）在没有足够强励电压的情况下，短路电流的迅速衰减，能否使带时限的继电保护正确动作。

针对上述疑虑，国内外的分析和试验表明，由于大、中容量发电机组的转子时间常数较大，其励磁电流要在短路 0.5s 后才显著衰减。在短路刚开始的 0.5s 之内，静止励磁方式与其他励磁方式的励磁电流是很接近的，只是在短路 0.5s 后，才有明显的差别。另外考虑到电力系统中重要设备的主保护动作时间都在 0.1s 之内，且均设有双重保护，因此没必要担心继电保护问题。对于中、小型机组，由于转子时间常数较小，短路时励磁电流衰减较快，发电机的端电压恢复困难，短路电流衰减更快，继电保护的配合较复杂，需要采取一定的技术措施以保证其正确动作。由于水轮发电机的转子时间常数和机组的转动惯量相对较大，这种励磁系统特别适用于水轮发电机。尤其适用于发电机 – 变压器单元接线的发电机。因为发电机与变压器之间的三相引出线分别封闭在三个彼此分开的管道中，发生短路故障的几率极小。目前它已作为 300MW 及以上发电机组，特别是水轮发电机组的定型励磁方式。

四、励磁系统中的整流电路

同步发电机励磁系统中的整流电路的主要任务是将交流电压整流成直流电压供给发电机励磁绕组或励磁机的励磁绕组。大型发电机的转子励磁回路通常采用三相桥式不可控整流电路，在发电机自并励系统中采用三相桥式全控整流电路，励磁机的励磁回路通常采用三相桥式半控整流电路或三相桥式全控整流电路。因此，整流电路是励磁系统中必不可少的部件，它对发电机的运行有极其重要的影响。下面主要介绍三相桥式整流电路输出电压与输入电压及控制角的关系，有关整流电路的更详细内容，可参阅相关书籍。

1. 三相桥式不可控整流电路

如图 2-11a 所示，三相不可控整流电路由三相变压器二次侧（或交流励磁机电枢绕组）供电，其三相电动势为 e_a、e_b、e_c。整流元件为二极管 $VD_1 \sim VD_6$，其直流侧负载 R_f 可以是发电机转子线圈或励磁机励磁绕组等。根据二极管及整流电路的工作特性可知，负载电压 u_d 是线电压波形的包络线，如图 2-11b 所示。整流电路输出空载电压平均值为

$$U_{d0} = 1.35E_{ab} \tag{2-4}$$

式中　E_{ab}——变压器二次侧线电压有效值。

2. 三相桥式半控整流电路

三相桥式半控整流电路如图 2-12a 所示，二极管 VD_2、VD_4、VD_6 共阳极连接，晶闸管 VT_1、VT_3、VT_5 共阴极连接，VD_1 为续流二极管。因为仅在整流桥的一侧用可控

的晶闸管，所以称为半控整流桥。2-12b 所示为 α = 60° 时输出电压波形，在三相可控整流电路中，控制角 α 起点规定为图中各相的自然换相点，即图 2-12b 中 1、3、5。

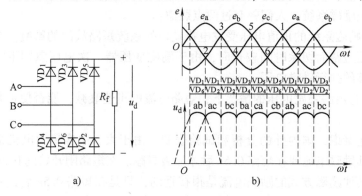

图 2-11　三相桥式不可控整流电路和波形

a) 整流电路　b) 输出电压波形

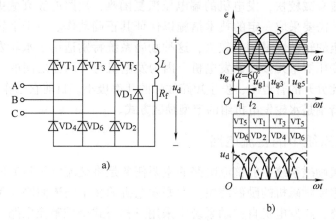

图 2-12　三相桥式半控整流电路

a) 整流电路　b) α = 60° 时输出电压波形

根据二极管和晶闸管的工作特性可知，三相桥式半控整流电路输出平均电压与控制角 α 的关系可表示为

$$U_d = 1.35 E_{ab} \left(\frac{1 + \cos\alpha}{2} \right) \tag{2-5}$$

3. 三相桥式全控整流电路

三相桥式全控整流电路如图 2-13a 所示，六个整流元件全部采用晶闸管，VT_1、VT_3、VT_5 为共阴极连接，VT_2、VT_4、VT_6 为共阳极连接。图 2-13b 为控制角 α = 90° 时输出电压的波形。

根据晶闸管的工作特性可知，三相桥式全控整流电路输出平均电压与控制角 α 的关系可表示为

$$U_d = 1.35 E_{ab} \cos\alpha \tag{2-6}$$

当 α < 90° 时，输出平均电压 U_d 为正，三相全控桥工作在整流状态。

当 α > 90° 时，输出平均电压 U_d 为负，三相全控桥工作在逆变状态。在三相桥式全

控整流电路中常将 $\beta(\beta = 180° - \alpha)$ 称为逆变角，逆变角 β 总是小于 90°的。

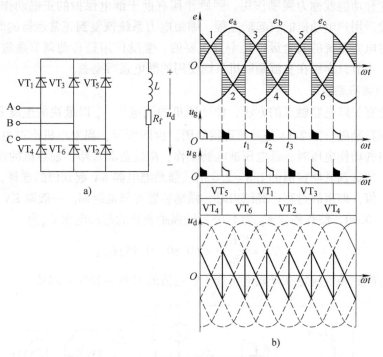

图 2-13　三相桥式全控整流电路

a）整流电路　b）$\alpha = 90°$ 时输出电压的波形

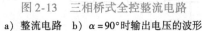

第三节　励磁系统中转子磁场的建立与灭磁

本节主要讨论事故情况下，励磁系统的有关特性及自动控制设备的工作原理。在某些事故情况下，系统母线电压极度降低，这说明电力系统无功功率的缺额很大，为了使系统迅速恢复正常，就要求有关的发电机转子磁场能够迅速增强，达到尽可能高的数值，以弥补系统无功功率的缺额。因此，转子励磁电压的最大值及其磁场建立的速度（也可以说是响应速度）问题，是两个十分重要的指标，一般称为强励顶值电压与响应比。

当转子磁场已经建立起来后，如果由于某种原因，如发电机绕组内部故障等，需将发电机立即退出工作，在断开发电机的同时，必须使转子磁场尽快消失，否则发电机会因过励磁而产生过电压，或者会使定子绕组内部的故障继续扩大。如何能在很短的时间内，使转子磁场内存储的大量能量迅速消失，而不致在发电机内产生危险的过电压，这也是一个重要的问题，一般称为灭磁问题。下面就讨论这两方面的问题。

一、强励作用及继电强行励磁

1. 强励作用

强励作用是强行励磁作用的简称。当系统发生短路性故障时，有关发电机的端电压都会剧烈下降，这时励磁系统进行强行励磁，向发电机的转子回路送出远高于正常额定值的励磁电流，即向系统输送尽可能多的无功功率，以利于系统的安全运行，励磁系统的这种功能就称为强励作用。强励作用有助于继电保护的正确动作，特别有益于故障消除后用户电动机的自起动过程，缩短电力系统恢复到正常运行的时间。因此，强行励磁对电力系统的安全运行是十分重要的。强励作用是自动调节励磁系统的一项重要功能，本节只介绍在直流励磁机系统使用的继电强行励磁。

2. 继电强行励磁

用闭合有关继电器触点的方法，使励磁机的端电压 U_e 以最快的速度升到其顶值，称为继电强行励磁。图 2-14 是其原理接线图。由图所示，当发电机出口电压降低到低电压继电器的动作电压时，低电压继电器动作，R 被全部短路，励磁机的端电压 U_e 上升到顶值，即达到其额定值的 1.8～2.0 倍。强励继电器 KV 起动值的选择，应保证 U_G 恢复到额定值，即事故过程已经结束时，强励装置可靠地返回。一般取 KV 的返回系数 K_r 为 0.85～0.90，储备系数 K_B 为 1.05，则强励装置的起动电压 U_{st} 为

$$U_{st} = \frac{K_r U_{GN}}{K_B} = (0.80 \sim 0.85) U_{GN}$$

即继电强行励磁装置规定在母线电压低于额定值的 15%～20% 时起动。

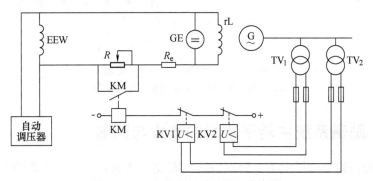

图 2-14　继电器强行励磁原理接线图

R_e 是强励装置动作后必须在励磁机励磁回路中保留的电阻，用以防止励磁机的过电压，其限值由制造厂规定。

为了防止电压互感器二次侧熔丝烧断时，引起强励装置误动作，在强励装置中，将两个低电压继电器 KV 的动断（常闭）触点串联起来，去起动强行励磁接触器 KM。KV1 和 KV2 应接在发电机端部不同的电压互感器 TV 的二次侧，由于两个 TV 的熔丝同时发生偶然性熔断的概率很小，故以此来防止强行励磁装置的误动作。

长期的运行经验表明，图 2-14 的继电强励装置的工作是十分有效的。为了在不同形式的两相短路故障时，都保证有强励磁作用，全厂各机组的强行励磁装置应按机组容量合理安排，分别接于不同的相别上。

为使强励装置动作后发电机转子不致过热，一般考虑强励时间为 20s 左右，假如在这段时间内，外部故障仍未消失，强励装置不返回，则由值班人员加以切除。由于强行励磁在事故情况下有很好的增强系统对事故的检测能力，及减小恢复系统正常运行所需的时间，因而受到普遍的重视。

要使继电强行励磁的效果能够及时发挥，还必须考虑两个因素：一是励磁机的响

应速度要快；二是发电机转子磁场的建立速度要快。

二、电压响应比

电压响应比是由电机制造厂提供的说明发电机转子磁场建立过程的粗略参数，发电机的转子是一个铁磁体，如果忽略了转子回路的电阻及外部系统对转子等值电感的影响，即把发电机看成是定子开路时，如图 2-15 所示，转子磁场建立的方程式应为

图 2-15 转子回路图

$$K\frac{\mathrm{d}\Phi_e}{\mathrm{d}t} = U_e(t) \left.\begin{array}{l} \\ \\ \end{array}\right\}$$
$$\Delta\Phi = \frac{1}{K}\int_0^{\Delta t} U_e(t)\,\mathrm{d}t$$

(2-7)

式中 Φ_e——发电机转子回路的磁通量；

K——与转子绕组的匝数及转子尺寸有关的常数；

$U_e(t)$——转子绕组端电压。

除此之外，式(2-7) 说明转子磁场的建立与端电压的时间函数 $U_e(t)$ 密切相关。考虑到在事故情况下转子磁场的建立是最为关键的问题，所以一般都指定其端电压以最快速度到达顶值时转子磁场建立的速度为讨论对象。如图 2-16 所示，发电机正常运行时，$U_{e.0}$ 位于 a 点（a 点通常相当于发电机的额定情况）；系统故障时，立即以其最快的速度奔向顶值。图中表示两种情况：一种情况是，$U_e(t)$ 是阶跃式函数，如图中的 aa′b′，即曲线 1，一开始 $U_e(t)$ 就达到了顶值。另一种情况是，$U_e(t)$ 是指数增值函数，如图中的 ab，即曲线 2，$U_e(t)$ 逐步增加到顶值。式(2-7) 说明，要比较不同机组间转子磁场建立的情况，就必须比较图 2-16 中 $U_e(t)$ 曲线下覆盖的面积。为了简化起见，一般都只取 t 经过 0.5s时，$U_e(t)$ 曲线下覆盖的面积进行比较，并以一个同面积的三角形来代替。如 $U_e(t)$ 以指数函数沿 ab 增长时，在 0.5s 处以同面积的三角形 acd 来代替。如果 $U_e(t)$ 以阶跃函数沿 aa′b′增长时，就在 0.5s 处以同面积的三角形 ac′d来代替（显然 c′d = 2b′d）。由于这些等值三角形的底边

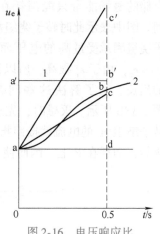

图 2-16 电压响应比

都是 0.5s，于是可以定义按指数函数增长情况下的电压响应比 n 如下：

$$n = \frac{cd}{0.5 \cdot 0a}\left(\frac{电压标幺值}{s}\right)$$

由此可见，电压响应比是可以由厂家进行试验、作图求出的。它可以粗略的反映转子磁场的建立速度，有一定的参考价值。

也可以看到，转子磁场建立的快慢取决于励磁机系统端电压建立的速度 $U_e(t)$，所以近代快速励磁机系统发展得很快，以减少转子磁场建立的时间。在快速励磁机系统发展起来后，在图 2-16 中取 0.5s 作图就显得太慢而失去意义了，所以都改取 0.1s 来定义快速励磁系统的响应比，则在计算电压响应比 n 时 0.5 也相应改为 0.1，作图方法

等均不改变。

三、转子回路的灭磁问题

1. 直流励磁机励磁系统的灭磁

从母线上断开发电机的同时，应自动地使转子回路的直流电流很快地降为零。例如，当发电机内部发生短路故障时，即使把发电机从母线上断开了，短路电流也依然存在，使故障造成的损坏继续扩大；只有将转子回路的电源电流也降为零，使发电机的感应电动势尽快地减至最小，才能使故障损坏限制在最小的范围内，最常用的办法是在转子回路内加装灭磁开关 SD。

在直流励磁机系统中，一般用接触器或断路器改装成的灭磁开关 SD，其接线如图 2-17 所示。当发电机从母线上断开时，SD 先合上灭磁电阻 R，然后再断开主励磁回路。SD 触头动作的这种次序，是为了避免在灭磁过程中转子绕组两端产生过高的电压，并使灭磁过程能够很快地进行，灭磁过程的原理电路如图 2-18 所示。

图 2-18a 表示未装灭磁开关时，转子回路的灭磁过程。断开励磁回路时，转子绕组内存储的磁场能量只能消耗在开关 S 的触头之

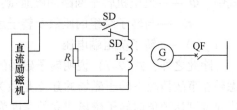

图 2-17　灭磁开关接线图

间。图中表示此时转子绕组承受的电压 $e_r = L\mathrm{d}i/\mathrm{d}t$，即电流熄灭的越快，$e_r$ 就越大，转子绕组因承受过高的电压而损坏的可能性就越大；另一方面，开关 S 触点的电压为 $U_e + e_r$，由于 e_r 很高，所以开关 S 的断弧负担很重，以致造成触头的损坏和灭磁过程的延长。为了解决这些问题，需加装灭磁开关，有灭磁开关 SD 后的灭磁过程如图 2-18b 所示。灭磁时，先给 rL 并联一灭磁电阻 R，然后再断开励磁回路。有了 R 后，转子绕组 rL 的电流就按照指数曲线衰减，并将转子绕组内的磁场能量几乎全部转变成热能，消耗在 R 上。因而使 SD 断开触头的负担大大减轻。

a)　　　　　　　　　　　　　　b)

图 2-18　灭磁原理电路

a）未装灭磁开关　b）装有灭磁开关

由于 rL – R 回路中的电流是按指数曲线衰减的，如图 2-19 所示，在灭磁过程中，rL 的端电压始终与 R 两端的电压 e 相等，即

$$e_{\mathrm{rL}} = e = iR$$

式中　　i——rL – R 回路中的瞬时电流值。

e_{rL} 的最大值为

$$e_{\mathrm{rL},0} = i_0 R$$

式中　i_0——i 的初始值。

这样的灭磁过程中，e_{rL} 就是可控的了，其最大值与 R 的数值成正比，R 越大，图 2-19 的曲线衰减就越快，灭磁过程就越快，但 $e_{rL,0}$ 也就越大；R 越小，$e_{rL,0}$ 就越小，转子绕组比较安全，但灭磁过程就慢些。手册规定 R 的数值一般为转子绕组热状态电阻值的 $4 \sim 5$ 倍，灭磁时间约为 $5 \sim 7s$。

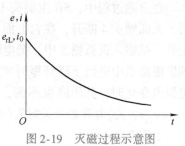

图 2-19　灭磁过程示意图

图 2-19 表示的灭磁过程，虽然限制了 rL 的最高电压 $e_{rL,0}$，保证了转子绕组的安全。但是并没有自始至终地充分利用这一条件，即在灭磁过程中没有保持 rL 的电压为最大允许值不变，而是随着灭磁过程的进行，e_{rL} 逐渐减小，因而灭磁的过程就减慢了。理想的灭磁过程，就是在灭磁过程中始终保持 rL 的端电压为最大允许值不变，直至励磁回路断开为止。由于

$$e_{rL} = L_{rL} \frac{di}{dt} \tag{2-8}$$

式中　L_{rL}——转子回路的电感。

使 e_{rL} 不变，就是使 $di/dt =$ 常数。这就是说，在灭磁过程中，转子回路的电流应始终以等速度减小，直至为零（而不是再按指数曲线减小了）。

比如在与图 2-18b 同样的转子最大允许电压值下（用 R_{rL} 表示转子回路电阻；$e_{rL,N}$ 表示转子端电压的额定值），即在 $R = (4 \sim 5)R_{rL}$，$e_{rL,0} = i_0 R = (4 \sim 5)e_{rL,N}$ 的条件下，其灭磁过程是按图 2-20 的曲线 1 进行的，其灭磁速度越来越慢。磁场电流衰减的时间常数为

$$\tau = \frac{t_{rL}}{(5 \sim 6)} = (0.167 \sim 0.2)t_{rL}$$

式中　t_{rL}——转子本身的时间常数。

而理想的灭磁过程则是按直线 2 进行的，i_{rL} 一直按等速减小，在到达 τ 即 $(0.167 \sim 0.2)t_{rL}$ 时降为零，而在这过程中，转子绕组的端电压始终保持 $e_{rL,N}$ 不变。

SD 型快速灭磁开关就是为实现这一原理做成的，其原理示意图如图 2-21 所示。SD 型快速灭磁开关带有灭弧栅，它利用串联短弧的端电压不变的特性控制灭磁过程，使之接近于理想情况。

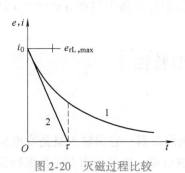

图 2-20　灭磁过程比较

图 2-21　SD 型快速灭磁开关示意图

在灭磁过程中，SD 主触头 3 先断开，4 仍关闭，故不产生电弧；经极短的时间以后，灭弧触头 4 断开，在它上面产生了电弧。由于横向磁场的磁动势 F 等作用，电弧上升，被驱入灭弧栅 5 中，把电弧分割成很多串联的短弧，任其在灭弧栅内燃烧，直到励磁绕组中电流下降到零时才熄灭。由于这些短弧的长度不变，所以当电流在很大范围内变化时，其压降也不变，设每个短弧压降为 e_Y，共有 n 个串联，于是得 $e_{SD} = ne_Y = e_{2,1}$，e_{SD} 为灭磁开关触头间的电压。

由图 2-21 可得

$$e_{rL} = e_{2,1} - U_e = ne_Y - U_e \tag{2-9}$$

由于 e_Y 和 U_e 都是常数，所以 e_{rL} 在灭磁过程中保持不变。根据式(2-8)，磁场电流以等速衰减，直至为零。

适当选择 n 与 e_Y，使式(2-9) 能得到满足，即 $ne_Y = e_{rL,max} + U_e$。则灭磁过程就按直线 2 进行，在 $(0.167 \sim 0.2)t_{rL}$ 的时刻，电弧熄灭，灭弧过程结束。这当然只是理想的情况，实际的灭磁时间约为 $0.181t_{rL}$ 或稍长些，与理想灭磁过程的时间相当接近，故称为快速灭磁开关。

快速灭磁开关在大型机组上得到日益普遍的运用。其缺点是当转子电流过小时，反而不能很快地灭弧。原因是电流小，磁动势 F 的数值就大为减小，吹弧能力也大为减弱，以致不能把电弧完全吹入灭弧栅 5 中，因而使快速灭磁过程失败，这是应该注意的实际问题。

2. 交流励磁机系统的逆变灭磁

在交流励磁系统中，如果采用了图 2-13 所示三相桥式全控整流电路，可以利用全控整流桥的有源逆变特性来进行转子回路的快速灭磁。

如前所述，当 $\alpha < 90°$ 时，全控整流桥处于整流工作状态，交流电源向转子回路供应直流电流，电路处于正常的励磁工作状态，改变 α 的大小，就可以改变直流励磁电流的大小，以达到调压的目的。

当 $\alpha > 90°$ 时，全控整流桥工作在逆变状态，转子回路存储的磁场能量反过来向交流电源释放，使直流电流快速减小，达到灭磁的目的。由式(2-6) 可知，当 $\alpha = 180°$ 时，$U_d = -1.35E_{ab}$，负值电压越大，表示转子绕组能量释放越快，灭磁过程越短。但实际上全控桥不能工作在 $\alpha = 180°$ 工况，而必须留出一定的裕度角，否则会造成逆变失控或颠覆，即直流侧换极性，而交流侧不换极性，使晶闸管元件过热而烧坏。因此，根据运行经验，当发电机转子需要快速灭磁时，要把控制角限制在 $\alpha \leqslant 150° \sim 155°$ 范围，以确保逆变成功。

第四节 励磁调节器的基本原理及调节特性

一、励磁调节器的基本特性

自动励磁调节器的最基本部分是一个闭环比例调节器。它的输入量是发电机端电压 U_G，输出量是励磁机的励磁电流或发电机的励磁电流。它的作用首先是保持发电机的端电压不变；其次是保持并联机组间无功电流的合理分配。图 2-22 是最原始也是最

简单的励磁系统，在没有自动励磁调节装置以前，
发电机是依靠人工调整励磁机的励磁电阻 R_C，来
维持发电机端电压 U_G 不变。运行人员通过测量仪
表对发电机端电压进行观察，当端电压 U_G 较低时，
减小励磁电阻 R_C，使励磁机的励磁电流 I_{EE} 增加，
从而使发电机的励磁电流 I_{EF} 增加，发电机的端电
压 U_G 也相应增加。相反，当端电压 U_G 较高时，
增加励磁电阻 R_C，使励磁机的励磁电流 I_{EE} 减小，

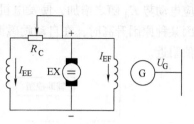

图 2-22　最简单的励磁系统

从而使发电机的励磁电流 I_{EF} 减小，发电机的端电压 U_G 也相应减小。

　　人工在调压过程中的作用可用图 2-23a 中的线段 ab 来表示。图中 $U_{Gb} \sim U_{Ga}$ 是发电
机在正常运行时允许电压变动的范围；一般不超过额定电压的 10%。$I_{EEb} \sim I_{EEa}$ 代表励
磁系统必须具备的最低调整容量。

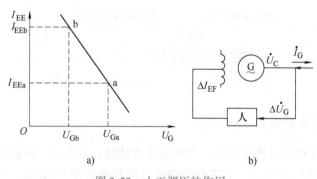

图 2-23　人工调压的作用

a）调节特性　b）调节过程示意图

　　在人工调压的过程中，可以说人与发电机形成了一个"封闭回路"，人通过测量仪
表对发电机进行观察，然后按图 2-23a 的规律做出判断，进行操作，去改变转子电流
I_{EF}，这样就达到了调压的目的。

　　由此可见，如能仿照上述特点制造一种设备，使它在正常运行的范围内也具有
图 2-23a 中线段 ab 的特性，而且也与发电机组成一个如图 2-24 中的封闭回路，就可以
根据 U_G 的增量来改变励磁电流 I_{EE} 的大小，实现自动调压的目的，从而大大减少甚至
解除值班人员在这方面的频繁劳动，并且显著地提高电压的质量。

　　目前，电力系统中运行的自动励磁调节器种类很多，但就控制规律而言，绝大
多数属于具有图 2-24 中的线段 ab 表示的比例式励磁调节器。其基本原理框图如
图 2-25 所示。它的基本工作原理是：由测量元件测得
的发电机端电压与给定基准电压进行比较，用其差值作
为前置功率放大器的输入信号，再经过一级功率放大后
输出一个与前面差值相反方向的励磁调节电流，使励磁
调节器的输出量 I_{EE} 与输入量 U_G 之间达到图 2-24 中线
段 ab 表示的比例关系。当发电机端电压 U_G 因某种原因
降低时，励磁机的励磁电流 I_{EE} 大为增加，发电机的感

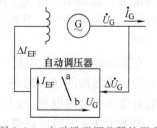

图 2-24　自动励磁调节器的概念

应电动势 E_d 随之增加，使发电机的端电压重新回到基准值附近；当发电机端电压 U_G 因某种原因升高时，在自动励磁调节器的作用下，同样使发电机的端电压 U_G 回到基准值附近。

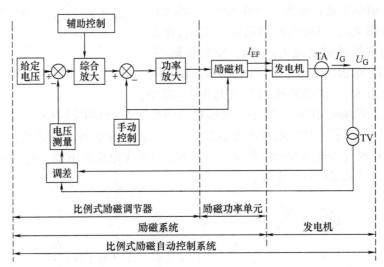

图 2-25　比例式励磁自动控制基本原理框图

二、无功调节特性

发电机采用自动励磁调节器后，无功电流变动时，电压 U_G 基本保持不变，调节特性稍有下倾，如图 2-26 所示。其下倾的程度可用调差系数 K_d 表示，K_d 的定义为

$$K_d = \frac{U_{G1} - U_{GN}}{U_{GN}} = \frac{\Delta U_G}{\Delta I_Q} \times \frac{\Delta I_Q}{U_{GN}} = K' \frac{\Delta U_G}{\Delta I_Q} \tag{2-10}$$

$$\Delta U_G = U_{G1} - U_{GN}$$

$$K' = \frac{\Delta I_Q}{U_{GN}}$$

式中　U_{G1}，U_{GN}——分别为发电机空载运行和额定无功电流时的电压。

调差系数 K_d 表示了无功电流从零增加到额定值时，发电机电压的相对变化。调差系数越小，无功电流变化时发电机电压变化越小。所以调差系数表征了励磁调节器维持发电机电压的能力。

当调差系数 $K_d > 0$，即为正调差特性时，表示发电机外特性下倾，即发电机无功电流增加，其端电压降低。$K_d < 0$，即为负调差特性时，表示发电机外特性上翘，即发电机无功电流增加，其端电压上升。$K_d = 0$ 即为无差调节。图 2-27 表明了上述三种情况。

在实际运行中，发电机一般采用正调差系数，因为它具有系统电压下降而发电机的无功电流增加的这一特性，这对于维持稳定运行是十分必要的。至于负调差系数，一般只能在大型发电机-变压器组单元接线时采用，这时发电机外特性具有负调差系数，但考虑变压器阻抗压降以后，在变压器高压侧母线上看，仍具有正调差系数，因此负调差系数主要用来补偿变压器阻抗上的压降，使发电机-变压器的外特性下降不致太多，这对于大型机组是必要的。

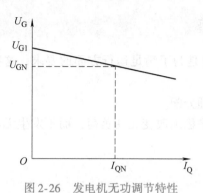

图 2-26 发电机无功调节特性   图 2-27 发电机调差系数与外特性

当多台机组在同一母线上并联运行时，各机组调差系数的不同会对系统无功功率的分配及系统稳定产生影响。

1）当一台无差调节特性的发电机与一台正有差调节特性的发电机并网运行时，系统电压的稳定运行点为两调节特性的交点。当系统无功负荷增大时，由于母线电压是不变的，所以有差调节的发电机组运行点不变，即其所输出的无功功率保持不变，因此系统的无功增量全部由无差调节特性的发电机组承担，造成无功分配的不合理。

2）当一台无差调节特性发电机与负有差调节特性的发电机并网运行时，如果由于偶然因素使负调节特性的发电机组输出的无功电流增加，则根据机组的调节特性，励磁调节器将增大发电机的励磁电流，力图使发电机输出的电压升高，从而导致发电机输出的无功功率进一步增加。而无差调节的发电机组则力图维持端电压，使其励磁电流减小，于是无功电流也将减小。上述过程一直进行下去，结果导致系统不能稳定运行，因此具有负调差特性的发电机是不能与其他机组并列运行的。

3）两台无差调节特性的发电机组不能并列运行，如果两台无差调节特性的发电机组在公共母线上并列运行，则要求其调节特性必须完全一致，而在实际运行中很难做到这一点，因此它们是不能并列运行的。

4）假如两台正调差特性的发电机组并列运行，由于两台发电机端电压是相同的，都等于母线电压，因此每台发电机所负担的无功电流是一定的。当系统中无功负荷增加时，母线电压下降，各机组的励磁调节器动作，增加了励磁电流，两台机组各承担了一部分无功增量，机组间无功负荷的分配与各自的调差系数有关。根据有差调节特性，不难得出发电机无功电流变化量与其调差系数之间的关系如下：

$$\Delta I_{Q*} = -\frac{\Delta U_{G*}}{K_{d}} \tag{2-11}$$

式中 ΔU_{G*}——发电机电压变化量的标幺值。

负号表示电压变化量的方向与无功变化量的方向相反，即当无功电流增加时，发电机电压将降低。由式（2-11）可知，两台正有差调节特性的发电机在公共母线上并列运行，当无功负荷变动时，其电压的偏差相同，因此调差系数小的发电机会承担较多的无功增量。若要求各机组无功负荷的波动量与其额定容量成正比，则并列运行的发电机组应具有相同的调差系数。

第五节　励磁调节器静态特性的调整

对自动励磁调节器工作特性进行调整，主要是为了满足运行方面的要求，这些要求是：

1）保证并列运行发电机组间无功电流的合理分配。

2）保证发电机能平稳地投入和退出工作，平稳地改变无功负荷，而不发生无功功率冲击的现象。

3）保证自动调压过程的稳定性。

一、调差系数的调整

发电机的调差系数决定于自动励磁调节系统总的放大系数。实际上，一般自动励磁调节系统的总的放大系数是足够大的，因而发电机带有励磁调节器时的调差系数一般都小于1%，近似为无差调节。这种特性不利于发电机组在并列运行时无功负荷的稳定分配，因此发电机的调差系数要根据运行的要求，人为地加以调整，使调差系数加大到3%~5%左右。

正、负调差系数可以通过改变调差元件接线极性来获得，调差系数一般在±5%以内，调差系数的调整原理如图2-28所示。

在不改变调压器内部元件结构的条件下，在测量元件的输入量中（有时改在放大元件的输入量中）除 u_G 外，再增加一个与无功电流 i_Q 成正比的分量，就可获得调整调差系数的效果。图中 K_δ 为无功电流调节系数。

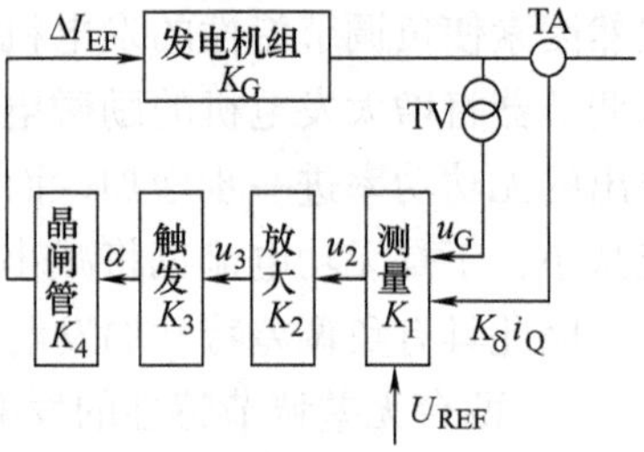

在图2-28中，测量单元的内部结构并未改变，其放大系数仍为 K_1，只将输入量 u_G 改为 $u_G \pm K_\delta i_Q$，于是测量输入量变为

图2-28　调差系数调整原理

$$U_{REF} - (u_G \pm K_\delta i_Q) = \Delta u_G \mp K_\delta i_Q$$

式中　U_{REF}——发电机电压整定值。

由于测量单元的放大系数并未变化，所以有

$$K_1 = \frac{\Delta u_2}{\Delta u_G \mp K_\delta i_Q}$$

因为此时无功电流由零变化至额定值，故 $\Delta i_Q = i_{QN}$，则可得

$$\frac{\Delta u_G \mp K_\delta i_{QN}}{i_{QN}} = \frac{\Delta u_G \mp K_\delta i_{QN}}{\Delta u_2} \times \frac{\Delta u_2}{\Delta u_3} \times \frac{\Delta u_3}{\Delta \alpha} \times \frac{\Delta \alpha}{\Delta I_{EF}} \times \frac{\Delta I_{EF}}{i_{QN}}$$

$$= \frac{1}{K_1 K_2 K_3 K_4 K_G} = \frac{1}{K_\Sigma}$$

$$\frac{\Delta u_G}{\Delta i_Q} = \frac{1}{K_\Sigma} \pm K_\delta$$

根据式(2-10)，有

$$K_d = K' \frac{\Delta u_G}{\Delta I_Q} = K'\left(\frac{1}{K_\Sigma} \pm K_\delta\right) = K_{d0} \pm K'_\delta \tag{2-12}$$

$$K_{d0} = \frac{K'}{K_\Sigma}, \quad K'_\delta = K'K_\delta$$

式中　K_{d0}——测量单元未增加无功电流 i_Q 输入时的调差系数。

增加无功电流 i_Q 后，由式（2-12）可知，只要适当选择系数 K_δ，就可以改变调差系数 K_d 的大小。

二、两相式正调差接线

下面以两相式正调差接线为例，说明调差环节的工作原理，其接线形式如图 2-29 所示。

在发电机电压互感器二次侧，a、c 两相中分别串入电阻 R_a 和 R_c，在 R_a 上引入 c 相电流 $\dot{I}_c$，在 R_c 上引入 a 相电流 $\dot{I}_a$。这些电流在电阻上产生压降与电压互感器二次侧三相电压按相位组合后，送入测量单元的测量变压器。在正调差接线时，其接线极性为 $\dot{U}_a + \dot{I}_c R_a$ 和 $\dot{U}_c - \dot{I}_a R_c$。

由图 2-30a 可知，当 $\cos\varphi = 0$ 时，即发电机只带无功负荷，测量变压器输入的电压为电压 $\dot{U}'_a$、$\dot{U}'_b$、$\dot{U}'_c$，显然较电压互感器二次电压 $\dot{U}_a$、$\dot{U}_b$、$\dot{U}_c$ 的值大，而且其值 $\dot{U}'_a$、$\dot{U}'_b$、$\dot{U}'_c$ 随无功电流的增长而增大，根据励磁调节装置的工作特性，测量单元输入电压上升，励磁电流将减少，迫使发电机电压下降，其外特性的下倾度增强。

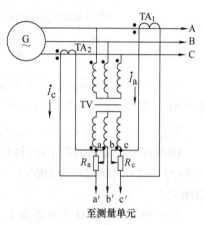

图 2-29　两相式正调差接线

当 $\cos\varphi = 1$ 时，由图 2-30b 可知，电压 $\dot{U}'_a$、$\dot{U}'_b$、$\dot{U}'_c$ 虽然较电压 $\dot{U}_a$、$\dot{U}_b$、$\dot{U}_c$ 有所变化，但幅值相差不多，故可近似地认为调差装置不反映有功电流的变化。

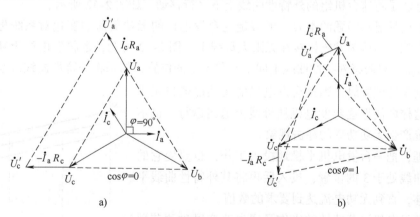

图 2-30　两相式正调差接线相量图

a）$\cos\varphi = 0$ 时　b）$\cos\varphi = 1$ 时

当 $0 < \cos\varphi < 1$ 时，发电机电流均可分解为有功分量和无功分量，测量变压器二次电压可以看成图 2-30a 和图 2-30b 的叠加结果，由于可以忽略有功分量对调差的影响，故只要计算其中无功电流的影响即可。

若要求在额定工况下（$\cos\varphi = 0.8$）调差系数等于 5%，其调差接线相量图如图 2-31 所示，调差环节的参数可近似计算如下：

由于在额定情况下 $U_{ab} = 100V$，经调差后 $U'_{ab} = 105V$，所以在图 2-31 上 $\triangle a'ba$ 中

$$\angle baa' = 180° - (120° - \varphi) + 30° = 90° + \varphi$$

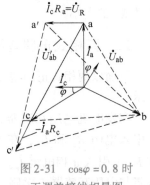

图 2-31　$\cos\varphi = 0.8$ 时
正调差接线相量图

所以 $U_{a'b}^2 = U_R^2 + U_{ab}^2 - 2U_R U_{ab} \cos\angle baa' = U_R^2 + U_{ab}^2 +$

$$2U_R U_{ab} \sin\varphi$$

$$U_R^2 + 2U_R U_{ab} \sin\varphi + U_{ab}^2 - U_{a'b}^2 = 0$$

$$U_R^2 + 200 U_R \sin\varphi - 1025 = 0$$

$$U_R = \frac{-200\sin\varphi \pm \sqrt{(200\sin\varphi)^2 + 4 \times 1025}}{2}$$

$$= -100\sin\varphi \pm \sqrt{(100\sin\varphi)^2 + 1025}$$

取正根，又因为 $\cos\varphi = 0.8$，$\varphi = 36.87°$，$\sin\varphi = 0.6$

所以 $U_R = -60 + \sqrt{60^2 + 1025} = 8V$

因而在额定功率因数下运行时，若要调差系数 δ 为 5% 时，调差电阻上的电压降应为 8V（当 TV 二次电压为 100V）。据此可以对调差回路的参数进行初步的调整，经试验确定。

对于负调差，其极性关系为 $\dot{U}_a - \dot{I}_c R_a$ 和 $\dot{U}_c + \dot{I}_a R_c$，负调差接线及相量图的作法以及分析方法均与上述大致相同，读者可以仿照上面的方法自行画出。

三、励磁调节器工作特性的平移

当几台发电机并联在母线上运行时，若需要改变某台机组所负担的无功负荷时，最好的办法是将这台机组的外特性曲线上下平行移动，如图 2-32 所示。

为了更易显示问题的本质，可假定这台发电机的无功负荷的变化对系统母线电压不产生影响，即认为发电机接在无限大母线上。图 2-32 说明，欲将发电机无功电流从 I_{Q1} 减至 I_{Q2}，只需将外特性曲线 1 向下平移至 2 的位置，如果将外特性曲线继续向下平移，达到 3 的位置时，则这台发电机的无功电流将减少到零，这样即使把这台发电机从母线上退出运行，也不会对系统产生无功功率的冲击现象。

同理，把一台发电机平稳地投入工作，也要使它的外特性曲线处于 3 的位置，投入后再将其外特性曲线平行地上移，直到无功电流达到要求的数值。

移动发电机调节特性的操作是通过改变励磁调节器的整定值 U_{REF} 来实现的。当发电机电压的整定值增加时，无功调节特性将向上平移；相反，当整定值减小

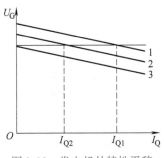

图 2-32　发电机外特性平移

时，调节特性向下平移。因此，现场运行人员只要调节机组励磁调节器中的整定器件便可以控制无功调节特性的上下移动，实现无功功率转移。

第六节　微机型励磁调节装置

一、概述

随着大容量发电机组的使用和大规模电力系统的形成，对发电机励磁系统的可靠性和技术性能的要求越来越高，同时计算机技术和自动控制理论的发展也为研究新型励磁调节器和励磁系统提供了良好的技术基础。目前数字励磁调节器的主导产品是以微型计算机为核心构成的。它具有以下优点：

1. 可靠性高

由于大规模数字集成电路制造质量和硬件技术的成熟，也由于可以用软件对电源故障、硬件及软件故障实行自动检测，对一般软件故障的自动恢复，使微机励磁调节器有很高的可靠性。

2. 功能多、性能好

微机励磁的功能主要由软件来实现，优点如下：

1）功能多。微机励磁调节装置不仅可以实现模拟式励磁调节装置的全部功能，而且实现了许多模拟式励磁调节器难以实现的功能，如各种励磁电流限制及保护功能等。

2）通用性好。微机励磁调节装置可以根据用户的不同要求选取硬件和软件模块，构成不同功能的微机励磁调节器来满足不同发电机及励磁功率单元以及电力系统对发电机励磁系统的要求，一台设计良好的微机励磁调节器可以适用于各种不同的励磁系统。

3）性能好。微机励磁调节器可以很方便地在机组运行过程中根据机组和电力系统的运行状态实时在线修改励磁控制系统的控制结构和参数，以提高励磁控制系统的参数。

3. 运行维护方便

微机励磁调节器的发展是使硬件尽量简化，而调节功能尽量由软件实现。如电压给定、控制参数整定等用数字式代替了模拟式励磁调节器中的电位器，使维护量大大减少。

发电机数字励磁调节系统是由专用控制计算机组成的计算机控制系统。如果按计算机控制系统划分，可将这个系统分为硬件和软件两部分。

二、微机型励磁调节装置硬件构成

数字式励磁系统的最本质特征是它的励磁调节器是数字式的，各种形式的微机励磁调节器和不同形式的励磁功率单元的不同组合，构成了各种不同形式的励磁系统。下面以图 2-33 所示自并励微机型励磁调节装置为例，对数字式励磁系统硬件构成做基本阐述。

1. 模拟量输入和电量变送器

一般来说，发电机数字式励磁系统的输入为发电机电压 U_G、电流 I_G，有的产品还输入发电机有功功率 P_G 和无功功率 Q_G、频率 f 和励磁电流 I_{EF}。输入两路发电机电压 U_{G1} 和 U_{G2} 是为了防止电压互感器断线（如熔丝熔断）时产生误调节。发电机励磁电流可以取自晶闸管整流电路的交流侧，如图 2-33 所示；也可以取自晶闸管整流电路的直流侧，由直流互感器供给。输入数字式励磁调节器的这些模拟电量需转换成数字量才能输入数字式励磁调节器的核心——微型计算机。模拟电量输入计算机的方式有两种，即采用电量变送器和交流采样。

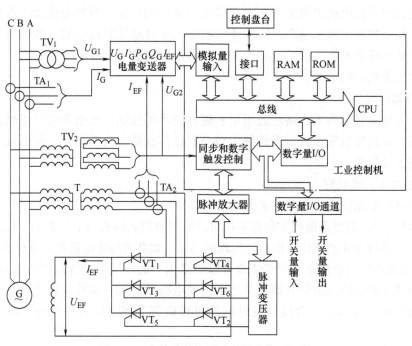

图 2-33　自并励微机型励磁调节装置框图

1）采用电量变送器。图 2-33 是采用电量变送器方式的，图中"电量变送器"和"模拟量输入"两个环节的详细框图如图 2-34 所示。电量变送器输出的直流电压与其输入电量成正比。发电机的运行参数 U_G、I_G、P_G、Q_G、f 和 I_{EF} 等分别经过各自的变送器变成直流电压。多路转换开关按照分时制多路切换原理，把已经变成直流电压的各输入量按预定的顺序依次接入一个公用的 A/D 转换器，将模拟量转换成数字量送入微型计算机。

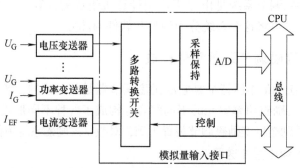

图 2-34　模拟量输入及其接口框图

2）采用交流采样。采用交流采样时，对励磁调节所需的发电机运行参数通过对交流电压和交流电流采样，然后用一定的算法（如傅里叶算法）计算出来。

2. 工业控制微型计算机

图 2-33 中，点画线线框中为数字励磁调节器配用的工业控制微型计算机。由于大规模数字集成电路技术进步非常快，计算机技术也随之不断发展，使微机励磁调节器硬件系统不断推陈出新，并从单微处理器、多微处理器向多微机分布式和网络化方向发展。图 2-33 是微机励磁调节器的一种原理性示意图。图中微处理器（CPU）和 RAM、ROM 合在一起通常又称为主机。发电机运行状态变量的实时采样数据、控制计算过程中的一些中间数据和主程序中控制用的计数值等存放在可读写的随机存储器 RAM 中。固定系数、设定值、应用软件和系统软件等则事先固化存放在可读写的 ROM 或 EPROM、EEPROM 中。主机是励磁调节器的核心部件，它根据从输入通道采集的发电机运行状态变量的实时数据，进行控制计算和逻辑判断，求得控制量。该控制量即为要求将晶闸管的控制角 α 控制到多少度。该控制量输入到"同步和数字触发控制"单元，发出载有控制角 α 的触发脉冲信号，经脉冲放大器放大和脉冲变压器整形后送到晶闸管整流器的 $VT_1 \sim VT_6$，从而实现对发电机励磁电流 I_{EF} 的控制。

在计算机控制系统中，输入和输出信号不能与总线连接，必须由接口电路完成信息传递任务。为此在微机中设置了与模拟量连接的模拟输入接口，与数字量连接的数字量 I/O 接口和与监控盘台连接的接口电路。

3. 同步和数字触发控制电路

同步和数字触发控制电路是数字励磁调节器的一个专用输出过程通道。它的作用是将微型计算机 CPU 计算出来的、用数字量表示的晶闸管控制角转换成晶闸管的触发脉冲。实现上述转换有两种方式：一是将 CPU 输出的表征晶闸管控制角的数字量转换成模拟量，再经过模拟式触发电路产生触发脉冲，经放大后去触发晶闸管；二是用数字电路将 CPU 输出的表征晶闸管控制角的数字量直接转换成触发脉冲，经放大后去触发晶闸管，这种方式称为直接数字触发。下面介绍直接数字触发的工作原理。

为了保证晶闸管按规定的顺序导通，保证晶闸管触发脉冲与晶闸管的阳极电压同步，必须有同步电压信号。图 2-35 是同步和数字触发控制电路的原理框图，图 2-36 是图 2-35 中部分电压波形图。电压互感器 TV_2 的二次电压 u_{ac}、u_{ba}、u_{cb} 分别通过整形电路 1、2、3 进行整形，变成方波，并分别用 S_{ac}、S_{ba}、S_{cb} 表示，如图 2-36 中所示。分析图 2-33 中晶闸管电路的交流侧电压 u_A、u_B、u_C 与 TV_2 二次电压 u_{ac}、u_{ba}、u_{cb} 的相位关系，u_{ac} 落后 u_A30°。这样，u_{ac} 由负变正的过零点和 S_{ac} 的上升沿正好是晶闸管整流电路交流侧 C 相电压和 A 相电压的自然换相点。同理，S_{ba} 和 S_{cb} 的上升沿所对应的时刻分别为晶闸管整流交流侧 A 相电压和 B 相电压、B 相电压和 C 相电压的换相点。由于 S_{ac}、S_{ba}、S_{cb} 与 u_{ac}、u_{ba}、u_{cb} 是同步的，与 u_A、u_B、u_C 也是同步的，因此，S_{ac}、S_{ba}、S_{cb} 可以作为晶闸管触发脉冲的同步信号。

图 2-35 中"异或 1"和"异或 2"的逻辑关系式分别为

$$U_1 = \bar{S}_{ac}S_{ba} + S_{ac}\bar{S}_{ba}, \quad U_A = \bar{U}_1 S_{cb} + U_1 \bar{S}_{cb}$$

根据上式求出 U_A 的波形如图 2-36 所示。由图 2-36 看出 U_A 的脉冲宽度和脉冲间隔均为60°。这样，U_A 就将一个工频交流电压周期分成6个相等的区间，每个区间对应 S_{ac}、S_{ba}、S_{cb} 用编码写下来即为 101、100、110、010、011、001。这6个编码就是晶闸管全控整流电路触发脉冲的同步信号。

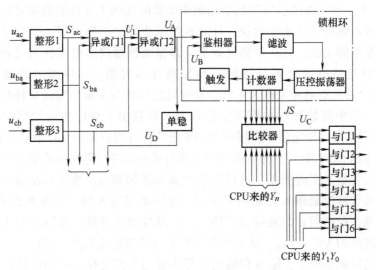

图 2-35　同步和数字触发控制电路的原理框图

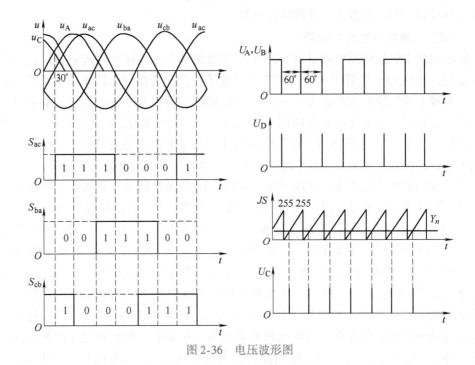

图 2-36　电压波形图

图 2-35 中点画线框内是锁相环。如果锁相环的反馈电压 U_B 与 U_A 有相位差，鉴相器就有电压输出，并经低频滤波后变成直流电压输入到压控振荡器。压控振荡器输出的方波频率随输入电压的大小而变化，因而使计数器的计数速度也跟着变化。计数器从零计数到 255（即 $2^8 - 1$）后自动清零，然后再从零开始计数，如此周而复始，不停

地循环。计数器的计数值 JS 与时间 t 的关系如图2-36所示。计数器每循环计数一次触发一次触发器，所以触发器的翻转频率是随计数器自动清零的频率变化而变化的。当 U_B 与 U_A 相位一致、鉴相器输出电压为零时压控振荡器的频率就固定不变了。这时锁相环处于锁住相位的平衡状态。图2-36是锁相环处于平衡状态时的电压波形图。

比较器接收计数器输出的计数值 JS 和 CPU 送来的表征晶闸管控制角大小的8位数字量 Y_n，并将 JS 与 Y_n 进行比较。当 $JS = Y_n$ 时比较器就输出一个脉冲电压 U_C，如图2-36所示。U_C 就是晶闸管整流电路的触发脉冲。由图2-36看出，在一个工频交流电压周期内共有6个触发脉冲 U_C。因此还必须解决这6个触发脉冲分别去触发晶闸管整流电路哪一个桥臂上的晶闸管的问题。这个任务是靠软件完成的。在 CPU 中，经调节计算后用10位二进制输出表征晶闸管的控制角 α，其中低8位（即 Y_n）表示控制角的大小，高2位（$Y_1 Y_0$）表示三个触发区。$Y_1 Y_0 = 00$ 表示 $0 < \alpha < 60°$；$Y_1 Y_0 = 01$ 表示 $60° < \alpha < 120°$，$Y_1 Y_0 = 10$ 表示 $120° < \alpha < 180°$。CPU 根据同步信号 S_{ac}、S_{ba}、S_{cb} 组成的同步区编码和 $Y_1 Y_0$，按照表2-1的关系通过程序确定任一时刻应该触发的晶闸管整流电路的桥臂号。该信号与图2-35的 U_C 相"与"，由"与1"～"与6"等6个"与"门送出两个脉冲。这两个脉冲经脉冲放大器和脉冲变压器进行放大和整形后，分别触发晶闸管整流电路两个相应桥臂上的晶闸管。

表 2-1　三相全控桥式整流电路导通桥臂号

同步区编号			$Y_1 Y_0$		
			00	01	10
S_{ac}	S_{ba}	S_{cb}	$0 < \alpha < 60°$	$60° < \alpha < 120°$	$120° < \alpha < 180°$
1	0	1	1.6	5.6	5.4
1	0	0	1.2	1.6	5.6
1	1	0	3.2	1.2	1.6
0	1	0	3.4	3.2	1.2
0	1	1	5.4	3.4	3.2
0	0	1	5.6	5.4	3.4

4. 并行 I/O 和显示接口

外部中断申请以及机组起动和停机、励磁系统开关量、过励保护等继电器信号都通过并行 I/O 传输。为了便于调试和运行监视，设有接口和监控盘通信，以便在盘上显示必要的数据，如实时控制角、调差压降、有关程序运行标志等。

三、微机型励磁调节装置的软件框图

（一）软件的组成

微机励磁调节器的软件由监控程序和应用程序组成。监控程序就是计算机系统软件，主要为程序的编制、调试和修改等服务，而与励磁调节没有直接关系，但作为软件的组成部分安置在微机励磁调节器中。应用程序包括主程序和调节控制程序，是实现励磁调节和保护等功能的程序，微机励磁调节器软件设计主要集中在这一部分。

(二) 主程序的流程及功能

主程序流程如图2-37所示。

1. 系统初始化

系统初始化就是在微机励磁调节器接通电源后、正式工作前，对主机以及开关量、模拟量输入输出等各个部分进行模式和初始状态设置，包括对中断初始化、串行口和并行口初始化等。系统初始化程序运行结束就意味着微机励磁调节器已准备就绪，随时可以进入调节控制状态。

2. 开机条件判别及开机前设置

图2-38是开机条件判别及开机前设置流程图。现假定微机励磁调节器用于水轮发电机励磁系统。首先判别是否有开机命令，若无开机令，则检查发电机断路器分、合状态：分表示发电机尚未具备开机条件，程序转入开机前设置，然后重新进行开机条件判别；合表示发电机已经并入电网运行，转速一定在95%以上，程序退出开机条件判别。若有开机命令，则反复查询发电机转速是否达到95%，一旦达到了，表明开机条件满足，结束开机条件判别，进入下一阶段。

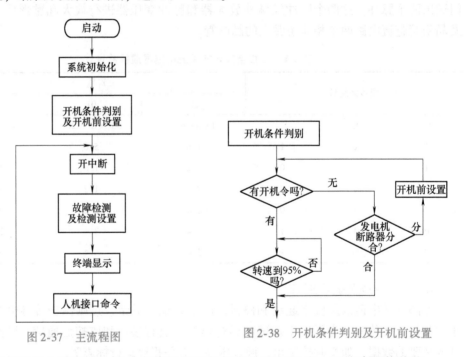

图 2-37　主流程图　　　　　　图 2-38　开机条件判别及开机前设置

开机前设置主要是将电压给定值置于空载额定位置以及将一些故障限值复位。

3. 开中断

微机励磁调节器的调节控制程序是作为中断程序调用的，因此，主程序中"开中断"表示微机励磁调节器在此将调用各种调节控制程序实现各种功能。开中断后，中断信号一出现，CPU即中断主程序转而执行中断程序，中断程序执行完毕，返回断点，继续执行主程序。如图2-35中"单稳"的输出U_D就是一个中断信号。U_D一出现就中断执行主程序转而执行电压调节计算程序。

4. 故障检测及检测设置

微机励磁调节器中配置了对励磁系统故障的检测及处理程序，它包括 TV 断线判别、工作电源检测、硬件检测信号、自恢复等。检测设置就是设置一个标志，表明励磁系统已经出现故障，以便执行故障处理程序。

5. 终端显示和人机接口命令

为了监视发电机和微机励磁调节器的运行情况，可通过 CRT 动态地将发电机和励磁调节器的一些状态变量显示在屏幕上。终端显示程序将需要监视的量从计算机存储器中按一定格式送往终端 CRT 显示出来。

在调试过程中，往往需要对一些参数进行修改。为此，设计了人机接口命令程序。该程序能实现对 PID 参数、调差系数等的在线修改。此外，通过人机接口命令还能进行一些动态试验，如 10% 阶跃响应实验等。

（三）调节控制程序的流程和功能

图 2-39 是调节控制程序的流程图。对于图 2-33 中的晶闸管全控桥式整流电路，每个交流周期内触发 6 次，对于 50Hz 的工频励磁电源则每秒触发 300 次。为了满足这种实时性要求，中断信号（即图 2-35 和图 2-36 中 U_D）每隔 60° 出现一次，每次中断间隔时间为 3.3ms。要在每个中断间隔时间内，执行完所有的调节控制计算和限制判别程序是不可能的，因此，程序采用分时执行方式，在每个周期的 6 个中断区间，分别执行不同的功能程序。这 6 个中断区间以同步信号为标志。

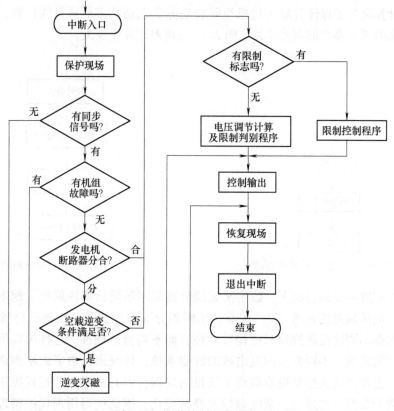

图 2-39 调节控制程序的流程图

进入中断以后，首先压栈保护现场，将被中断的主程序断点和寄存器的内容等保存起来，以便中断结束后返回到主程序断点继续运行。接下来查询是否有同步信号。同步信号是通过开关量输入输出口读入的。若没有同步信号则表示没有励磁电源，不执行调节控制程序，退出中断。若有同步信号则查询是否有机组故障信号，因为机组故障是紧急事件，必须马上处理，一旦查询到有机组故障信号便转入逆变灭磁程序。若机组正常无故障，且发电机断路器在分开状态（即机组空载运行），则检查空载逆变条件是否满足。空载逆变条件有三个：有停机令；发电机端电压大于130%额定电压；发电机频率低于45Hz。只要其中一个成立，则转入逆变灭磁程序。如果发电机断路器处于闭合状态（即机组并网运行），或空载运行而不需逆变灭磁，则转入调节计算程序或限制控制程序。

在执行调节计算程序和限制程序之前，首先检查是否有限制标志。限制标志包括强励限制标志、过励磁限制标志和欠励磁限制标志。若有限制标志即转入限制控制程序；若无则转入正常调节计算及限制判断程序。

执行电压调节计算程序或限制程序后，就得出晶闸管的控制角和应触发的桥臂号。"控制输出"将输出到图2-35同步和数字触发控制电路的比较器和"与1"～"与6"，生成晶闸管的触发脉冲，然后恢复现场，退出中断，回到主程序。

(四) 电压调节计算

图2-40是电压调节计算流程图。采样程序的作用是将各种变送器送来的电气量经A/D转换成微机能识别的数字量、供电压调节计算使用。被采集的量有发电机电压、有功功率、电感性无功功率、电容性无功功率、转子电流和发电机电压给定值。

调差计算是为了保证并联运行机组间合理分配无功功率而进行的计算，作用相当于模拟式励磁调节器中的调差单元。图2-41是调差计算流程图。

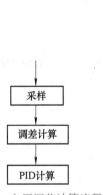

图2-40　电压调节计算流程图

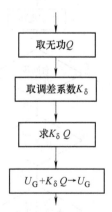

图2-41　调差计算流程图

在硬件配置不变的情况下，数字励磁调节器采用不同的算法就可实现不同的控制规律，如对电压偏差的比例（P）调节、比例积分（PI）调节、比例积分微分（PID）调节等。实现不同的控制规律只需修改软件，而不需修改硬件。这样可以很方便地用同一套硬件构成满足不同要求的发电机的励磁系统，体现出了数字式励磁调节器具有的灵活性。近年来现代控制理论取得了长足的发展，但是由于工业过程控制中被控对象的精确数学模型难以建立，系统参数又经常变化，因此使得用现代控制理论解决工业过程控制问题时尚有许多实际问题需要解决，用现代控制理论设计发电机励磁控制系统目前尚处于研究阶段。连续系统 PID 调节技术成熟，已经在工业控制中广泛应用。现在电力系统中实际运行的微机励磁调节器一般都采用 PID 控制，而且可以很方便地在线修改系统控制结构和控制参数，控制效果比较满意。

PID 调节通常分为理想和实际的两种。在连续（模拟）控制装置中均采用实际 PID 调节。它相当于在理想 PID 前面增加一个起滤波作用的惯性环节。在微机励磁调节器中通常采用理想 PID 调节。图 2-42 是理想 PID 调节的示意图。

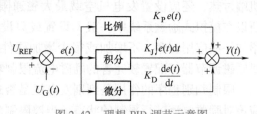

图 2-42　理想 PID 调节示意图

PID 算法可表示为

$$\left. \begin{array}{l} Y(t) = K_P e(t) + K_I \int e(t)\,\mathrm{d}t + K_D \dfrac{\mathrm{d}e(t)}{\mathrm{d}t} \\ e(t) = U_{REF} - U_G(t) \end{array} \right\} \tag{2-13}$$

式中　$Y(t)$——调节计算的输出；

U_{REF}——发电机电压给定值；

$U_G(t)$——发电机端电压；

K_P，K_I，K_D——比例系数、积分系数和微分系数。

发电机微机励磁调节是采样控制，用差分方程近似地代替微分方程式(2-13)。微机励磁调节器也采用增量算法，计算公式和程序如下：

调节量为

$$\left. \begin{array}{l} Y(n) = Y(n-1) + \Delta Y(n) = Y(n-1) + \\ K_P \Delta e(n) + K_I T e(n) + \dfrac{K_D}{T} \Delta e^2(n) \\ e(n) = U_G(n) - U_{REF} \\ \Delta e(n) = e(n) - e(n-1) \\ \Delta e^2(n) = e(n) - 2e(n-1) + e(n-2) \end{array} \right\} \tag{2-14}$$

式中　　　　$e(n)$——第 n 次采样计算时发电机电压 $U_G(n)$ 和给定电压 U_{REF} 之差；

$Y(n)$，$Y(n-1)$——第 n 次和 $n-1$ 次采样计算得到的调节量；

$e(n-1)$，$e(n-2)$——第 $n-1$ 和 $n-2$ 次采样计算得到的调节误差。

在直接数字式触发时，式(2-14) 中 $Y(n)$ 即对应于第 n 次采样周期计算出来的晶闸管控制角。晶闸管的控制角有一定的限制范围（对于全控桥式晶闸管整流电路，控制角一般限制在15°~150°之间），$Y(n)$ 的值也有相应的上、下限值。在某些情况下，给定值和测量值相差很大，如发电机空载起动时，给定为额定值，测量值为剩磁电压，则不进行 PID 计算，直接送强励控制角。当发电机电压上升到给定电压相差小于某个值后，才进行 PID 计算。

（五）限制判定程序

为了减少电网事故造成的损失，一般希望事故时发电机尽量保持并网运行而不要轻易解列。而电网事故又往往造成发电机运行参数超过允许范围。为了保证电压事故时发电机尽量不解列，而又不危及发电机安全运行，容量在 100MW 以上的发电机一般应设置励磁电流限制。为此，设置的限制包括强励定时或反时限限制、过励延时限制和欠励限制。为了防止发电机空载运行时由于励磁电流过大导致发电机过饱和而引起机端过热，还应设置发电机空载最大磁通限制。这些限制用模拟电路实现比较困难，所以在模拟式励磁系统中一般不设置或只设置必要的一两种。在微机励磁系统中，只增加一些应用程序，不增加或很少增加硬件设备就可以实现上述各种限制。因此，微机励磁调节器都配置较完善的励磁电流限制功能。

限制判别程序的作用是判别发电机是否运行到了应该对励磁电流进行限制的状态。当被限制的参数超过限制值，并持续一定时间后，程序设置某种限制标志，表明发电机的某一运行参数已经超过限制值，应该进行限制了。在下一次中断，进入调节控制程序之前，首先检查是否有限制标志；有，则执行限值控制程序；无，则执行调节计算程序，如图 2-39 所示。

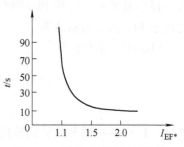

图 2-43　强励反时限限制特性

1. 强励定时限和反时限限制判别程序

强励时发电机励磁电流会快速地增加到强励顶值。长时间强励会使发电机励磁功率设备、发电机以及与发电机连接的主设备过热，危及安全运行。为了保证发电厂设备安全运行，对强励规定一个时间，不管电网事故是否取消，达到规定时间后，自动地将发电机励磁电流限制在长期运行允许的最大值，这就是强励定时限值。

强励限制也可以按照图 2-43 所示的强励反时限限制特性设计。程序设计时，将图 2-43 所示曲线以表格形式存入计算机。强励反时限限制判别程序流程如图 2-44 所示。当发电机励磁电流 $I_{EF} \leqslant I_{EFN}$ 额定值时，延时计数器 A 置零，清除强励限制标志；当 $I_{EF} > I_{EFN}$ 时，查强励反时限限制特性，得出强励允许时间 t_Y，延时计数器 A 的内容加 1，产生延时，当 $t > t_Y$ 时，置强励限制标志。

2. 过励限制判别程序

大型发电机额定运行时，定子和转子绕组的温度是相当高的，没有足够的过负荷温度储备。通常，发电机运行在高功率因数区时定子发热是关键；运行在低功率因数区时转子发热是关键。为了保证发电机不过热，应该按照发电机制造厂家给出的图 2-45 过

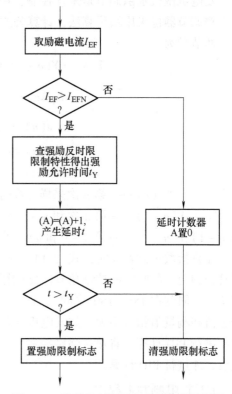

图 2-44　强励反时限限制判别程序流程图

励磁限制曲线 a 对励磁电流进行限制。当发电机有功功率 $P = P_Y$ 时，如果无功功率 Q_L 大于允许无功功率 Q_{LY} 且持续 2min 后，则设置过励磁限制标志，对励磁电流进行限制。过励限制判别程序设计时，将图 2-45 所示曲线 a 存入存储器，通过查表确定 Q_L 是否超过 Q_{LY}。

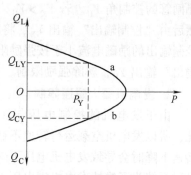

图 2-45 过励和欠励限制特性
a—过励限制特性 b—欠励限制特性

3. 欠励限制程序

发电机进相运行时，为了保持发电机运行稳定性和防止发电机电枢端部铁心过热，必须防止励磁电流运行在低于稳定运行所要求的数值以下。欠励限制特性如图 2-45 曲线 b 所示。当发电机进相无功功率 Q_C 大于允许值 Q_{CY} 时，将励磁电流限制在允许范围内。

（六）限制控制程序

1. 强励限制控制程序

强励、过励和欠励限制的控制程序工作机制基本相同。下面仅以图 2-46 强励控制程序说明。调节控制程序检测到限制标志后即转入强励限制控制程序。首先对励磁电流的允许值 I_{EFN} 和运行值 I_{EF} 之差进行 PID 计算，求出将励磁电流限制在 I_{EFN} 所需的晶闸管控制角 Y_X。然后对给定电压和发电机电压之差进行 PID 计算，求出不实行限制时

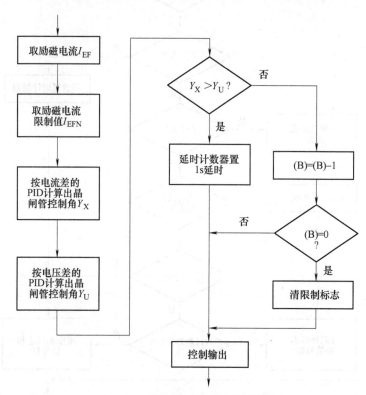

图 2-46 强励限制控制程序流程图

63

晶闸管的控制角 Y_U。若 $Y_X > Y_U$，说明需要限制励磁电流，则延时计数器 B 置 1s 延时，然后由"控制输出"输出 Y_X，将励磁电流限制在 I_{EFN}。若 $Y_X < Y_U$，说明按电压差 PID 控制输出的励磁电流小于按强励限制输出励磁电流，延时 1s 后清除限制标志，"控制输出"输出 Y_U，解除强励限制。

2. 发电机最大磁通限制

由于发电机的控制电压与转速成正比，所以发电机空载运行转速不稳或停机转速下降时会导致发电机电压下降。这时励磁系统为了维持发电机端电压为额定值就会增加励磁电流，使转子磁通增大。当励磁电流增加过多而导致磁路过饱和时，会使发电机过热。为了防止发电机过热，应该设置发电机空载最大磁通限制，也称 V/F 限制。图 2-47 和图 2-48 是 V/F 限制特性图和程序流程图。

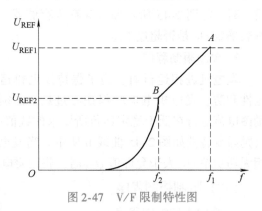

图 2-47　V/F 限制特性图

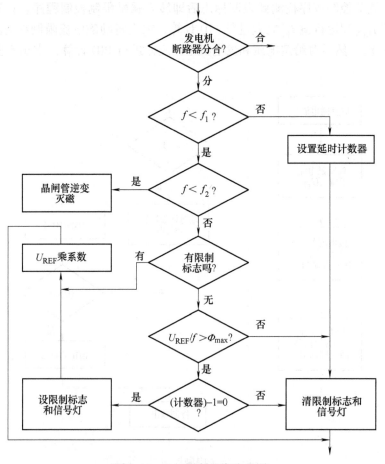

图 2-48　V/F 限制程序流程图

发电机空载运行时，断路器是断开的。

1）如果发电机频率 f 虽下降，但不低于 f_1，则发电机转子磁通增大不多，V/F 限制不必动作。

2）当 $f < f_2$ 时，V/F 限制使晶闸管整流器逆变灭磁。

3）$f_2 < f < f_1$ 且磁通超过允许的最大磁通（即 $U_{REF}/f > \Phi_{max}$ 成立）时，经过延时后设置 V/F 限制标志。"延时到"的标志是（计数器）$-1 = 0$，处理的办法是给 U_{REF} 乘一个小于 1 的系数。

第七节　电力系统运行电压的有关问题

一、特高压、长输电线路运行电压的有关问题

特高压（也可称超高压）输电线路运行时，两端都要有电压源，如图 2-49a 所示，这是它与单端供电的配电线路的不同之处。特高压输电线不但运行电压很高，线路一般也很长，总长可在 $800 \sim 1000\text{km}$ 以上。按常理讲，特高压线路导体的相间距离长，应该是单位长度的电感量较大，而电容量较小。但实际上特高压线路的容性无功功率是一个不容忽视的问题。这是因为容性无功功率与运行电压有关，其值与电压二次方成正比，为 $Q_C = U^2/X_C$。如在 20 世纪 50、60 年代，我国的输电线路电压是 220kV，而现在 500kV 线路已运行多年，1000kV 特高压输电线路已于 2009 年 1 月 6 日正式投入运行。从线路的参数看，220kV 线路单位长度电感值、电容值与 500kV 和 1000kV 线路的相差不算太大，但由于电压相差了接近 4 倍，线路产生的容性无功功率就多了 16 倍还多，不论空载、满载都是如此。所以特高压长距离输电线路的容性功率对电压质量的影响，在运行中需认真研究分析。长线路的电容是沿线路均匀分布的，所以在分析特（超）高压长线路的运行特性时，都将其作为分布参数的对象来对待，如图 2-49b 所示。忽略线路的电阻，并考虑线路已处于稳态运行，从送端开始，沿线任一点 x 均有

$$\begin{cases} \dfrac{\mathrm{d}\dot{U}_x}{\mathrm{d}x} = \mathrm{j}\dot{I}_x x_L \\[2mm] \dfrac{\mathrm{d}\dot{I}_x}{\mathrm{d}x} = \mathrm{j}\dfrac{\dot{U}_x}{x_C} \end{cases}$$

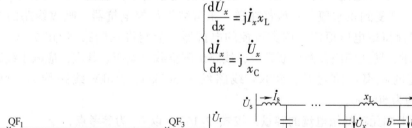

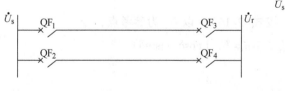

a)

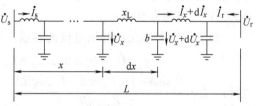

b)

图 2-49　高压长距离输电线示意图与分布参数等效电路图

a）系统接线图　b）等效电路图

由此，得到

$$\begin{cases} \dfrac{\mathrm{d}^2\dot{U}_x}{\mathrm{d}x^2} = -\dfrac{x_\mathrm{L}}{x_\mathrm{C}}\dot{U}_x = -x_\mathrm{L}b\,\dot{U}_x \\[4mm] \dfrac{\mathrm{d}^2\dot{I}_x}{\mathrm{d}x^2} = -\dfrac{x_\mathrm{L}}{x_\mathrm{C}}\dot{I}_x = -x_\mathrm{L}b\,\dot{I}_x \end{cases} \qquad (2\text{-}15)$$

式中　$\dot{U}_x$，$\dot{I}_x$——沿线任一点 x（从发送端起算）的电压和电流相量；

　　　x_L，b——线路单位长度的电抗（Ω）与电纳（S）。

式（2-15）的解为

$$\begin{cases} \dot{U}(x) = \dot{U}_\mathrm{s}\cos\beta x - \mathrm{j}Z_0\dot{I}_\mathrm{s}\sin\beta x \\[3mm] \dot{I}(x) = \dot{I}_\mathrm{s}\cos\beta x - \mathrm{j}\dfrac{\dot{U}_\mathrm{s}}{Z_0}\sin\beta x \end{cases} \qquad (2\text{-}16)$$

式中　Z_0——线路的波阻抗（Ω），$Z_0 = \sqrt{l/c}$；

　　　β——输电线路传播系数的虚部（rad/km），$\beta = \omega\sqrt{lc}$。

式（2-16）可以部分地说明自动调压器对保证输电安全的重要性。假设一条线路末端断路器断开了，如图2-49的 QF_3 或 QF_4，站内的自动调压器就不能工作了，这时末端的电压 U_r 为多少？有害或无害？根据式（2-16），设线路总长度为 $x=L$，令末端电流 $I(L)=I_\mathrm{r}=0$，于是有

$$\dot{I}_\mathrm{s} = \mathrm{j}\frac{\dot{U}_\mathrm{s}\tan\beta L}{Z_0}$$

$$\dot{U}_\mathrm{r} = \dot{U}_\mathrm{s}\cos\beta L - \mathrm{j}\dot{I}_\mathrm{s}Z_0\sin\beta L = \dot{U}_\mathrm{s}\sec\beta L$$

由于 $\sec\beta L > 1$，所以线路不论因何故断开时，末端电压总是高于送端电压。以 1000kV 的 800km 长线路为例，其 $l=0.775\mathrm{mH/km}$，$c=14.80\mathrm{\mu F/km}$，于是 $\beta = 1.064 \times 10^{-3}$，$\beta L = 0.8512$，$\sec0.8512 = 1.51726$。即线路开路时，末端电压高于送端电压50%有余，这是不能允许的。必须采取调压措施，使其恢复到正常值。过电压的原因显然是线路的分布电容电流引起的；因为一条单纯的电感线路，空载时，U_r 和 U_s 是相等的。为使 U_r 恢复到正常值，一般都在送、末端装设可控电抗器，吸收线路的容性无功功率，以保持端电压恒定。这类可控的电抗器，应装设在断路器 QF 的线路侧，如图2-50a 所示，防止断路器意外断开时，线路出现空载过电压。其次，应减小线路的跨度，两站间的距离不宜过长，500kV 线路约为 300km，750kV 线路约为 400km，1000kV 线路约为 500km。

为了确定末端无功补偿电流的容量，按式（2-16），以 U_s 为参考点，令

$$\dot{U}_\mathrm{s} = U_\mathrm{s}\angle 0°,\quad \dot{U}_\mathrm{r} = U_\mathrm{r}\angle -\delta = U_\mathrm{r}\,(\cos\delta - \mathrm{j}\sin\delta)$$

可得　$\dot{I}_\mathrm{s} = \dfrac{U_\mathrm{r}\sin\delta + \mathrm{j}\,(U_\mathrm{r}\cos\delta - U_\mathrm{s}\cos\beta L)}{Z_0\sin\beta L}$

送端视在功率为

$$S_\mathrm{s} = P_\mathrm{s} + \mathrm{j}Q_\mathrm{s} = \dot{U}_\mathrm{s}\dot{I}_\mathrm{s}^* = \frac{U_\mathrm{s}U_\mathrm{r}\sin\delta}{Z_0\sin\beta L} + \mathrm{j}\frac{U_\mathrm{s}^2\cos\beta L - U_\mathrm{s}U_\mathrm{r}\cos\delta}{Z_0\sin\beta L} \qquad (2\text{-}17)$$

同理，可得受端视在功率为

$$S_r = P_r + jQ_r = \dot{U}_r\dot{I}_r^* = -\frac{U_s U_r \sin\delta}{Z_0 \sin\beta L} + j\frac{U_r^2\cos\beta L - U_s U_r\cos\delta}{Z_0 \sin\beta L} \qquad (2-18)$$

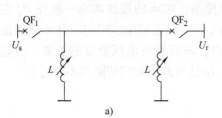

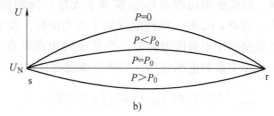

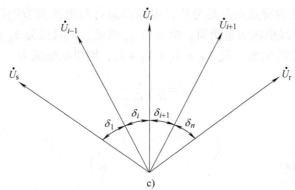

图 2-50 长距离输电线路调压原理示意图

a) 有可控电感的长输电线路 b) 输送功率与线路电压分布 c) 超长距离输电原理示意图

对特高压长距离输电线路,式(2-17)说明了其运行电压方面的一些特点:

1)送端发送的有功功率 $U_s U_r \sin\delta/(Z_0 \sin\beta L)$,通过无损输电线,全部传送到受端,但受到功率角的限制,δ 不能超过 90°。特高压线路与一般线路的功角关系是相似的,一般线路不计电容,于是 $\sin\beta L = \beta L$,并有 $Z_0 \sin\beta L = X_L$,功角关系为 $P = U_s U_r \sin\delta/X_L$。为保持日常运行的稳定性,除发、送端电压都应恒定外,两站间的功率角 δ 一般不大于 60°。所以超长距离的输电,如图 2-50c 所示,是由一段段的电压恒定的输电线,如同接力一般,将电能从始端输送至末端;始端至末端的功率角 δ_Σ 可能大大超过 90°,而端电压的恒定,即自动调压器的功能是必不可少的。

2)与有功功率不同,特高压输电线基本上是不传送无功功率的,式(2-17)与式(2-18)右端的第二项相同,说明送端、末端都要向线路输送等量的感性无功功率,才能达到两端电压均为 U_N 的要求。我国规定“无功功率应分区、分级就地平衡”,即送端、末端互相不能替代或补充,适应了电力系统的运行特性。

3)线路空载并不表示末端电流为零,而是输送的有功功率为零,即 $\delta = 0$。为了维持电压额定,空载时应补充的无功功率为 $U_N^2(\cos\beta L - 1)/(Z_0 \sin\beta L)$。由此可得图 2-50a 上可控电抗为 $Z_0 \sin\beta L/(1 - \cos\beta L)$。

在前述算例中,当线路空载时,为了维持 $U_s = U_r = U_N$,则送、受两端输入线路的容性无功功率为

$$Q_s = Q_r = \frac{(1000 \times 10^3)^2 \times (\cos 48.77° - 1)}{228.83 \times \sin 48.77°} = 2 \times 10^6 \text{kvar}$$

4)图 2-50a 显示,特高压线路既有分布电感又有分布电容,它们间无功功率的自

我补偿程度，取决于功率角 δ；按式（2-17），当 $\beta L = \delta$ 时，沿线各点的无功功率均为零，此时线路输送的有功功率为 $U_N^2 / Z_0 = P_0$，称为波阻抗功率。如图 2-50b 所示，$P = P_0$ 时，沿线的电压均为 U_N，实现了无电压降的功率传送。实际的输送功率一般在 P_0 左右。当 $P < P_0$ 时，线路电压以中点为最高，大于 U_N。这说明端电压确定，并不能保证长线路的中点电压也合格。当然线路中点没有用户，不存在对电压质量的要求，但超长线路中点的电压过高，影响绝缘强度，解决的办法是两调压站间的距离不要过长。

二、供电线路运行电压的有关问题

短时的或间断性的特重负荷是分析供电线路运行时电压调节问题的典型例子，如图 2-51a 所示，点画线框内为重负荷，由 R 与 X_r 组成，由阻抗为 X_L 的 110kV 或 220kV 的线路经变压器 T 专线供电，设 $X_\Sigma = X_L + X_T + X_r$，则供电电流为

$$\dot{I} = \frac{\dot{U}_s}{R + jX_\Sigma}$$

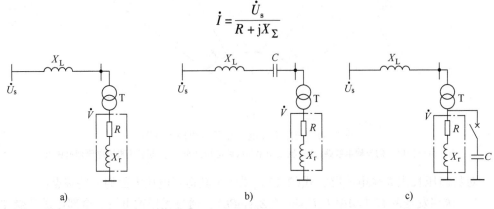

图 2-51　供电线路的电压调节示意图
a) 典型电路　b) 串联电容补偿　c) 并联电容补偿

供给的有功功率为 $P = I^2 R$，最大的可供功率的条件为 $\dfrac{\mathrm{d}I^2 R}{\mathrm{d}R} = 0$，得 $R = X_\Sigma$，令 U_N 为基准电压，短路功率 U_N^2 / X_Σ 为基准功率，则最大可供功率为 0.5pu。此时，负荷的端电压 U_L 约为 $0.7U_s$，是不利于运行的；虽然一般 $R > X_\Sigma$，但仍可以看出，为保证负荷运行的电能质量，必须对线路及变压器上的电压降落加以补偿。为此有两种方法可以选择：一是如图 2-51b 所示，称为串联电容补偿；另一种如图 2-51c 所示，称为并联电容补偿。其补偿效果可以用图 2-52 所示的 $P - V$ 曲线说明。

图 2-52a 中的曲线 1 是串联电容补偿了 40% 的 X_Σ 后的 $P - V$ 曲线图，负荷的 $\tan\phi = R/X_r = 0.2$，曲线 2 为未进行补偿时的 $P - V$ 特性；进行补偿后，电压质量大为改善，在正常负荷变动的范围内，电压不低于额定值的 90%，满足运行的要求。这是因为串联补偿的实质是减小了线路的电抗，使 U_L 受负荷电流的影响减小，因而提高了电压的质量。其缺点是高压电容器的投资较大，对其绝缘与耐压性能需经常进行监护。图 2-52b 是对并联补偿电容进行投切的电压示意图。从日常较严峻运行的情况，即 $\tan\phi = 0.2$ 开始，负荷增至点 a 后，立即投入第一组补偿电容；设电压提高至相当于 $\tan\phi = 0$ 曲线的 a′ 点，又回到电压质量允许的范围内；如负荷继续增加，致电压降至 b 点时，投入第二组补偿电容，电压回升至 $\tan\phi = -0.2$ 曲线上的 b′ 点，在这条曲线的特性范

围内，即使有功负荷达到原设计的最大值，电压质量也是有保证的。与串联补偿相比，并联补偿操作频繁，需要进行投切的自动化。

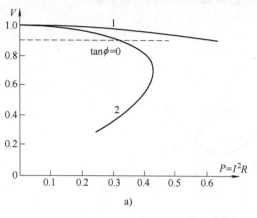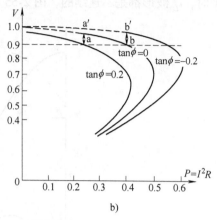

图 2-52　串、并联补偿的 $P-V$ 特性曲线

a）串联补偿电压示意图　b）并联补偿电压示意图

三、硅控电抗器控制原理

图 2-50a 中的可控电感 L，可采用硅控电抗器（Thyristor-Controlled Reactor，TCR），其单相原理接线如图 2-53 所示。

1. TCR 的原理框图

图 2-53 是一个全控单相电抗器，VT_1 与 VT_2 中一个在电源电压 U_s 的正半周导通，另一个在电源负半周导通。设供电母线电压为 $U_s\sin\omega t$，触发角 α 的范围为 $\omega t=90°\sim180°$。$\alpha=90°$ 时，晶闸管全程导通，流经电抗器的是完好的正弦波；$\alpha=180°$ 时，晶闸管全程关闭，TCR 无电流。图 2-54 举例说明 $90°<(\alpha=90°+\beta)<180°$ 区间，电抗器电流受控制的波形图。忽略电抗器 L 的电阻，当晶闸管不存在时，流经电抗器的电流 i_L 滞后电源电压 u_s 为 $90°$，如图 2-54a 的虚线所示，这是由于 i_L 的

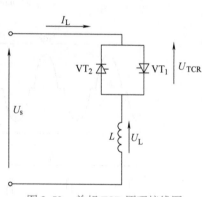

图 2-53　单相 TCR 原理接线图

增减规律为 $L(\mathrm{d}i_L/\mathrm{d}t)=u_s$；当晶闸管接入后，$i_L$ 的增减规律仍不变。从 $90°$ 开始，i_L 按 u_s 的正值而不断增大，到 $180°$ 且 $u_s=0$ 时，i_L 停止增长；此后 $u_s<0$，但 i_L 并不立即跟着反向，而是维持原方向，利用反向电压经晶闸管逐步释放已经积累起来的能量，释放的速度与该时刻的 u_s 有关，$270°$ 时，释放完毕，所以也是正弦波。图 2-54 说明了 TCR 的工作原理，将晶闸管 VT_1 和 VT_2 反相接入后，电抗器电流的增减规律仍为 $L(\mathrm{d}i_L/\mathrm{d}t)=u_s$，当 $\omega t=90°$ 时，u_s 虽为正，在没有触发脉冲时，也没有 i_L，u_s 全部降落在晶闸管上，图 2-54b 说明，点燃角为 β 时，晶闸管导通，i_L 的增减规律与图 2-54a 中的 i_L 的相应部分完全一致，并表示熄灭角恰好为（$270°-\beta$）。当然另一个晶闸管会在（$270°+\beta$）处点燃，开始对 i_L 的下半周进行控制，其特性与上半周完全相似。图 2-55 表示触发角 α 为不同

数值时，TCR 电流、端电压等的波形图。显然 i_L 导通角为 β，截止角为（$270° - \beta$）的条件是 u_s 的波形必须是 ωt 的奇函数，即对称于 ωt 的原点（$0°$，$180°$）。当 $0° < \beta° < 90°$ 时，i_L 波形都是不连续的，图 2-55 中 i_L 的等值基波分量分析如下。

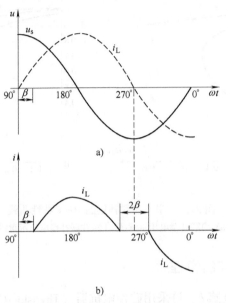

图 2-54 单相 TCR 工作特性示意图

a）晶闸管关闭 b）晶闸管导通

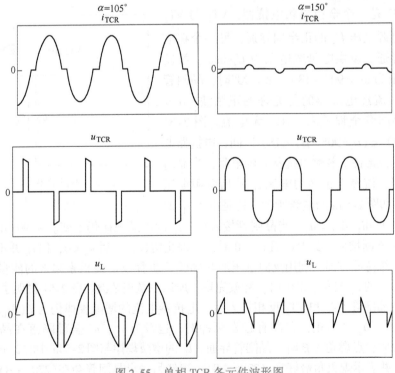

图 2-55 单相 TCR 各元件波形图

设 $u_s = U\sin\omega t$，由于 i_L 滞后 $u_s 90°$，故有

$$i_L(t) = \frac{U}{\omega L}\left[\cos\left(\frac{\pi}{2} + \beta\right) - \cos\omega t\right], \beta \leqslant \omega t \leqslant \frac{3\pi}{2} - \beta$$

考虑到 i_L 的对称性，即 $i_L\left(t + \dfrac{T}{2}\right) = -i_L(t)$，运用 Fourier 级数法，可得其基波项的系数为

$$a_1 = \frac{4}{T}\int_0^{\frac{T}{2}} i_L(t)\cos\frac{2\pi t}{T}\mathrm{d}t = 1 - \frac{2\beta}{\pi} + \frac{\sin2(\pi - \beta)}{2\pi} - \frac{\sin2\beta}{2\pi} = 1 - \frac{2\beta}{\pi} - \frac{\sin2\beta}{\pi}，若代$$

以 $\beta = \alpha - \dfrac{\pi}{2}$，$\alpha$ 为 $u_s = U\sin\omega t = 0$ 瞬间开始计算的触发角，则有

$$a_1 = 2 - \frac{2\alpha}{\pi} + \frac{\sin2\alpha}{\pi}$$

以 α 表示时，i_L 的基波分量为

$$I_1(\alpha) = \frac{U}{\omega L}\left(2 - \frac{2\alpha}{\pi} + \frac{\sin2\alpha}{\pi}\right)$$

图 2-56 为其曲线图。图 2-57 显示 i_L 的奇次谐波分量是不可忽视的，对于其中的三次谐波，可以用三相线电压的方式将其滤去，图 2-57 还表示了高次谐波与 α 的关系。图 2-58 则表示了不同 α 值时，基波与谐波的关系，可看出 TCR 实际是可用的。至于在何种情况下，用何种接线方式滤去三次谐波，及对 i_L 高次谐波的分析等，就不再叙述了。

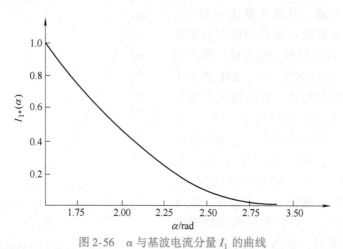

图 2-56　α 与基波电流分量 I_1 的曲线

2. TCR 的自动调压器原理

TCR 是一种晶闸管全波控制调压器，核心部件也是一个"压控振荡器"，图 2-59e 所示框图是应用较为普遍的一种。

在图 2-59e 中，母线电压经电压互感器引入并经二次方，即图中的 U^2，作为 TCR 调压器的输入量，与二次调压的参考值 U_r 比较，差值为 U_C，再与限值 U_1 相加，其和进入积分器，当积分到达 U_2 时，即启动脉冲发生器（Pulse Generator，PG），发出触发

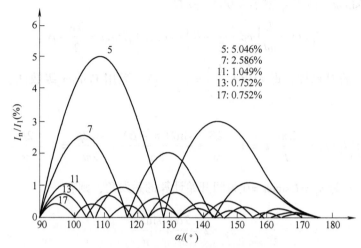

5: 5.046%
7: 2.586%
11: 1.049%
13: 0.752%
17: 0.752%

图 2-57 i_L 高次谐波与 α 的关系图

脉冲, 一方面进入二分器, 如图 2-59d 所示, 轮流触发晶闸管 VT_1 与 VT_2; 另一方面同时将积分器清零, 开始对下一次触发脉冲的积分计值。在正常稳定工作状态下, TCR 调压器正确工作的重要条件是

$$k \int_0^{\frac{T}{2}} U_1 \mathrm{d}t = 2f_N U_2 \tag{2-19}$$

式中 f_N——系统的额定频率。

式(2-19) 说明, TCR 调压器实质上是一个积分调节器, 其输入量之一为 U^2, 其目的是将交流电压 U 变成均值不为零的直流电压 U^2, 以便与另一输入量, 即二次调整参考量 U_r 进行比较, 图 2-59b 表明了这一特性。按控制理论, 积分调节的最终结果, 是使输入的稳态值为零, 即 U_C 的均值为零, 所以从平均情况看, 系统处于正常稳态运行时, 积分器只对 U_1 进行积分, 当达到 $2f_N U_2$ 时, 就发出触发脉冲, 并对积分器清零, 进行下一轮工作。积分的限值写成 $2f_N U_2$, 主要表示积分的周期是额定频率的半周, 如图 2-59c 所示; 另一方面也说明其积分限值是不随系统频率

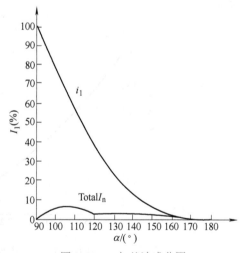

图 2-58 α 与基波成分图

改变的, 这当然是个缺点, 改进的办法是设法使 u_2 与系统频率的周期成正比, 这会使设备复杂些, 一般都不这样做, 原因是有了自动调压器后, 系统频率变动不大, 多在 u_2 的安全限值之内, 故不给予特殊考虑。图 2-59 的 TCR 调压器的主要特点是运用了系统频率的半个周期为其积分限值的周期, 如式(2-19) 及图 2-59c 所示, 这样保证了 TCR 波形正、负半周的对称性, u_s 及 u_C 不含偶次谐波, 不影响 u_s 对零点

的对称性，不需在 u_C 配置滤波器，因而可以提高调压器的响应速度；又由于使用了积分技术，使 u_C 的一些随机性干扰受到抑制，不影响积分的结果，故性能较为稳定，使用较为普遍。

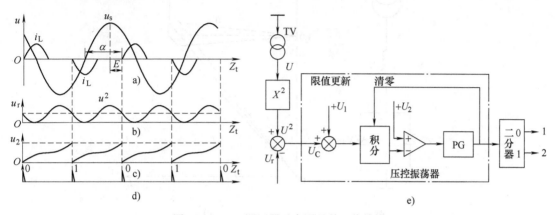

图 2-59　TCR 调压器示意图及其工作特性

a) 母线电压 u　b) 参考电压 u_r　c) 比较电压 u_2　d) 输出脉冲　e) 原理框图

在运行中，当 u_s 降低时，u_C 呈现负值，使 u_1 对积分器的输入减小，于是积分到达限值 u_2 的时间推迟，PG 推迟发出脉冲，使触发角 α 增大，电抗器电流的基波成分减小，以提高 u_s，直到 u_C 重新为零，u_2 又等于 u_r，调节过程才会结束，这是无差调节，是积分调节器的特点。

要注意 TCR 与自动励磁调节器的不同，虽然都可以使用晶闸管的全控电路，但被控对象的差异很大，简单来说，励磁调节器的对象是直流电源，控制失误可能导致转入逆变状态，使励磁系统崩溃。所以对触发脉冲的同步性要求较严；而 TCR 控制的是一个本身不具备电源能量的电抗器，即使控制失误，都在相电压的负半周触发，电抗器没有电流，也不会导致严重事故，只需改正 PG 输出脉冲序号与晶闸管 VT_1、VT_2 间的配合，TCR 就能正常工作了，这是由于 VT_1 和 VT_2 之间因式(2-19) 而形成的半周限值积分的结果。在某些系统事故情况下 u_s 很低，或系统频率的偏离很大，总之完全超出了式(2-19) 的约束范围，触发脉冲基本相距半周的条件就会丧失，触发就会出现混乱，电抗器不能正、负半周有序地导通，解决的办法是根据事故情况，更新 U_1 的设定值，使半周积分的限值要求能重新得到满足。

三相电路的 TCR 工作原理与单相的基本相同，但为了加强对线路谐波的过滤作用，三相电抗器的接线可有不同的几种方法，但这都不会对 TCR 的工作原理造成大的影响。

3. TCR 的外特性

TCR 电抗器一般都需经过升压变压器 T 与高压线路相连，如图 2-60a 所示，选择电压 $U_r = U_{sN} + KI_L X_T$ 作参考电压，如图 2-60b 的曲线 0，但最终应使 U_s 具有下倾的外特性，如图 2-60b 的曲线 2，能够与母线上其他的线路合理地分担无功补偿电流。如使 U_s 具有图中曲线 1 的特性，将不利于并联线路上其他电抗器的运行。当电抗器供给的无功容量超过 TCR 调整容量后，U_s 将按 $I_L X_L$ 的数值上升；如再超过 TCR 的最大容许电流时，则应加以保护，使其不再加大。

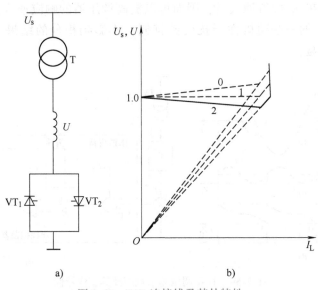

图 2-60　TCR 连接线及其外特性

a) TCR 接线图　b) TCR 外特性

四、TSC 投、切电容器调压的控制问题

图 2-61b 是瞬时投入或断开电容 C，以实现对专线重负荷用户调压的原理接线图，图 2-61a 则表示瞬时投、切可能出现的问题。电容器的初始电压为零，即 $u_C(0)=0$，如果投入瞬间 $u_s(0)\neq0$，由于电容器的端电压不能跃变，就会出现 $i_C(0)=\infty$；如果投入瞬间 $u_s(0)=0$，由于 $i(0)=0$，就会出现 $\mathrm{d}i/\mathrm{d}t=\infty$，以符合 $i(t)$ 的瞬时值，所以并联电容的快速投切问题是不容忽视的。实际的情况则如图 2-61b 与图 2-61c 所示，图 2-61b 表示用断路器 QF 投、切电容器 C，由于 QF 的投、切都由机械动作完成，需时间较长，投入需 2 个周波，断开约需 8 个周波，且有接触电阻等，可以不按瞬时投、切来处理，而机械装置承受瞬时过电流的能力很强，所以 QF 可以直接投、切并联电容器 C，但使用寿命较短。图 2-61c 表示用反接的两个晶闸管投、切补偿电容，由于晶闸管动作快，投入只需半周波，而断开也只需一个周波，但本身承受电流的冲击能力低，所以必须串联一小电抗器 L 来缓解充电电流的冲击，而串联的 LC 电路会在晶闸管导通瞬间出现高频振荡或称高次谐波，现分析如下：

设图 2-61c 中，$u_s=U\sin\omega_0 t$，晶闸管的导通触发角为 α，则暂态方程式为

$$L\frac{\mathrm{d}^2 i}{\mathrm{d}t^2}+\frac{1}{C}i=\omega_0 U\cos(\omega_0 t+\alpha)，$$

初始条件为 $\qquad i(0)=0，U_{C0}=U\sin\alpha-L\left.\frac{\mathrm{d}i}{\mathrm{d}t}\right|_{t=0}$

则暂态方程的解为

$$\frac{\sqrt{C}U\sin\dfrac{t}{\sqrt{LC}}\sin\alpha+C\sqrt{L}U\left[-\cos\dfrac{t}{\sqrt{LC}}\cos\alpha+\cos(\omega_0 t+\alpha)\right]\omega_0+\sqrt{C}\sin\dfrac{t}{\sqrt{LC}}U_{C0}(\omega_0^2 LC-1)}{\sqrt{L}(\omega_0^2 LC-1)}$$

$$= I_C \left[\cos(\omega_0 t + \alpha) - \cos\omega_n t\cos\alpha \right] - n\frac{1}{X_C}\left(U_{C0} - \frac{n^2}{n^2-1}U\sin\alpha \right)\sin\omega_n t \tag{2-20}$$

其中　　$\omega_n = n\omega_0 = \dfrac{1}{\sqrt{LC}} = \omega_0\sqrt{\dfrac{X_C}{X_L}}$；$n = \sqrt{\dfrac{X_C}{X_L}}$；$\dfrac{n^2}{n^2-1} = \dfrac{X_C}{X_C - X_L}$；$I_C = \dfrac{U}{X_C - X_L}$。

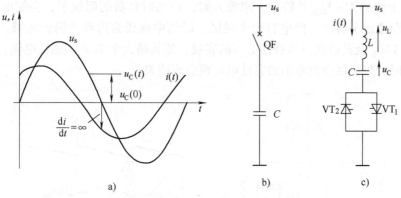

图 2-61　并联补偿电容器投切电路及其工作原理示意图

a) 电容器电压、电流波形图　b) TSC 原理接线图　c) TSC 等效电路图

在式(2-20) 中，$n^2/(n^2-1)$ 与电抗器的大小有关，图 2-62 说明当 LC 电路振荡频率 ω_n 达到 5 次谐波以上时，其值接近于 1 而变动不大。式(2-20) 说明，如果电抗器 L 的数值不大，与并联补偿电容 C 构成的谐振频率达 5 次谐波或以上的数值时，即 $\omega_n \geqslant 5\omega_0$ 时，当 $\alpha = \sin^{-1}\dfrac{U_{C0}}{U}$ 时，$i(t)$ 将不再受电容器上残存电压的影响。但当 $U_{C0} > U$ 时，这个条件是无法满足的，就要另想办法来减轻 U_{C0} 对 $i(t)$ 的冲击。

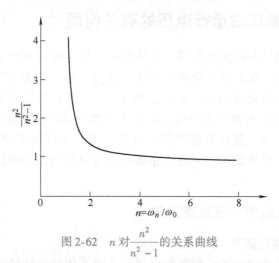

图 2-62　n 对 $\dfrac{n^2}{n^2-1}$ 的关系曲线

　　TSC 的晶闸管在运行的第一周期触发角为 α，以后就轮流在 $\alpha = 90°$ 时触发，形成完整的交流电流；当不再触发脉冲时，晶闸管停止导通，TSC 就关闭了，残存在电容上的端电压恰好是供电交流电压的峰值，而无法迅速放电。所以在断开的一段时间内，

晶闸管上承受的电压为电压峰值的两倍,故一般 TSC 上串接的晶闸管数目为 TCR 的两倍。

用 TSC 是无法进行平稳调压的,所以一般都并联一个同容量的 TCR,用 TCR 均匀地调整容性无功电流,以达到平稳调压的目的,如图 2-63a 所示。开始投入 TSC_1 的同时,也投入 TCR,I_{TCR} 的电流置于最大,总的无功电流为零。但图 2-63b 也清楚显示,TCR 上倾的 $U - I_{TCR}$ 外特性,刚投入时,在当时负荷的阻抗下,会使电压 U 略有升高,因而造成了容性补偿电容的失灵区,即图中虚线为边界的阴影区域,解决的办法是加大 TSC_2 及其以后各节补偿电容的容量,使其略大于 TCR 的感性电流,当刚开始同时工作时,失灵区会被多出的容性电流覆盖而消失。

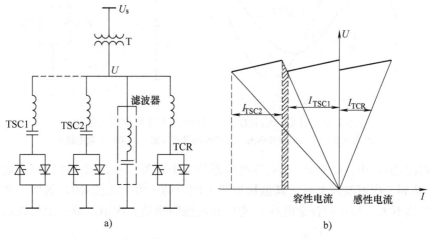

图 2-63 TCR - TSC 接线及工作原理图

a) TCR - TSC 接线图　b) TCR - TSC 外特性

第八节　新能源场站运行电压的有关问题

随着新能源发电技术的快速发展,光伏发电和风电高渗透率下的电网电压不断受到变化功率的影响而出现激增或骤降的现象,进而引起一系列电能质量问题。为了保证新能源场站并网后的电压质量、增强电网友好性、提高新能源场站的接纳规模,各个国家和地区普遍要求新能源发电机组的功率因数波动应在超前 0.95 到滞后 0.95 之间。为了满足这项要求,新能源场站都需具备一定的无功功率调控能力。一般来说,对无功功率的调控有两种途径,一是依靠场站机组自身的无功容量进行调节,二是加装无功补偿装置。

一、新能源机组的电压自动调节

1. 光伏电站的电压调节

近年来,随着光伏发电技术的迅猛发展,我国光伏发电装机容量在全国发电装机总容量的占比逐年提升。光伏发电系统多数是以大规模、集中式地并入电网的方式为负荷提供电能。以 110kV 大型并网光伏发电站为例,如图 2-64 所示。光伏电站主要由汇集线路依次连接光伏阵列、逆变器、升压变压器至并网点(Point of Interconnection,

POI），再经送出线路连接至公共连接点（Point of Common Coupling，PCC）。

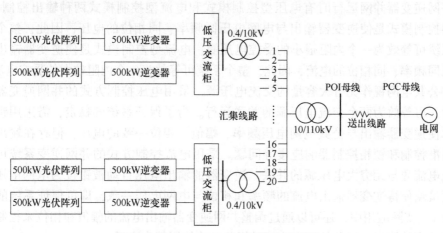

图 2-64 110kV 光伏电站并网示意图

国家标准 GB/T 19964—2012《光伏发电站接入电力系统技术规定》和国家电网公司企业标准 Q/GDW 617—2011《光伏电站接入电网技术规定》中均要求：通过 110（66）kV及以上电压等级接入电网的光伏发电站应配置无功电压控制系统，具备无功功率调节及电压控制能力。根据电网调度机构指令，光伏发电站自动调节其发出（或吸收）的无功功率，实现对并网点电压的控制，其调节速度和控制精度应满足电力系统电压调节。

根据标准要求，我国大中型光伏电站的电压调节方式有：逆变器无功功率的调节、无功补偿装置的调节和光伏电站升压变压器变比的调整。由于并网逆变器一般均具有一定的无功功率调节能力，因此在原则上应尽量首先使用并网逆变器进行电压调节。

并网逆变器实际上是一个有源逆变器。根据直流侧电源的性质，光伏并网逆变器可分为电压源型（Voltage Source Inverter，VSI）和电流源型（Current Source Inverter，CSI）。电压源型逆变器采用电容作为储能元件，在直流输入侧并联大电容作为无功功率缓冲环节，如图 2-65a 所示，U_d 为直流侧电压；U_s 为公共电网电压；电流型逆变器直流侧串联大电感作为无功元件储存无功功率，提供稳定的直流电流输入，如图 2-65b所示。由于电流型逆变器串入的大电感会导致系统动态响应变差，目前，大部分并网逆变器均采用电压源型的电路结构。

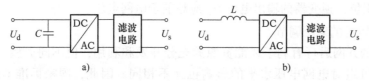

图 2-65 光伏逆变器结构示意图

a）电压源型并网逆变器 b）电流源型并网逆变器

并网逆变器控制技术是光伏发电系统稳定运行的核心和关键，它的控制目标是使逆变电路输出满足电能质量要求的正弦交流电。根据国家标准和行业规定，为减小对公共电网的污染，同时最大限度地利用逆变器容量，一般要求并网逆变系统的功率因数接近 1，即并网逆变系统输出电压与公共电网电压同频率、同相位；输出电流与电网电压同相位。

　　并网逆变器并网运行时有电压型控制模式和电流型控制模式两种输出控制模式。电压型控制模式是使逆变器输出与电网电压同频率、同相位的电压，因此，整个光伏发电系统可等效为一个内阻很小的受控电压源；电流型控制模式是使逆变器输出与电网电流同频率、同相位的电流，因此，整个系统可等效为一个内阻较大的受控电流源。

　　将公共电网视作无穷大容量的交流电压源，采用电压控制方式的并网逆变器并网运行时，可等效为两个交流电压源的并联运行。为了保证系统的稳定，需采用锁相控制技术使逆变器输出与公共电网电压频率、幅值、相位一致的电压，但存在输出电压不易精准控制和锁相控制器响应慢等问题。采用电流控制方式的并网逆变系统可等效为交流电流源与无穷大电压源的并联。逆变器的输出电压自动被钳位为电网电压，通过控制策略使得逆变器输出电流的频率和相位与电网电压一致，即可保证系统的功率因数为1。实际应用中，还可以通过调整并网逆变器输出电流的幅值和相位来控制有功和无功功率的输出，这种控制方法相对简单，故使用较为广泛。

　　采用电流控制方式的电压源型并网逆变系统可用单相电路来等效，如图 2-66a 所示，L 是并网逆变器滤波电路的滤波电感，忽略其上的等效电阻；$\dot{U}_\text{o}$ 为并网逆变器交流侧输出电压；$\dot{i}$ 为并网电流；$\dot{U}_\text{s}$ 是公共电网电压。以电网电压为参考，逆变系统在功率因数为1运行时的各矢量关系如图 2-66b 所示。

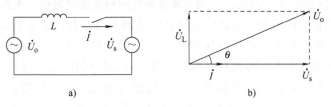

a)　　　　　　　　　　　　b)

图 2-66　逆变器并网运行时的等效电路和矢量关系

a) 等效电路　b) 矢量关系

由等效电路可得

$$\dot{U}_\text{o} = \dot{U}_\text{s} + j\omega L \dot{i} \tag{2-21}$$

　　根据式(2-21)可知，由于滤波电抗 ωL 的存在，为了使逆变器输出电流 $\dot{i}$ 与电网电压 $\dot{U}_\text{s}$ 同相位，逆变器的输出电压 $\dot{U}_\text{o}$ 应超前于电网电压。

2. 风电机组的电压调节

　　风电场的并网运行有利于风能资源的充分开发和利用，但不同类型、容量、控制方式的风电机组对电网电压水平的影响也互不相同。因此，国家标准 GB/T 19963—2011《风电场接入电力系统技术规定》对并网风电场的电压调节能力提出了要求——当公共电网电压处于正常范围内时，风电场应能将并网点电压限制在额定电压的 97% ~107% 范围内。当风电场并网点电压为额定电压的 90% ~110% 时，风电机组应能正常运行；当风电场并网点电压超过额定电压的 110% 时，风电场的运行状态由具体风电机组的性能决定。下面以双馈异步发电机变速恒频机组和永磁式同步发电机直驱型机组为例，简要介绍两种机组的电压和无功功率调节原理。

（1）双馈异步风电机组的电压调节　双馈异步风机定子侧直接接入电网，而转子侧经交－直－交变频器与电网相连，这种结构使机组实现了变速恒频运行以及转子侧功率双向流动。同时，通过对交－直－交变频器的调控实现了转子电流励磁分量与转矩分量的解耦，从而达到发电机输出有功功率和无功功率解耦控制的目的。

双馈发电机端输出的有功、无功功率为

$$\left. \begin{array}{l} P = -\dfrac{X_e}{X}|\dot{U}_G|I_{eq} \\[3mm] Q = -\dfrac{|\dot{U}_G|^2}{X} + \dfrac{X_e}{X}|\dot{U}_G|I_{ed} \end{array} \right\} \tag{2-22}$$

式中，$\dot{U}_G$ 为机端电压；X_e 为励磁电抗；I_{eq} 和 I_{ed} 为转子电流的转矩分量和励磁分量；X 为定子回路等效电抗，即励磁电抗与定子侧电抗之和。

式（2-22）说明，当机端电压一定时，定子侧无功功率的调节主要受转子电流励磁分量 I_{ed} 的影响。因此，只要对转子电流进行控制，就可以实现发电机端输出无功功率的调节。

（2）直驱永磁同步机组的电压调节　永磁同步发电机使用永磁体代替励磁绕组，其输出经过机侧变频器、直流线路、网侧变频器与电网相连，通过将电网的有功和无功电流分量分别加入网侧变频器来控制其功率因数。目前，直驱永磁同步发电机的无功控制模式有恒功率因数控制和恒电压控制两种，以恒功率因数控制模式运行时，需通过改变网侧变频器电流在 d、q 轴的分量来保证单位功率因数，在这种控制方式下的风电场可视为 PQ 节点；以恒电压控制模式运行时，发电机可以发出或吸收无功，功率因数变化范围可从超前 0.95 到滞后 0.95，在这种控制方式下的风电场可视为 PV 节点。在工程实际中，多采用恒功率因数控制模式。

二、新能源场站的无功补偿

新能源场站中较常见的无功补偿装置主要有同步调相机、静止无功发生器（Static Var Generator，SVG）和并联补偿电容。其中，因同步调相机的结构复杂、维护成本较高而很少使用。并联电容器因具有结构简单、经济、控制和维护方便等优点而得到较多采用；但调节方式不灵活、不能精准控制其输出的无功功率等缺点也使其有一定的局限性。

静止无功发生器 SVG 可以实时地对不断改变的无功功率需求进行准确补偿。按照电路形式一般可分为电压型桥式电路和电流型桥式电路，如图 2-67 所示。图中直流侧分别采用电容和电感作为储能元件，对于电压型桥式电路与电网连接时需串联电抗器，电流型桥式电路则需并联电容器用以吸收换相产生的过电压。

电压型桥式电路 SVG 有运行效率高的优点使其在风电场中得到广泛应用。其工作原理可用图 2-68 来说明。图中 $\dot{U}_s$ 是公共电网电压；$\dot{U}_o$ 是 SVG 的交流输出电压；$\dot{U}_L$ 是电抗上的电压，即 $\dot{U}_s$ 和 $\dot{U}_o$ 的相量差，对应的电流 $\dot{I}$ 就是 SVG 从电网吸收的电流。因此，只要改变 SVG 交流输出电压 $\dot{U}_o$ 的幅值和相对于 $\dot{U}_o$ 的相位，就可以改变 $\dot{U}_L$，从而控制 SVG 从电网吸收电流的幅值和相位，也就控制了 SVG 所吸收的无功功率的大小和性质。

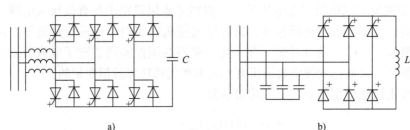

图 2-67 SVG 的电路基本结构

a) 采用电压型桥式电路　b) 采用电流型桥式电路

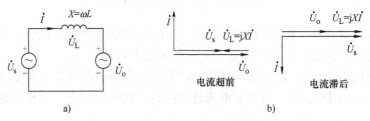

图 2-68 SVG 等效电路及工作原理

a) 单相等效电路　b) 工作相量图

复习思考题

2-1 何谓同步发电机的外特性？并联运行各机组间无功功率如何分配？

2-2 简述交、直流励磁机励磁系统的基本构成、特点及使用范围。

2-3 简述强励和灭磁的作用。

2-4 自动调压器的概念是如何形成的？

2-5 为何要对自动励磁调节器工作特性进行调整？为何两相式正调差接线只反映定子电流的无功分量，而近似不反映有功分量？

2-6 微机型励磁调节装置的优点有哪些？

2-7 特高压输电线路运行的特点是什么？

2-8 简述 TCR 的工作原理。

2-9 为何电容器组投切时会产生较大的冲击电流，如何解决？

2-10 请举例说明新能源场站是如何控制其并网点电压的？

第三章 电力系统频率及有功功率的自动调节

第一节 电力系统的频率特性

一、概述

衡量电力系统的电能质量指标有电压、频率和波形。对电压质量的要求，可以偏离额定电压的 $\pm 5\%$ 或 $\pm 10\%$，有时甚至可达到 $\pm 15\%$。而对于频率来说，它是一个全系统一致运行的参数，对频率的要求比电压的要求要严格。一般来讲，现代电力系统在正常的运行情况下，频率对额定值的偏离程度一般不超过 $0.05 \sim 0.15\,\mathrm{Hz}$，频率误差仅相当于 $0.1\% \sim 0.3\%$。电力系统内任何两点间的电压可以不完全相等，而频率则是完全相同的；如果不同，就会使系统失去同步，出现振荡。这是正常运行所不允许的。

假设系统中有 m 台机组，各机组原动机的输入总功率为 $\sum\limits_{i=1}^{m} P_{\mathrm{T}i}$，各机组的发电功率总输出为 $\sum\limits_{i=1}^{m} P_{\mathrm{G}i}$。当忽略机组内部损耗时，$\sum\limits_{i=1}^{m} P_{\mathrm{T}i} = \sum\limits_{i=1}^{m} P_{\mathrm{G}i}$，输入输出功率平衡。如果这时由于系统中的负荷突然变化，欲使发电机组输出功率增加 ΔP_{L}，但由于原动机的输入功率因调节系统的相对迟缓和发电机组转子的机械惯性，无法适应发电机电磁功率的瞬时变化，此时

$$\sum_{i=1}^{m} P_{\mathrm{T}i} < \sum_{i=1}^{m} P_{\mathrm{G}i} + \Delta P_{\mathrm{L}} \tag{3-1}$$

则机组输入功率小于负荷所需求的电功率，为了保持功率的平衡，机组只有把转子的一部分动能转换成电功率，致使机组转速降低，系统频率下降。其关系式为

$$\sum_{i=1}^{m} P_{\mathrm{T}i} = \sum_{i=1}^{m} P_{\mathrm{G}i} + \Delta P_{\mathrm{L}} + \frac{\mathrm{d}}{\mathrm{d}t}\left(\sum_{i=1}^{m} W_{\mathrm{K}i}\right) \tag{3-2}$$

式中　$W_{\mathrm{K}i}$——机组的动能。

可见，系统频率的变化是由于发电机的负荷与原动机输入功率之间失去平衡所致，因此调频与有功功率的调节是不可分开的。电力系统的负荷是不断变化的，而原动机输入功率的改变较缓慢，因此系统中频率的波动是难免的。图 3-1 所示为电力系统中负荷瞬时变动示意图。其中曲线 1 为任意时刻的总负荷，其负荷的变动情况可以分成几种不同的分量：第一种为随机分量，其特点是变化幅度小，变化周期短（一般小于 10s），如曲线 2 所示；第二种为脉动分量，其特点是变化幅度较大，变化周期较长（一般为 10s ~ 3min），如曲线 3 所示；第三种为持续分量，是变化幅度大、变化缓慢的持续性变动负荷，如曲线 4 所示。

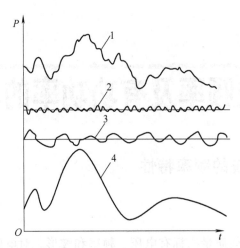

图 3-1 电力系统中负荷瞬时变动示意图

1—总负荷 2—随机分量 3—脉动分量 4—持续分量

负荷的变化必将导致电力系统频率的变化，由于电力系统本身是一个惯性系统，所以对频率的变化起主要影响的是第二和第三种分量。

电力系统频率的变化，对电力用户的生产率以及发电厂间的负荷分配都有直接的影响，例如，频率变化时，使发电机组和厂用电辅机等设备偏离额定工况，因而它们的效率降低，电厂在不经济的状况下运行，还影响整个电网的经济运行。频率过低时，还会危及全系统的安全运行。

所以，电力系统运行中的主要任务之一，就是对频率不断地进行监视和控制。当系统机组输入功率与负荷功率失去平衡而使频率偏离额定值时，控制系统必须自动调节发电机组的出力，以保证电力系统频率的偏移在允许范围之内。

为了分析电力系统频率调节的特性，首先要讨论调节系统各单元的功率-频率特性。其中负荷和发电机组是两个最基本的单元。

二、电力系统负荷的功率-频率特性

当系统频率变化时，整个系统的有功负荷也要随着改变，即

$$P_L = F(f)$$

这种有功负荷随频率而改变的特性称为负荷的功率-频率特性，即负荷的静态频率特性。

电力系统中各种有功负荷与频率的关系，可以归纳为以下几类：

1）与频率变化无关的负荷，如白炽灯、电弧炉、电阻炉和整流负荷等。它们从系统中吸收有功功率而不受频率变化的影响。

2）与频率成正比的负荷，如切削机床、球磨机、压缩机和卷扬机等。这类负荷占有较大比重。

3）与频率的二次方成比例的负荷，如变压器中的涡流损耗。这种损耗在电网有功损耗中所占比重较小。

4）与频率的三次方成比例的负荷，如通风机、静水头阻力不大的循环水泵等。

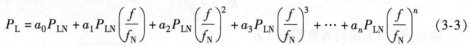

5）与频率的更高次方成比例的负荷，如静水头阻力很大的给水泵等。

负荷的功率–频率特性一般可表示为

$$P_L = a_0 P_{LN} + a_1 P_{LN}\left(\frac{f}{f_N}\right) + a_2 P_{LN}\left(\frac{f}{f_N}\right)^2 + a_3 P_{LN}\left(\frac{f}{f_N}\right)^3 + \cdots + a_n P_{LN}\left(\frac{f}{f_N}\right)^n \quad (3\text{-}3)$$

式中　　　　　f_N——额定频率；

　　　　　　　P_L——系统频率为 f 时，整个系统的有功负荷；

　　　　　　　P_{LN}——系统频率为额定值 f_N 时，整个系统的有功负荷；

a_0，a_1，$\cdots$，a_n——上述各类负荷占 P_{LN} 的比例系数。

将式（3-3）除以 P_{LN}，则得标幺值形式，即

$$P_{L*} = a_0 + a_1 f_* + a_2 f_*^2 + \cdots + a_n f_*^n \quad (3\text{-}4)$$

显然，当系统的频率为额定值时，$P_{L*}=1$，$f_*=1$，于是

$$a_0 + a_1 + a_2 + \cdots + a_n = 1 \quad (3\text{-}5)$$

在一般情况下，应用式（3-3）及式（3-4）计算时，通常取到三次方即可，因为系统中与频率高次方成比例的负荷很小，一般可忽略。

式（3-3）或式（3-4）称为电力系统有功负荷的静态频率特性方程。当系统负荷的组成及性质确定后，负荷的静态频率特性方程也就确定了，因此也可以用曲线来表示，如图 3-2 所示。

由图可知，在额定频率 f_N 时，系统负荷功率为 P_{La}（图 3-2 中的 a 点）。当频率下降到 f_b 时，系统负荷功率由 P_{La} 下降到 P_{Lb}（图 3-2 中的 b 点）。如果系统的频率升高，负荷功率将增大。也就是说，当系统内机组的输入功率和负荷功率间失去平衡时，系统负荷也参与了调节作用，这种特性有利于系统中有功功率在另一频率下重新平衡。这种现象称为负荷的频率调节效应。通常用 K_{L*} 来衡量调节效应的大小，即

$$K_{L*} = \frac{\mathrm{d}P_{L*}}{\mathrm{d}f_*}$$

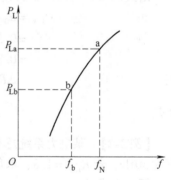

图 3-2　负荷的静态频率特性

式中　K_{L*}——负荷的频率调节效应系数。

$$K_{L*} = \frac{\mathrm{d}P_{L*}}{\mathrm{d}f_*} = a_1 + 2a_2 f_* + 3a_3 f_*^2 + \cdots + n a_n f_*^{n-1} = \sum_{m=1}^{n} m a_m f_*^{m-1} \quad (3\text{-}6)$$

由式（3-6）可知，系统的 K_{L*} 值决定于负荷的性质，它与各类负荷所占总负荷的比例有关。在电力系统运行中，频率允许变化的范围是很小的，在此允许频率变化的较小范围内，例如，在 48～51Hz，有功负荷与频率的关系曲线接近于一条直线，如图 3-3 所示。直线的斜率为

$$K_{L*} = \tan\beta = \frac{\Delta P_{L*}}{\Delta f_*} \quad (3\text{-}7)$$

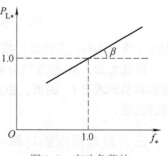

图 3-3　有功负荷的
静态频率特性

用有名值表示为

$$K_L = \frac{\Delta P_L}{\Delta f} \tag{3-8}$$

有名值和标幺值间的换算关系为

$$K_{L*} = K_L \frac{f_N}{P_{LN}} \tag{3-9}$$

式中　　K_{L*}，K_L——负荷的频率调节效应系数，K_{L*} 为系统调度部门要求掌握的一个数据。

对于不同的电力系统，因负荷的组成不同，K_{L*} 值也不相同；同一系统的 K_{L*} 值也会随季节及昼夜交替而发生变化。实际系统中的 K_{L*} 值一般在 1～3 之间，它表明频率变化 1% 时，有功负荷功率就相应变化 1%～3%。K_{L*} 的具体数值通常由试验求得，也可根据负荷统计资料分析估算确定。

【例3-1】 某电力系统中，与频率无关的负荷占 35%，与频率一次方成比例的负荷占 40%，与频率二次方成比例的负荷占 10%，与频率三次方成比例的负荷占 15%。求系统频率由 50Hz 降到 48Hz 时，负荷功率变化的百分数及其相应的 K_{L*} 值。

解： 当 $f = 48$Hz 时，$f_* = \dfrac{48}{50} = 0.96$

由式(3-4) 可以求出当频率下降到 48Hz 时系统的负荷为

$$\begin{aligned}
P_{L*} &= a_0 + a_1 f_* + a_2 f_*^2 + a_3 f_*^3 \\
&= 0.35 + 0.4 \times 0.96 + 0.1 \times 0.96^2 + 0.15 \times 0.96^3 \\
&= 0.35 + 0.384 + 0.092 + 0.133 = 0.959
\end{aligned}$$

则

$$\Delta P_L\% = (1 - 0.959) \times 100 = 4.1$$

于是

$$K_{L*} = \frac{\Delta P_L\%}{\Delta f\%} = \frac{4.1}{4} = 1.025$$

【例3-2】 某电力系统总有功负荷为 5500MW（包括电网的有功损耗），系统的频率为 50Hz，若 $K_{L*} = 1.8$，求负荷频率调节效应系数 K_L 值。

解： 由式(3-9) 得

$$K_L = K_{L*} \frac{P_{LN}}{f_N} = 1.8 \times \frac{5500\text{MW}}{50\text{Hz}} = 198\text{MW/Hz}$$

若系统的 K_{L*} 值不变，负荷增长到 6000MW 时，则

$$K_L = K_{L*} \frac{P_{LN}}{f_N} = 1.8 \times \frac{6000\text{MW}}{50\text{Hz}} = 216\text{MW/Hz}$$

即频率降低 1Hz，系统负荷减少 216MW。

由此可知，K_L 的数值与系统的负荷大小有关。调度部门只要掌握了 K_{L*} 值后，就能很容易地求出 K_L 的值，由此可知当系统负荷增加时，频率偏移量与负荷功率调节量间的关系。

三、发电机组的功率-频率特性

发电机组转速的调整是由原动机的调速系统来实现的。因此，发电机组的功率-频

率特性取决于调速系统的特性。当系统的负荷变化引起频率改变时，发电机组调速系统工作，改变原动机进汽量（或进水量），调节发电机组的输入功率以适应负荷的需要。通常把由于负荷的变动引起频率的变化而导致发电机组输出功率变化的关系称为发电机组的功率–频率特性或调节特性。

1. 发电机的功率–频率特性

为了便于分析问题，首先讨论假定发电机组未配置调速器的功率–频率特性。发电机组转矩方程近似表示为

$$M_{G*} = A - B\omega_* \tag{3-10}$$

故功率方程式为

$$P_{G*} = C'_1\omega_* - C'_2\omega_*^2 \tag{3-11}$$

或

$$P_{G*} = C_1 f_* - C_2 f_*^2 \tag{3-12}$$

式中 A，B，C'_1，C'_2，C_1，C_2——常数，通常 $C_1 = 2C_2$。

式(3-11) 和式(3-12) 可用图 3-4 所示的曲线来表示。由图可知，输出功率最大值是在额定条件下，即转速和转矩都为额定值时出现。

当发电机组配有调速系统时，上述情况将发生变化。随着机组转速的变动，调速器动作不断地改变进汽量（或进水量），使原动机的运行点不断地从一条静态特性向另一条静态特性过渡，如图 3-5 所示，由 a、b 到 c……，连接这些不同特性曲线上的运行点 a、b、c……所构成的曲线（图 3-5 中的虚线）即为有调速器时的静态功率–频率特性。一般近似地以直线段 1-2-3′ 来代替 1-2-3。其中 2-3 下降的原因是由于原动机的进汽量（或进水量）已达到最大值，调速器已不能发挥作用，以致频率（或转速）进一步下降时，运行点只能沿着对应于最大进汽量的频率特性移动。

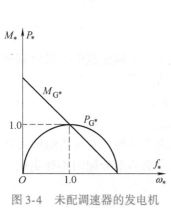

图 3-4 未配调速器的发电机
组功率–频率特性

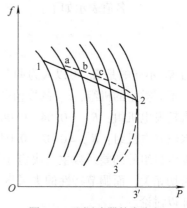

图 3-5 配调速器的发电机
组功率–频率特性

图 3-6 所示为有调速系统的发电机组的功率–频率特性。若发电机以额定频率 f_N 运行时（如图 3-6 中 a 点），其输出功率为 P_{Ga}；当系统负荷增加而使频率下降到 f_1 时，由于调速器的作用使发电机组输出功率增加到 P_{Gb}（如图 3-6 中 b 点）。可见，对应于频率下降 Δf 时，发电机组的输出功率增加 ΔP_G。显然，这是一种有差调节，其特性称

为有差调节特性。发电机组输出有功功率的大小与频率之间的关系可由曲线的斜率求得

$$R = -\frac{\Delta f}{\Delta P_G} \qquad (3\text{-}13)$$

式中　R——发电机组的调差系数。

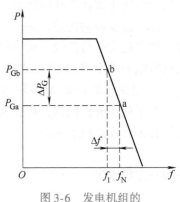

图 3-6　发电机组的
功率-频率特性

式 (3-13) 中负号表示发电机输出功率的变化和频率的变化相反。用标幺值表示如下

$$R_* = -\frac{\Delta f/f_N}{\Delta P_G/P_{GN}} = -\frac{\Delta f_*}{\Delta P_{G*}} \qquad (3\text{-}14)$$

或

$$\Delta f_* + R_* \Delta P_{G*} = 0 \qquad (3\text{-}15)$$

式 (3-15) 又称为发电机组的静态调节方程。

调差系数又称为调差率，表明机组负荷改变时相应的转速（频率）偏移，例如，当 $R_* = 0.05$ 时，说明负荷改变1%，频率将偏移0.05%；如负荷改变20%，则频率偏移1%（0.5Hz）。

在计算功率与频率的关系时，常用发电机组的功率-频率静态特性系数 K_{G*} 来表示。K_G 为调差系数的倒数。

$$K_{G*} = \frac{1}{R_*} = -\frac{\Delta P_{G*}}{\Delta f_*}$$

或

$$\Delta P_{G*} + K_{G*} \Delta f = 0 \qquad (3\text{-}16)$$

式中　K_{G*}——发电机组的功率-频率静态特性系数，或原动机的单位调节功率，用有名值表示如下：

$$K_G = -\frac{\Delta P_G}{\Delta f} \qquad (3\text{-}17)$$

与 K_L 不同的是 K_G 可以人为调节整定，但其大小，即调整范围受机组调速机构的限制。不同类型的机组，K_G 的取值范围不同，一般情况下

汽轮发电机组：$R_* = 0.04 \sim 0.06$，$K_{G*} = 25 \sim 16.7$；

水轮发电机组：$R_* = 0.02 \sim 0.04$，$K_{G*} = 50 \sim 25$。

发电机组的调差系数主要决定于调速器的静态调节特性，它与机组间有功功率的分配密切相关，而调节特性的失灵区又造成机组间有功功率分配的不确定性。下面将分别加以讨论。

2. 调差特性与机组间有功功率分配的关系

图 3-7 所示为两台发电机并列运行时有功功率的分配情况，其中线段1代表1号发电机组的调节特性，线段2代表2号发电机组的调节特性。假设此时系统总负荷为 ΣP_L，如线段 cb 的长度所示，系统频率为 f_N 时，1号发电机组承担的负荷为 P_1，2号发电机组承担的负荷为 P_2，于是有

$$P_1 + P_2 = \Sigma P_L$$

当系统负荷增加，经过调速器调节后，系统频率稳定在 f_1，这时 1 号发电机组的负荷为 P_1'，增加了 ΔP_1；2 号发电机组的负荷为 P_2'，增加了 ΔP_2，两台发电机组的增量之和为 ΔP_L。由式(3-15)，可得

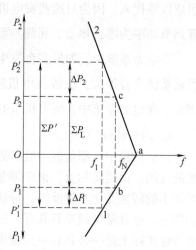

$$\frac{\Delta P_{1*}}{\Delta P_{2*}} = \frac{R_{2*}}{R_{1*}} \qquad (3\text{-}18)$$

由式(3-18)表明，当发电机组的功率增量用各自的标幺值表示时，发电机组间的功率分配与机组的调差系数成反比。调差系数小的机组承担的负荷增量标幺值就会增大，而调差系数大的机组承担的负荷增量标幺值就会变小。

图 3-7 两台发电机并列运行时有功功率分配

将上述结论推广到系统中有多台发电机组并列运行时，由式(3-15)，可得系统中第 i 台发电机组的调节效应为

$$\Delta P_{Gi} = -\frac{1}{R_{i*}} \frac{\Delta f}{f_N} P_{GiN} \qquad i = 1,2,3,\cdots,n \qquad (3\text{-}19)$$

将式(3-19)求和，并考虑到稳态时全系统频率的变化 Δf 是相同的，可得

$$\Delta P_\Sigma = \sum_{i=1}^{n} \Delta P_{Gi} = -\frac{\Delta f}{f_N} \sum_{i=1}^{n} \frac{P_{GiN}}{R_{i*}} \qquad (3\text{-}20)$$

用一台等值发电机组来代替时，则有

$$\Delta P_\Sigma = -\frac{1}{R_\Sigma} \frac{\Delta f}{f_N} P_{\Sigma N} \qquad (3\text{-}21)$$

式中　$\Delta P_{\Sigma N}$——全系统额定容量，即 $\Delta P_{\Sigma N} = \sum_{i=1}^{n} P_{GiN}$；

R_Σ——系统等值发电机组的调差系数（或称为平均调差系数）。

比较式(3-20)和式(3-21)，可得系统的等值调差系数为

$$R_\Sigma = \frac{P_{\Sigma N}}{\sum_{i=1}^{n} \dfrac{P_{GiN}}{R_{i*}}} \qquad (3\text{-}22)$$

由式(3-19)及式(3-21)，可得

$$-\Delta f_* = \frac{R_{1*} \Delta P_1}{P_{G1N}} = \frac{R_{2*} \Delta P_2}{P_{G2N}} = \cdots = \frac{R_\Sigma \Delta P_\Sigma}{P_{G\Sigma N}} \qquad (3\text{-}23)$$

因此，当系统中负荷变化后，每台发电机组所承担的功率可按下式确定：

$$\Delta P_{Gi} = \frac{R_\Sigma \Delta P_\Sigma}{P_{\Sigma N}} \frac{P_{GiN}}{R_{i*}} \qquad (3\text{-}24)$$

应当指出，在应用式(3-22)求系统的等值调差系数时，对没有调节容量的发电机

组应以零代入。因为对这些发电机组即使当系统频率变化时，但其输出功率仍不变化，即调节功率为零，相当于其调差系数趋于无限大。

在电力系统中，如果多台发电机组调差系数等于零是不能并列运行的，主要由于目前系统容量很大，少数发电机组的调节容量已远远不能适应系统负荷波动的要求。因此，在电力系统中，所有机组的调速器都为有差调节，由它们共同承担负荷的波动。

3. 调节特性的失灵区

以上讨论中，都是假定机组的调节特性是一条理想的直线。但是实际上，由于测量元件的不灵敏性，对微小的转速变化不能反映，特别是机械式调速器更为明显。也就是说调速器具有一定的失灵区，因而调节特性实际上是一条具有一定宽度的带子，如图 3-8 所示。不灵敏区的宽度可以用失灵度 ε 来描述，即

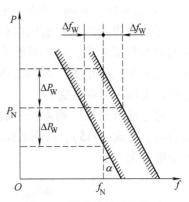

图 3-8　调速器的不灵敏区

$$\varepsilon = \frac{\Delta f_{\mathrm{W}}}{f_{\mathrm{N}}} \tag{3-25}$$

式中　Δf_{W}——调速器不能分辨的最大频率误差。

由于调速器的频率调节特性是条带子，因此会导致各并联运行的发电机组间有功功率的分配产生误差。从图 3-8 中可以看出，对应于一定的失灵度 ε 来说，最大误差功率与调差系数存在如下关系：

$$\frac{\Delta f_{\mathrm{W}}}{\Delta P_{\mathrm{W}}} = \tan\alpha = R \tag{3-26}$$

用标幺值表示为

$$\frac{\Delta f_{\mathrm{W}*}}{\Delta P_{\mathrm{W}*}} = R_* \tag{3-27}$$

或

$$\frac{\varepsilon}{\Delta P_{\mathrm{W}*}} = R_* \tag{3-28}$$

式中　ΔP_{W}——机组的最大误差功率。

由式(3-27) 可知，$\Delta P_{\mathrm{W}*}$ 与失灵度 ε 成正比，而与调差系数 R_* 成反比。过小的调差系数将会引起较大的功率分配误差，所以 R_* 值不能太小。

还应当指出，不灵敏区的存在虽然会引起一定的功率误差或频率误差，但是，如果不灵敏区太小或完全没有，那么当系统频率发生微小波动时，调速器也要调节，这样会使阀门的调节过于频繁，因而在一些非常灵敏的电液调速器（如数字电液调节）中，通常要采用外加措施，形成一个人为的不灵敏区。通常，汽轮发电机组调速器的不灵敏区为 0.1% ~0.5%；水轮发电机组调速器的不灵敏区为 0.1% ~0.7%。

四、电力系统的频率特性

要确定电力系统的负荷变化引起的频率波动，需要同时考虑负荷及发电机组两者

的调节效应，为简单起见，只考虑一台发电机组和一个负荷的情况。负荷和发电机组的静态特性如图3-9所示。

正常运行时，发电机组的功率-频率特性与负荷的功率-频率特性曲线相交于点1。对应的频率为f_N，功率为P_{L1}。也就是说，在频率为f_N时，发电机的输出功率和负荷功率达到了平衡。

当系统中的负荷增加ΔP_L时，即负荷由P_{L1}增加到P_{L2}，也就是将$P_{L1}(f)$曲线平行移到$P_{L2}(f)$曲线，假设此时系统内的所有机组均无调速器，机组的输出功率恒定为P_G且等于P_{L1}，则系统频率将逐渐下降，负荷所取用的有功功率也将逐渐减小。依靠负荷调节效应系统达到新的平衡，运行点移到图中点2，频率稳定值下降到

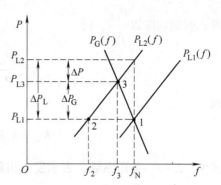

图3-9 电力系统功率-频率特性

f_2，系统负荷所取用的有功功率仍然为原来的P_{L1}。在这种情况下，频率偏差值Δf决定于ΔP_L值的大小，一般是相当大的。但是，实际上各发电机组均装有调速器，当系统负荷增加，频率开始下降后，调速器动作，以增加机组的输出功率P_G。经过一段时间后，运行点稳定在点3，这时系统负荷所取用的功率为P_{L3}，其值小于额定频率下所需的功率P_{L2}，频率稳定在f_3。此时的频率偏差Δf比无调速器时小得多。由此可见，调速器对频率的调节作用是明显的。调速器的这种调节作用通常称为一次调节。

当系统负荷增加时，在发电机组功频特性和负荷本身的调节效应共同作用下又达到了新的功率平衡。

发电机组增发的功率为

$$\Delta P_G = -K_G \Delta f$$

由于负荷的频率调节效应所产生的负荷功率变化为

$$\Delta P = K_L \Delta f$$

当频率下降时，$\Delta P = K_L \Delta f$为负值，故负荷功率的实际增量为

$$\Delta P_L + \Delta P = \Delta P_L + K_L \Delta f$$

负荷增量应同发电机组的功率增量相平衡，即

$$\Delta P_L = \Delta P_G - \Delta P = -(K_G + K_L)\Delta f = -K\Delta f \qquad (3-29)$$

式(3-29)说明，系统负荷增加时，在发电机组功频特性和负荷本身的调节效应共同作用下，又达到了新的平衡。即一方面，负荷增加，频率下降，发电机组按照有差调节特性增加输出；另一方面，负荷实际取用的功率也因频率下降而有所减少。

式(3-29)中

$$K = K_G + K_L = -\frac{\Delta P_L}{\Delta f} \qquad (3-30)$$

称为系统的功频特性系数，或系统的单位调节功率。它表示在计及发电机组和负荷的调节效应时，引起频率单位变化的负荷变化量。显然K值越大，负荷变化引起频率的变化就越小。用标幺值表示时

$$K_{G*}\frac{P_{GN}}{f_N} + K_{L*}\frac{P_{LN}}{f_N} = -\frac{\Delta P_L}{\Delta f}$$

等式两端均除以 $\dfrac{P_{LN}}{f_N}$，得

$$K_{G*}\frac{P_{GN}}{P_{LN}} + K_{L*} = -\frac{\Delta P_{L*}}{\Delta f_*}$$

或

$$K_* = K_r K_{G*} + K_{L*} = -\frac{\Delta P_{L*}}{\Delta f_*} \tag{3-31}$$

式中 K_r——备用系数，表示发电机组容量与系统额定频率时总有功负荷之比，$K_r = P_{GN}/P_{LN}$。

当系统有备用容量时，$K_r > 1$，相应增大系统的单位调节功率。

应当指出，当负荷增加后，依靠调速器动作实现了频率的一次调节，会使电网的频率有所上升，但频率值仍然偏离额定频率，如果负荷变动较大，其频率偏差仍然会在允许偏差范围之外，这就要求采取频率的二次调整，又称为二次调频。二次调频是由发电机组的转速控制机构——同步器来实现的。同步器由伺服电动机、蜗轮和蜗杆等组成。在人工或自动装置控制下，依靠伺服电动机的旋转，平行移动发电机组的功率-频率特性曲线，来调节系统频率和分配机组间的有功功率，其调节特性如图3-10所示。

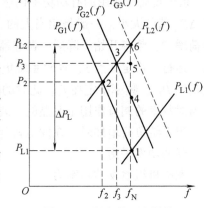

图3-10 频率的二次调整

当负荷增加 ΔP_L 时，即负荷由 P_{L1} 增加到 P_{L2} 时，在未进行二次调频时，运行点将移到点2，系统频率将下降到 f_2，在同步器的作用下，机组的功频特性上移到 $P_{G2}(f)$，运行点也随之移到点3，此时的频率为 f_3。由图3-10可知，系统负荷的增量 $\Delta P_L = P_{L2} - P_{L1}$ 由三部分组成，可表示为

$$\Delta P_L = \Delta P_G - K_G \Delta f - K_L \Delta f \tag{3-32}$$

式中 ΔP_G——由二次调频而得到的发电机组的功率增量（图中 1~4 段）；

$-K_G \Delta f$——由一次调频而得到的发电机组的功率增量（图中 4~5 段）；

$-K_L \Delta f$——由负荷本身的调节效应所得到的功率增量（图中 5~6 段）。

式(3-32) 即为二次调频时的功率平衡方程，可改写为

$$\Delta P_L - \Delta P_G = -(K_G + K_L)\Delta f = -K\Delta f \tag{3-33}$$

$$\Delta f = -\frac{\Delta P_L - \Delta P_G}{K} \tag{3-34}$$

由式(3-34) 可见，进行频率的二次调整并不能改变系统的单位调节功率 K 的数值。但是由于二次调整增加了发电机的出力，在同样的频率偏移下，系统能承受的负

荷变化量增加了，或者说，在相同的负荷变化量下，系统频率的偏移减小了。当发电机组功频特性移至 $P_{G3}(f)$（图中的虚线）位置时，二次调整所得到的发电机组功率增量能完全补偿负荷的初始增量，即 $\Delta P_G = \Delta P_L$ 时，频率将维持不变（即 $\Delta f = 0$），这样就实现了无差调节。而当二次调整所得到的发电机组功率增量不能满足负荷变化的需要时，不足的部分须由系统的调节效应所产生的功率增量来补偿，因此系统的频率就不能恢复到原来的数值。

在多台发电机组并联运行的电力系统中，当负荷变化时，配置了调速器的机组，只要还有可调的容量，都毫无例外地按静态特性参加频率的一次调整。而频率的二次调整一般只是由一台或少数几台发电机组（一个或几个厂）承担，这些机组（厂）称为主调频机组（厂）。

负荷变化时，如果所有主调频机组（厂）二次调整所得的总发电功率增量足以平衡负荷功率的初始增量，则系统的频率将恢复到初始值。否则频率将不能保持不变，所出现的功率缺额将根据一次调整的原理，一部分由配有调速器的发电机组按照静态特性承担，另一部分由负荷的调节效应所产生的功率增量来补偿。

第二节　调速器的基本原理及特性

同步发电机组的调速系统是电力系统频率和有功功率自动控制系统的基本控制级，机组调速器是实现电力系统频率和有功功率自动控制的基础自动化设备。

从电力工业诞生起到 20 世纪 50 年代，汽轮机和水轮机都是由机械液压调速器来调节转速的。由于机械调速器失灵区大、调节稳定性差等缺点，现在广泛使用电气液压调速器。

一、模拟电气液压调速器的优点

由于机械液压调速器失灵区大，调节速动性和稳定性差，不易综合多种信号参与调速控制，因而实现高级控制比较困难。随着电力系统容量和单机容量的不断增加，对调速器提出了一些新的要求。如除了转速反馈之外，还需要功率反馈参与调速控制，需增加一些校正部件来控制系统参数。这些要求在机械液压调速器的基础上都难以实现。

1939 年瑞士首先推出了电子管电气液压式水轮机调速器，20 世纪 50 年代以后液压调速器获得较快发展，并且经历了从电子管、晶体管到集成电路等几个发展阶段。模拟电调的转速和功率测量、转速和功率给定、调节规律实现等均由电子电路完成，只是操作调节气阀（导水叶）开度变化的部分仍采用机械装置。模拟电调与机械调速器相比有以下优点：

1）灵敏度高、调节速度快、精度高、机组甩负荷时转速超调量小。

2）易于综合多种信号参与调速控制，这不仅可以提高机组调速系统的调节品质，而且为电厂经济运行和提高自动化水平提供了有利条件。

3）易于实现高级控制，如 PID 控制，可以比较方便地改变系统的参数。

4）安装、调试和检修方便。

模拟电调的类型很多，而且汽轮机和水轮机模拟电调还有不同，本节介绍一种用于汽轮机的功率–频率电调的基本原理。

二、功率–频率电调的基本原理

经过简化的功率–频率电液调速系统原理图如图 3-11 所示。由转速测量、功率测量、转速和功率给定、电量放大器、PID 调节、电液转换器及机械液压随动系统组成。

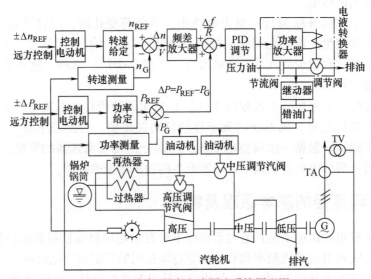

图 3-11　功率–频率电液调速系统原理图

（一）转速测量

由磁阻发生器和频率–电压变送器完成转速测量。

1. 磁阻发生器

磁阻发生器的作用是将转速转换为相应频率的电压信号，结构如图 3-12 所示。由齿轮和测速磁头两部分组成，齿轮与机组主轴连在一起。测速磁头由永久磁钢和线圈组成，且与齿轮相距一定的间隙 δ。当汽轮机转动时带动齿轮一起旋转。测速磁头面对齿顶及齿槽交替地变化，引起磁阻变化，进而引起通过测

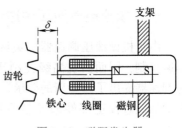

图 3-12　磁阻发生器

速磁头磁通的相应变化，于是在线圈中感应出微弱的脉动信号。该信号的频率和机组转速成正比。

2. 频率–电压变送器

频率–电压变送器的作用是将磁阻发生器输出的脉动信号转换为与转速成正比的输出电压 U_n，其电路原理框图如图 3-13 所示。

磁阻发生器输出的脉动信号经限幅、放大后得到近似于梯形的脉冲波，如图 3-14 所示，整形电路是一个施密特发生器，于是把梯形波转换为方波。

微分电路在方波的上升沿时，获得正向尖峰脉冲，去触发一个单稳态触发器，单稳电路翻转后，输出一个幅度为 V，宽度为 τ 的正向方波脉冲。可见，在单位时间内，单稳态触发器输出正脉冲数与磁阻发生器输出信号的频率成正比，也就是与汽轮机的

转速 n 成正比。滤波后输出电压 U_n 的特性如图 3-15 所示。

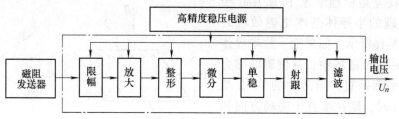

图 3-13　频率-电压变送器原理框图

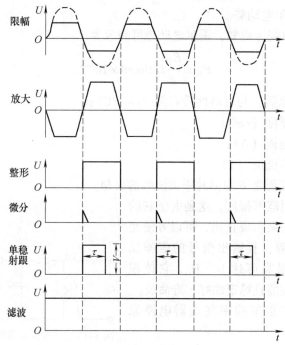

图 3-14　频率-电压变送器的工作电压波形

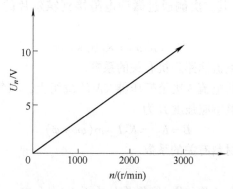

图 3-15　频率-电压变送器的输出特性

（二）功率测量

将发电机的有功功率转换成与之成正比的直流电压，即有功功率变送器。功率测量通常用磁性乘法器和霍尔效应原理等，限于篇幅，只介绍霍尔变送器。

霍尔效应是物理学家 E. H. Hall 于 1879 年发现的半导体基本电磁效应之一，如图 3-16 所示。如果把一片半导体材料的薄片放在磁场中，并使磁场磁力线与薄片平面垂直，当薄片的 1、2 端通以电流 i 时，则在垂直于磁场方向和电流方向的 3、4 端就会有电动势 E_H 产生（见图 3-16），这一物理现象称为霍尔效应。E_H 称为霍尔电动势。

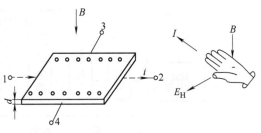

图 3-16　霍尔效应

根据实验及经典统计得知，霍尔电动势可表示为

$$E_H = \frac{R_H}{d} i_C B \cos\theta \times 10^{-8} \tag{3-35}$$

式中　R_H——霍尔系数，与材料性质有关（cm^3/C）；

　　　d——薄片厚度（cm）；

　　　i_C——控制电流（A）；

　　　B——磁感应强度（T）；

　　　θ——磁感应强度 B 与薄片平面法线的夹角。

霍尔元件的应用范围很广，这是由于它的输出与两个输入量的乘积成正比，可以方便而准确地实现乘法运算，且输出信号的信噪比大，频率范围广，最高可达 10^{12} Hz。它体积小，重量轻、可靠性高且稳定性好、寿命长。

图 3-17 为单相霍尔功率变送器电路原理图。

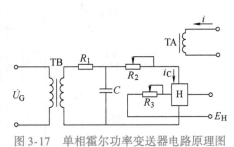

图 3-17　单相霍尔功率变送器电路原理图

发电机电压互感器二次电压 $\dot{U}_G$ 加在带气隙变压器 TB 的一次侧，其二次侧通过微调电阻接到霍尔片的控制端，产生控制电流 i_C，则有

$$i_C = K_1 u_G = K_1 U_m \sin\omega t$$

式中　K_1——与控制电流回路阻抗有关的系数。

电流互感器二次侧的电流 i 接至变压器 TA 的绕组上，在气隙内产生磁场强度 H，霍尔片置于气隙内，则磁感应强度 B 为

$$B = K_2 i = K_2 I_m \sin(\omega t + \varphi)$$

式中　K_2——与铁磁材料有关的系数。

因此

$$E_H = K_3 i_C B = K_1 K_2 K_3 U_m I_m \sin\omega t \sin(\omega t + \varphi)$$

式中　K_3——霍尔系数与薄片厚度的比。

$$E_H = K \frac{U_m I_m}{2} [\cos\varphi - \cos(2\omega t + \varphi)]$$

式中，第一项即为正比于所测有功功率的直流分量；第二项为二倍频率的交流分量；$\cos\varphi$ 为功率因数；$K = K_1 K_2 K_3$。

霍尔电动势 E_H 的平均值正比于有功功率，这就是霍尔元件测量单相有功功率的基本原理。图 3-17 中的电容用于对相位误差的补偿作用。如果将控制电流移相 90°（或将电压移相 90°），则可测量无功功率。如果将控制电流、励磁电流都加以整流，则可测视在功率。稍加变换还可用作其他电量的测量变送器。

（三）转速和功率给定环节

转速和功率给定环节用高精度稳压电源供电的精密多转电位器构成，输出电压值可表示给定转速或功率。多转电位器由控制电动机带动，以适应当地和远方控制的需要。

图 3-11 中的频差放大器和 PID 调节由运算放大器组成，由于 PID 调节电路输出功率很小，不能驱动电液转换器，因此加入一个功率放大环节。

（四）电液转换及液压系统

电液转换器把调节量由电量转换成非电量油压。液压随动系统由继动器、错油门和油动机组成，如图 3-18 所示。

电液转换器输出的油压 P 上升，进入继动器上腔的油压升高，将活塞压下，带动继动器蝶阀向下移动。错油门内腔是一个"王"字形滑阀。滑阀中间有一个油孔，和底部排油箱相通。当蝶阀下移时使滑阀中间排油孔的排油量减小，其上腔油压升高，推动滑阀向下移动，使油动机上腔与排油接通，下腔与压力油接通。因而在压力油的推动下开大调节汽阀，增加进入汽轮机的蒸汽流量，进而增加汽轮机的输入功率。

油动机活塞向上移动时 B 点上移，带动 A 点也上移，继动器是差动式的，下边面积大于上边面积，因此 A 点向上移动时，在油压的推动下继动器蝶阀将向上移动，使错油门内滑阀中间排油孔的排油量增加，压力减小。在错油门底部弹簧作用下，"王"字滑阀向上移动。当它又回到图 3-18

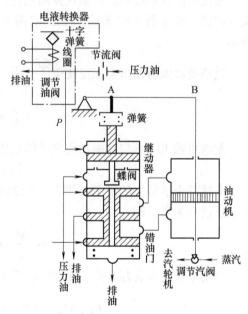

图 3-18　电液转换器及机械
随动系统结构原理图

所示位置时，即进入新的平衡状态，调节汽阀也稳定在一个新的开度，调节随即结束。调节汽阀开度的变化与功率放大器输出的电量变化成正比。

（五）调速器的工作

按发电机组是否并入电网两种情况来讨论调速器的工作。

1. 发电机组未并网运行时

在发电机并网前，图3-11中的功率测量及功率给定输出均为零。运行人员发出增速或减速信号，控制转速控制电动机正转或反转，驱动转速给定电位器，改变转速给定值 n_{REF} 的电压。频率/转速-电压变送器输出电压与机组运行转速 n_G 相对应。可见这两个电压的差值与 $(n_{REF} - n_G)$ 成正比，即

$$U_{\Delta n} = m_n(n_{REF} - n_G)$$

式中把比例系数 m_n 送入频差放大器，经 PID 调节、功率放大器等环节，由电液转换器去控制调节汽阀的开度，改变机组的转速，使 $m_n(n_{REF} - n_G) = m_n \Delta n$ 值趋于零，转速 n_G 趋于给定转速 n_{REF} 为止，即达到调速目的。

2. 机组在并网情况下运行时

假设电网频率恒定且为额定值，频差放大器输出的 Δf 信号为零，同理，如果改变功率给定值 P_{REF} 电压，功率测定值 P_G 的电压与 P_{REF} 电压之差值信号为

$$U_{\Delta P} = m_P(P_{REF} - P_G)$$

通过 PID 等环节的调节作用，将使 $(P_{REF} - P_G)$ 差值电压为零，即发电机功率 P_G 与给定值 P_{REF} 相等，达到调节发电机组输出功率目的。

现设电网频率波动，机组在并网运行，这时转速给定值 n_{REF} 和功率给定值 P_{REF} 为某一定值，调速器工作随输入 PID 的两个信号之和调节汽阀开度，改变机组的输出功率。

设频差放大器输出电压正比于 $\dfrac{\Delta f}{R}$，为

$$U_{\Delta f} = m_f \frac{\Delta f}{R}$$

发电机输出功率与功率给定之差的电压值为

$$U_{\Delta P} = m_P \Delta P$$

上述两个信号之和经 PID 调节，控制电液转换器调节汽阀开度，稳态时输入 PID 的电压信号为零，即

$$m_f \frac{\Delta f}{R} + m_P \Delta P = 0$$

令功率和频率为标幺值，m_f 和 m_P 取相同值，这时调速器的特性为

$$K_{G*} \Delta f_* + \Delta P_* = 0 \qquad \left(K_{G*} = \frac{1}{R_*}\right)$$

第三节 电力系统的自动调频

为了维持电力系统的频率在允许的偏差范围内，需要根据负荷的变动不断进行频率的调整，其中包括人工手动调频和自动调频。自动调频与手动调频相比，不仅反应速度快、频率波动小，同时还可以兼顾到其他方面的要求，例如，实现有功负荷的经济分配，保持系统联络线交换功率为定值，满足系统安全经济运行的各种约束条件等。所以现代电力系统普遍装设自动调频装置。

在电力系统自动调频的发展过程中，曾采用多种调频方法和准则，如主导发电机法、虚有差法等。其中主导发电机法仅适用于小容量的电力系统；虚有差法仅反应频率的偏差信号，而且有功功率在多个调频发电厂之间是按固定比例分配的，不能实现经济分配原则，同时也不能控制区域间联络线的功率。所以，这些调频方法已不能适应现代化电力系统运行的要求。这里着重介绍频率积差调节法。

一、有差调频法

有差调频法指用有差调频器并联运行，达到系统调频的方法，有差调频器的稳态工作特性可以用下式表示，即

$$\Delta f + K_S \Delta P = 0 \qquad (\Delta f = f - f_N) \tag{3-36}$$

式中　Δf，ΔP——调频过程结束时系统频率的增量与调频机组有功功率的增量；

K_S——有差调频器的调差系数。

应该明确，只有满足式(3-36)时，调频器才结束其调节过程。下面根据有差调频器的静态方程式(3-36)来分析装有有差调频器的发电机的工作情况。先假定该发电机工作在图3-19的点1，其对应的系统频率为f_1，发电机功率为P_1，这时式(3-36)被满足，即$\Delta f_1 + K_S \Delta P_1 = 0(\Delta f_1 < 0, \Delta P_1 > 0)$。现在系统负荷增加了，则系统频率低于$f_1$，式(3-36)左端出现了负值，破坏了原有的平衡状态，于是调频器就向满足式(3-36)的方向进行调整，使ΔP获得新的正值，即增加进入机组的动力元素，直至式(3-36)重新得到满足，调节过程才会结束。由于图3-19的调频特性，发电机必稳定在新的工作点2，该点的系统频率为f_2（低于f_1），发电机功率为P_2（大于P_1），式$\Delta f_2 + K_S \Delta P_2 = 0$又重新得到满足。由以上分析还可以看出，运用稳态方程式(3-36)可以准确地分析调频过程及有差调频器的最终特性，式(3-36)又称为调频方程式或调节方程式。

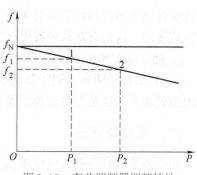

图 3-19　有差调频器调频特性

当系统中有n台机组参加调频，每台机组各配备一套式(3-36)表示的有差调频器，全系统的调频方程式可用下面的联立方程组来表示

$$\left.\begin{array}{l} \Delta f + K_{S1} \Delta P_1 = 0 \\ \Delta f + K_{S2} \Delta P_2 = 0 \\ \vdots \\ \Delta f + K_{Sn} \Delta P_n = 0 \end{array}\right\} \tag{3-37}$$

式中　Δf——系统的频率增量；

ΔP_n——第n台机组有功功率的增量；

K_{Sn}——第n台机组的调差系数。

设系统的负荷增量（即计划外的负荷）为ΔP_L，则调节过程结束时必有

$$\Delta P_L = \Delta P_1 + \Delta P_2 + \cdots + \Delta P_n$$

$$= -\Delta f \left(\frac{1}{K_{S1}} + \frac{1}{K_{S2}} + \cdots + \frac{1}{K_{Sn}} \right) = -\frac{\Delta f}{K_{S\Sigma}} \quad (3\text{-}38)$$

其中 $K_{S\Sigma} = \dfrac{1}{\dfrac{1}{K_{S1}} + \dfrac{1}{K_{S2}} + \cdots + \dfrac{1}{K_{Sn}}}$ 为系统的等值调差系数。

所以可以求得每台调频机组所承担的调频负荷为

$$\Delta P_i = \frac{K_{S\Sigma}}{K_{Si}} \Delta P_L \quad (3\text{-}39)$$

式(3-36)、式(3-37)和式(3-39) 说明有差调频机组有以下优缺点:

1. 各调频机组同时参加调频, 没有先后之分

式(3-37) 说明, 当系统出现新的调频差值时, 各调频器方程式的原有平衡状态同时被打破, 因此各调频器都向着同一个满足方程式的方向进行调整, 同时发出改变有功出力增量 ΔP_i 的命令。调频器动作的同时性, 可以在机组间均衡地分担计划外负荷, 有利于充分利用机组容量。

2. 计划外负荷在调频机组间是按一定的比例分配的

式(3-39) 说明各调频机组最终承担的计划外负荷 ΔP_i 与其调差系数 K_{Si} 成反比, 要改变各机组间调频容量的分配比例, 可以通过改变调差系数来实现。负荷的分配是可以控制的, 这是有差调频器固有的优点。

3. 频率稳定值的偏差较大

式(3-36) 说明有差调频器是不能使频率稳定在额定值的, 负荷增量越大, 频率的偏差值就越大, 这是有差调频器固有的缺点。

二、无差调频法

积差调节法是根据系统频率偏差的累积值调节频率的。先假定系统中由一台发电机组进行频率积差调节, 调节方程式为

$$\left.\begin{array}{l} K_i \Delta P_C + \int \Delta f \mathrm{d}t = 0 \\[2mm] \Delta P_C = -K_I \int \Delta f \mathrm{d}t \end{array}\right\} \quad (3\text{-}40)$$

式中　Δf——系统频率偏差, $\Delta f = f - f_N$;
　　　ΔP_C——调频机组的有功出力增量;
　　　K_i——调频功率比例系数;
　　　K_I——积分控制增益。

图 3-20 所示为积差调频过程。在 $0 \sim t_1$ 时段内, $f = f_N$, $\Delta f = 0$, 因此有 $\int_0^{t_1} \Delta f \mathrm{d}t = 0$, 则有

$$\Delta P_C = -K_I \int_0^{t_1} \Delta f \mathrm{d}t = 0 \quad (3\text{-}41)$$

即调频机组有功出力不变。

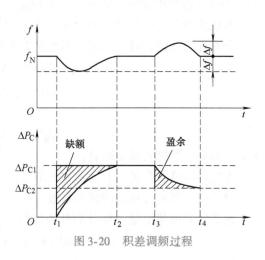

图 3-20　积差调频过程

设 t_1 时出现了计划外负荷增量，在 $t_1 \sim t_2$ 时段内，$f<f_N$，$\Delta f<0$，因此有 $\int_0^{t_2}\Delta f\mathrm{d}t<0$，则有

$$\Delta P_C = -K_I\int_0^{t_2}\Delta f\mathrm{d}t = -K_I\int_{t_1}^{t_2}\Delta f\mathrm{d}t = \Delta P_{C1} > 0 \qquad (3\text{-}42)$$

即调频机组增加有功出力，频率下降达到某一最低值后，逐步上升，直至 t_2 时刻为止。

在 $t_2 \sim t_3$ 时段内，调频机组增加的有功出力与计划外负荷增量相等，系统以额定频率稳定运行，$f=f_N$，$\Delta f=0$，因此有 $\int_{t_2}^{t_3}\Delta f\mathrm{d}t = 0$。这时调频机组有功出力增量 ΔP_C 维持在 ΔP_{C1} 值，即调频机组保持 t_2 时刻的有功出力不再增大。

设 t_3 时出现了计划外负荷减少，在 $t_3 \sim t_4$ 时段内，$f>f_N$，$\Delta f>0$，因此有 $\int_{t_3}^{t_4}\Delta f\mathrm{d}t > 0$，则有

$$\Delta P_C = -K_I\left(\int_{t_1}^{t_2}\Delta f\mathrm{d}t + \int_{t_3}^{t_4}\Delta f\mathrm{d}t\right) = \Delta P_{C1} - K_I\int_{t_3}^{t_4}\Delta f\mathrm{d}t = \Delta P_{C2} \qquad (3\text{-}43)$$

即调频机组有功出力减小，直至 t_4 时刻，调频机组出力增加又与计划外负荷变化相等，$f=f_N$，$\Delta f=0$，调节过程又一次结束。

积差调节法的特点是随着负荷的变化，频率发生变化，产生频率偏差，即 $\Delta f\neq0$，$\int\Delta f\mathrm{d}t$ 就不断积累，调频器动作移动调速器调节特性，改变进入汽轮机的进汽（或进水）量，使频率力求恢复到额定值，频率调节过程只能在 $f=f_N$ 时结束。此时系统中的功率达到新的平衡。

在电力系统中，采用多台发电机组进行积差调频时，调节方程式为

$$\left.\begin{aligned} K_{I1}\Delta P_{C1} + \int\Delta f\mathrm{d}t &= 0 \\ K_{I2}\Delta P_{C2} + \int\Delta f\mathrm{d}t &= 0 \\ \vdots \\ K_{In}\Delta P_{Cn} + \int\Delta f\mathrm{d}t &= 0 \end{aligned}\right\} \qquad (3\text{-}44)$$

式(3-44) 可写成

$$\Delta P_{Ci} = -K_{Ii}\int\Delta f\mathrm{d}t \quad i = 1,2,\cdots,n \qquad (3\text{-}45)$$

式中 i——系统中并联运行调频发电机组的序号。

一般认为系统中各点频率相同，是一个全系统的统一参数，所以各机组的 $\int\Delta f\mathrm{d}t$ 是相等的。设系统计划外负荷为 ΔP_L，则

$$\Delta P_L = \sum_{i=1}^{n}\Delta P_{Ci} = -\int\Delta f\mathrm{d}t\sum_{i=1}^{n}K_{Ii} \qquad (3\text{-}46)$$

$$\int\Delta f\mathrm{d}t = -\frac{\displaystyle\sum_{i=1}^{n}\Delta P_{Ci}}{\displaystyle\sum_{i=1}^{n}K_{Ii}} \qquad (3\text{-}47)$$

将式(3-47) 代入式(3-45) 得到每台调频机组承担的计划外负荷为

$$\Delta P_{Ci} = \frac{\Delta P_L}{\frac{1}{K_{Ii}}\sum_{i=1}^{n} K_{Ii}} = \alpha_i \Delta P_L \quad i = 1, 2, \cdots, n \tag{3-48}$$

式中　α_i——第 i 台调频机组的有功功率的分配系数，$\sum_{i=1}^{n} \alpha_i = 1$ 。

三、改进的无差调频法

式(3-48) 表明，调节过程结束后，各调频发电机组按一定比例分担了系统计划外负荷，使系统有功功率重新平衡，实现了无差调节。这种方法的缺点是频率的积差信号滞后于频率瞬时值的变化，因此调节过程缓慢。不能保证频率的瞬时偏差在规定范围内，所以通常不单纯采用积差调节，而是采用在频率积差调节的基础上，增加频率瞬时偏差调节信号，构成改进的频率积差调节方程

$$\Delta f + R_i \left(\Delta P_{Ci} + \alpha_i \int k \Delta f \mathrm{d}t \right) = 0 \quad i = 1, 2, \cdots, n \tag{3-49}$$

式中　ΔP_{Ci}——第 i 台机组承担的功率调节量；

　　　R_i——第 i 台机组的调差系数；

　　　k——系统功率与频率的转换系数。

在调节过程结束时 Δf 必须为零，否则积差项 $\int k \Delta f \mathrm{d}t$ 就会不断增长，调节过程就不会结束。因此调节过程终止时有

$$\Delta P_{Ci} = -\alpha_i \int k \Delta f \mathrm{d}t \tag{3-50}$$

可求得计划外负荷调节量 ΔP_L

$$\Delta P_L = \sum_{i=1}^{n} \Delta P_{Ci} = \sum_{i=1}^{n} -\alpha_i \int k \Delta f \mathrm{d}t = -\int k \Delta f \mathrm{d}t \tag{3-51}$$

将式(3-51) 代入式(3-50) 可得

$$\Delta P_{Ci} = -\alpha_i \int k \Delta f \mathrm{d}t = \alpha_i \Delta P_L \tag{3-52}$$

可见调节过程结束后，计划外负荷按照一定比例在调频机组间进行分配。

积差调节法维持系统频率的精度取决于各调频机组的频差积分信号数值的一致性。当采用多个调频电厂调频时，可以采用分散方式，即参与调频电厂各有一套频差信号发生器，就地产生 $\int k \Delta f \mathrm{d}t$ 信号进行调频。为了使各调频厂测得的 Δf 值尽可能一致，避免频差积分的差异而造成功率分配上的误差，需设置高稳定性晶体振荡标准频率发生器。

为了克服频差积分信号分散产生的不一致性，积差调节法的频差积分信号也可在电网调度中心集中产生，即装设一套高精度频率发生器集中产生积差信号，确定各调频机组的调节量，用远动通道送给各调频机组，如图3-21 所示。

电网调度中心把频差积分信号值 $\int k \Delta f \mathrm{d}t$ 通过远动通道送到各调频电厂，厂内配置

一台有功功率控制器，用于控制全厂调频机组的功率调节量 ΔP_C。它的输入信息，除了调度所送来的频差积分信号外，还有当地产生的频差 Δf 和厂内各调频机组的输出功率 P_{C1}，P_{C2} 等。它的输出信号为各调频机组按式（3-49）所对应的方程接到相应机组的控制电动机，调节它们的功率给定值，该有功功率控制器可用带 CPU 的数字式电子器件组成，它的输出信号可以经 D/A 转换放大后，接到各控制电动机，也可以输出按比例调节的脉冲。这种集中调频方式优点很明显，但需要远动通道。

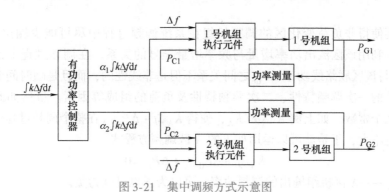

图 3-21　集中调频方式示意图

四、联合电力系统的频率调整

现代电力系统的规模越来越大而且互联，即将几个区域电力系统相互连接起来构成更大的电力系统，即联合电力系统。联合电力系统实行分区控制，即把每个区域电力系统看成一个控制区，把每个控制区作为一个等效的同步发电机群来进行调节，每个控制区域的负荷由本区域内的电源和从其他控制区域中经过联络线送来的电力供电，联络线上交换的功率按一定的约束条件进行控制，或规定联络线上通过的有功功率的限值，或规定通过的电量的限值，或既规定功率限值又规定电量限值等。这样就出现了联合电力系统的频率有功功率控制问题。

当多个省级甚至协作区级电网联合成一个大的电力系统时，为了配合分区调度的管理制度，也为了避免集中调频的范围过大而产生的技术困难，在联合系统中一般均采用分区调频的方法。分区调频法的特点是区内负荷的非计划变动主要由该区内的调频厂来负担，其他区的调频厂只是支援性质，因此区间联络线上应该维持在计划的数值，所以，分区调频方程式必须能判断当时负荷的变动是否发生在本区之内，并采取相应的调节措施。

采用频率联络线功率偏差控制（Tie line load Bias Control，TBC）方式，不仅要消除频差（即 $\Delta f = 0$），而且还要消除联络线中的交换功率偏差（即 $\Delta P_{AB} = 0$）。这就是说每个控制区负责本区域的功率调整，通常把本区域调节作用的信号称为分区控制误差（Area Control Error，ACE）。

1. 分区控制误差（ACE）

现以图 3-22 的联合系统为例，为实现 TBC 控制，先说明负荷变动是否发生在本区之内的判别原理。设经联络线由 A 端

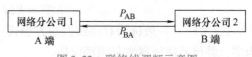

图 3-22　联络线调频示意图

流向 B 端的功率为 P_{AB}，由 B 端流向 A 端的功率为 P_{BA}，则必有 $P_{AB} + P_{BA} = 0$。当 B 区内负荷突然增长，A 区负荷不变时，整个系统的频率都会下降，则有 $\Delta f < 0$。A、B 两区内的调速器随即动作，增加各机组的出力，联络线上就会出现由 A 端流向 B 端的功率增量，即 $\Delta P_{AB} > 0$（还应指出，即使不考虑调速器的动作，此时也仍有 $\Delta P_{AB} > 0$），与 Δf 异号；同时在另一端必有 $\Delta P_{BA} < 0$，与 Δf 同号。这说明在联合系统中可以用流出某区功率增量的正或负与系统频率增量的符号进行比较，来判断负荷变动是否发生在该区之内。

其次要使得非负荷变化区的调频机组在系统调频过程中尽可能少输出调频功率，这当然也要利用该区流出功率增量与频率增量异号的关系。在调频过程中，非负荷变化区的 Δf 与该区联络线功率 ΔP_{tie} 之间关系不但是非线性的，而且是随时间变化的，它取决于系统的一次调频特性、二次调频特性及负荷的组成等因素。虽然如此，但还是可以找到某个常数，如上例 A 区是 K_A，使得 $K_A \Delta f + \Delta P_{tie.A}$ 在整个调频过程中取值虽不为零，但也不大，于是就可以运用如下的 A 区调频方程式

$$K_A \Delta f + \Delta P_{tie.A} + \Delta P_A = 0$$

式中　ΔP_A——A 区机组输出的调频功率，可以为正也可以为负。

仍以图 3-22 为例，当 B 区负荷增加时，$\Delta f < 0$，$\Delta P_{tie.A} > 0$；由于有适当的因子 K_A，致使 $K_A \Delta f + \Delta P_{tie.A} \approx 0$，于是调频器向满足调频方程式的方向进行，必有 $\Delta P_A \approx 0$，最终结果 A 区机组基本不向 B 区输出调频功率；而当 A 区负荷增加时，$\Delta f < 0$，$\Delta P_{tie.A} < 0$，于是调频器向增大 ΔP_A 的方向进行调整，这样就可以达到分区调频的目的。由此可见，$K_i \Delta f + \Delta P_{tie.i}$ 是实现分区调频的重要因子，即分区控制误差 ACE

$$\text{ACE} = K \Delta f + \Delta P_{tie} \tag{3-53}$$

2. 分区调频方程式

实际最普遍使用的是"ACE 积差"调节法，其分区调频方程式为

$$\int (K_i \Delta f_i + P_{tie.i.a} - P_{tie.i.s}) \mathrm{d}t + \Delta P_i = 0 \tag{3-54}$$

式中　Δf_i——系统频率的偏差，即 $\Delta f_i = f_i - f_N$；

$P_{tie.i.a}$——i 区联络线功率的实际值，该区联络线功率输出为正，输入为负；

$P_{tie.i.s}$——i 区联络线功率的计划值，功率的正负与上同；

　ΔP_i——i 区调频机组的出力增量。

一般将式（3-54）写成

$$\int (K_i \Delta f_i + \Delta P_{tie.i}) \mathrm{d}t + \Delta P_i = 0 \tag{3-55}$$

式中　$\Delta P_{tie.i}$——i 区联络线功率对计划值的偏差，联络线功率的正负与式（3-54）相同。

由于式（3-55）中包含了积差项，在调频结束时，必有

$$\text{ACE} = K \Delta f + \Delta P_{tie} = 0 \tag{3-56}$$

式（3-54）一般称为联络线调频方程式；分区调频过程结束时，分区控制误差 ACE 为零，并使系统频率恢复到额定值。

仍以图 3-22 为例，说明频率恢复到额定值的原理。该系统的调频方程式为

$$\left.\begin{array}{l} \int (K_A \Delta f_A + \Delta P_{\text{tie.A}}) \, dt + \Delta P_A = 0 \\ \int (K_B \Delta f_B + \Delta P_{\text{tie.B}}) \, dt + \Delta P_B = 0 \end{array}\right\} \tag{3-57}$$

各区的调频系统都向满足式(3-57) 的方向进行调整, 按照积差调频的法则, 到分区调频结束时, 各区的控制误差 ACE 都等于零, 任何调频机组都不再出现新的功率增量。对图 3-22 的系统, 即有

$$\left.\begin{array}{l} \text{ACE}_A = K_A \Delta f_A + (P_{\text{tie.A.a}} - P_{\text{tie.A.s}}) = 0 \\ \text{ACE}_B = K_B \Delta f_B + (P_{\text{tie.B.a}} - P_{\text{tie.B.s}}) = 0 \end{array}\right\}$$

由于 $P_{\text{tie.A.a}} + P_{\text{tie.B.a}} = 0$, 不考虑各区调频中心的装置误差, 即

$$\left.\begin{array}{l} f_{NA} = f_{NB} = f_N \\ P_{\text{tie.A.s}} + P_{\text{tie.B.s}} = 0 \end{array}\right\}$$

则调频结束时, $\Delta f = 0$、$f = f_N$ 及 $\Delta P_{\text{tie}} = 0$, 联络线功率维持在计划值。

对于 n 个分区的调频方程式, 若不考虑各区调频中心的装置误差, 即

$$\left.\begin{array}{l} f_{N1} = f_{N2} = \cdots = f_{Nn} = f_N \\ \sum_{i=1}^{n} P_{\text{tie.i.s}} = 0 \end{array}\right\} \tag{3-58}$$

按式(3-57) 进行分区调频的结果, 系统频率必须维持在额定值 f_N, 并有 $\Delta P_{\text{tie.}i} = 0$。

第四节 自动发电控制技术

随着电力系统远动技术的发展, 自 20 世纪 80 年代中期, 我国四大电网 (华东、东北、华中和华北) 和部分省级电网引进了国外的 SCADA/AGC 系统 (SCADA 即数据采集与监视控制, AGC 即自动发电控制), 为我国电网调度自动化系统的发展奠定了基础。从 1989 年 9 月投入运行至今, 全国有 30 多家省级及以上电网投入了 AGC 系统。在互联电力系统运行中, AGC 有一个基本的和重要的计算机实时控制功能, 对于减轻调度员和发电厂运行人员的劳动强度, 提高联络线交换功率的控制精度, 提高电网频率质量等方面发挥了很好的作用, 为现代电力系统的安全、优质、经济运行提供了必要的技术手段。

在互联电力系统运行中, 各区域应负责调整本区域内的功率平衡, 当某区域中突然接入新的负荷时, 整个互联电力系统的频率下降。系统中所有的机组调节器动作, 增加机组出力, 使频率提高到某一水平, 这时整个电力系统发电机组的发电量与负荷达到新的平衡。一次调节留下了频率偏差和交换功率偏差, AGC 动作, 提高发电功率, 使频率恢复到正常值、交换功率达到计划值, 这就是所谓的二次调节。此外, AGC 将随时间调整发电机组出力执行发电计划, 或在非预计的负荷变化积累到一定程度时按经济调度原则重新分配出力, 这就是所谓的三次调节。

对 AGC 来说, 一次调节是系统的自然特性, 希望快速而平稳; 二次调节不仅考虑机组的调节特性, 还要考虑安全 (备用) 和经济特性; 三次调节则主要考虑安全性和经济性, 必要时可以校验网络潮流的安全性。这些调节所设定的周期随分区控制误差 (ACE) 的大小而不同, 一般 SCADA 的采样周期为 1 ~ 2s, AGC 的启动周期为 4 ~ 8s,

经济调度的启动周期由几秒钟到几分钟甚至几十分钟。

一、AGC 的总体结构

自动发电控制是通过闭环控制系统实现的。自动发电控制所需的信息，如频率、发电机组的实发功率、联络线的交换功率、节点电压等从 SCADA 获得实时测量数据，计算出各电厂或各机组的控制命令，再通过 SCADA 送到各电厂的电厂控制器。由电厂控制器调节机组功率，使之跟踪 AGC 的控制命令。其总体结构如图 3-23 所示。

它主要有三个控制环：计划跟踪环、区域调节控制环和机组控制环。

1）计划跟踪控制的目的是按计划提供机组发电基点功率，它与负荷预测、机组的经济组合、水电计划及交换功率计划有关，担负主要调峰任务。

2）区域调节控制的目的是把 ACE 调到零，这是 AGC 的核心。功能是 AGC 计算出消除 ACE 各机组需增减的调节功率，将这一可调分量加到跟踪计划的机组发电基点功率上，得到设置发电量发往电厂控制器。

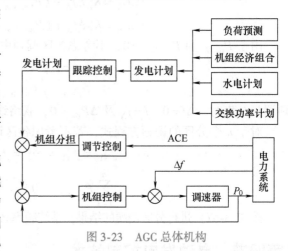

图 3-23　AGC 总体机构

3）机组控制是由基本控制回路去调节机组，使控制误差为零，在许多情况下（特别是水电厂），一台电厂控制器能同时控制多台机组，AGC 把信号送到电厂控制器后，再分到各台机组。

二、AGC 的控制目标与模式

在互联电力系统中，各区域承担各自的负荷，各区域的调度中心要维持电力系统频率为规定值，维持区域间净交换功率计划值，并实现在线经济负荷分配。

1. AGC 的控制目标

1）调整系统发电出力与负荷的平衡。

2）调整系统频率偏差为零，在正常稳态情况下，保持频率为额定值。

3）在各控制区域内分配全网发电出力，使区域间联络线潮流与计划值相等，实现各地区有功功率的就地平衡。

4）在本区域发电厂之间分配发电出力，使区域运行成本最小。

5）在能量管理系统（EMS）中，AGC 作为实时最优潮流与安全约束经济调度的执行环节。

2. AGC 的控制模式

AGC 的控制模式有很多种，目前系统中主要应用的模式有以下三种：

1）定频率控制方式（CFC 或 FFC）。在这种模式下，AGC 将控制机组增、减出力来维持系统频率为恒定的计划值。

区域控制偏差为

$$ACE = K_f \Delta f \tag{3-59}$$

按照频率偏差 Δf 进行调节，在 $\Delta f = 0$ 的时候，调节结束。所以最终维持的是系统频率，而对联络线上的交换功率则不加控制，这实际上是单一系统的观点，因此这种方式只适用与电厂之间联系紧密的小型系统，对于庞大的联合电力系统实现起来有不少困难。

2）定联络线交换功率控制方式（CIC 或 CNIC）。在这种模式下，AGC 将控制机组增、减出力来维持联络线交换功率为计划值。

区域控制偏差为

$$ACE = \Delta P \tag{3-60}$$

控制调频机组保持交换功率恒定，而对系统的频率并不控制。这种方式适用于两个电力系统间按照协议交换功率的情况。它要求保持联络线上功率不变，而频率则要求通过两个相邻系统同时调整发电机的功率来维持。

3）定频率及定交换功率的控制方式（TBC）。这种模式下，AGC 将控制机组增、减出力来维持系统频率和联络线交换功率均为计划值。

区域控制偏差为

$$ACE = \Delta P + K_f \Delta f \tag{3-61}$$

既按频差又按联络线交换功率调节，最终维持的是系统负荷波动的就地平衡，这实际是多系统调频观点，这种调频方式是大型电力系统或联合电力系统中常用的一种方式。为了实现 AGC，要求在调度中心计算机上运行 AGC 程序。AGC 程序的控制目标是使因负荷变动而产生的区域控制差（ACE）不断减小直至为零。

三、AGC 的基本功能

实际 AGC 系统的基本功能可概括为两部分：负荷频率控制（Load Frequency Control，LFC）和经济调度（Economic Dispatch，ED）。

1. 负荷频率控制（LFC）

LFC 最基本的任务就是调整系统频率为额定要求值（如 50Hz）或维持各区域之间联络线的交换功率为计划值。这主要是通过调节 ACE 参数到零或进入预先规定的死区来实现。

ACE 的计算公式为联络线上实际的交换功率与其计划值的差值加上频率的实际值与其计划值的差值。其中的频率差值项，需乘上一个频率偏差系数。式(3-61) 可以写成

$$ACE = (P_a - P_s) + K_f(f_a - f_s) \tag{3-62}$$

式中 P_a——实际交换功率，是本区域所有对外联络线交换功率的代数和（MW）；

         P_s——计划交换功率（MW）；

   f_a, f_s——分别为电网的实际和计划频率（Hz）；

         K_f——电网频率偏差系数（MW/Hz）。

ACE 的调节过程如下：在一段时间内，联络线的计划交换功率和系统频率是不变的，而实际的交换功率和系统频率则取决于电力系统的发电水平和负荷水平。在一般

情况下，需要维持当前的负荷水平，因此，通常只能通过调节电力系统中可控发电机组的出力来改变实际交换功率和系统实际频率的大小，从而达到减小 ACE 的目的。LFC 的这一功能称作 ACE 调节。

2. 经济调度（ED）

经济调度模块是用来确定最经济的发电调度，以满足给定的负荷水平，使发电成本减少到最小。AGC 所控发电机组的最优负荷是由两部分组成的：第一部分是机组的经济基点值。所谓机组的基点值就是指机组通常的运行点，也即机组通常的基本出力，它们是由经济调度（ED）程序计算出来并传递给 LFC 的。一般情况下，ED 程序是每隔一定的时间就自动启动一次来计算发电机组的经济基点值等参数，因此，一旦经济基点值被计算出来，它们就会在本 ED 周期内保持不变，直到 ED 程序再次启动。第二部分是将发电偏差值按照一组比例系数分配给参加经济调节的发电机组，经济分配系数同基点值一样也是由 ED 程序计算出来并传递给 LFC 的。ED 程序除了周期性地执行外，在出现以下情况时也会启动执行：

1）系统负荷发生重大变化。变化限值由操作员整定。

2）经济调度机组的运行极限被改变。

3）机组控制模式改变。

四、新能源 AGC 简介

随着新能源渗透率的不断提高，新能源机组必须参与电网发电计划，甚至纳入常规调度体系，融入电网发电计划、在线调度、实时控制等。因此，新能源场站应具备 AGC 能力。

新能源 AGC 的简化模型如图 3-24 所示，由场站层 AGC 和机组层 AGC 组成。场站层 AGC 接收系统调度下发的有功指令目标值后，分配该目标值并下发至各机组层 AGC，以及接收各机组层 AGC 上传的机组实时信息，包括实时有功、风速、风向、温度、湿度、光照强度、气压等。风电场和光伏电站 AGC 略有不同，具体为：风电场 AGC 接收调度指令后，按照预定策略将指令分配给场内各风机能量管理平台，由风机能量管理平台对可控范围内的风机进行控制，实现输出功率的调整；光伏电站 AGC 接收调度指令后，按照预定策略将指令分配给电站内各可控逆变器，实现输出功率的调整。

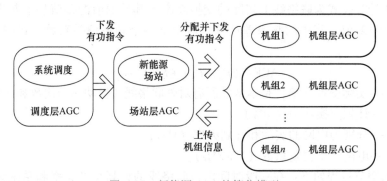

图 3-24　新能源 AGC 的简化模型

场站层 AGC 控制策略如图 3-25 所示，由信息输入单元、进入死区判断、升/降有功判断、样板机/非样板机参与判断以及四种模式下目标值的分配单元组成。

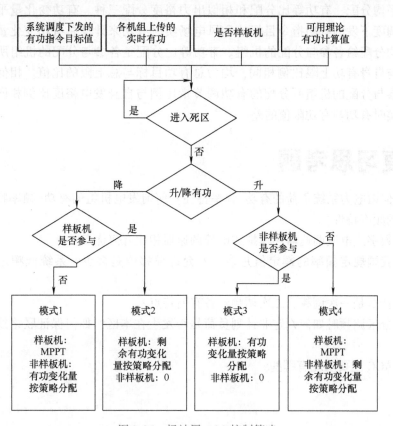

图 3-25　场站层 AGC 控制策略

信息输入单元负责接收系统调度下发的有功指令目标值、各机组上传的实时有功、可用理论有功以及是否样板机等实时信息。

调节死区是为了避免机构频繁动作，其值可通过定值设定。当并网点实际有功和系统调度下发的有功指令目标值的偏差小于调节死区时，场站层 AGC 不再对场站内各机组进行有功调节。

升/降有功判断是为了判断有功变化量或剩余有功变化量是否优先在样板机间分配。当降有功时，优先在非样板机间分配，而升有功时，优先在样板机间分配。升/降有功判断可通过比较并网点实际有功和系统调度下发的有功指令目标值实现。

当降有功时，根据下降深度的不同，需判定样板机是否参与。当下降深度不足以使样板机动作时，样板机按最大功率跟踪运行，并网点实际有功和调度目标值的差，即有功变化量，在非样板机间分配。进一步地，当所有非样板机的指令目标值都为零，仍无法完全分配调度目标值时，就需要将调度目标值与所有非样板机实际有功的差，即剩余有功功率，在样板机间分配。样板机是否参与的判定可通过比较所有非样板机的实际有功与调度目标值实现。

当升有功时，与降有功时相反，不再赘述。非样板机是否参与可通过比较所有样板机的实际有功与调度目标值实现。

四种模式下的调度目标值分配取决于场站层 AGC 的有功分配策略，目前主要有有功变化量平均分配、有功等比分配和相似出力裕度分配三种。有功变化量平均分配是根据系统调度下发的有功指令目标值和风电场实时有功来计算总有功变化量，并将该变化量平均分配给各参与分配的机组。有功等比分配是各参与分配的机组所分配的有功目标值与自身有功上限比例相同，均为总有功目标与总上限的比值。相似出力裕度分配是各参与分配的机组所分配的有功调节量比例与自身发电裕度比例相同，发电裕度为机组实时有功与有功限值的差。

 # 复习思考题

3-1 何谓电力系统负荷的有功–频率特性？何谓发电机组的有功–频率特性？何谓电力系统的频率特性？

3-2 数字式电液调速器和模拟式电液调速器相比有何优点？

3-3 我国规定频率的额定值是多少？允许偏移值是多少？系统低频运行有什么危害？

3-4 什么是一次调频、二次调频？各有何特点？

3-5 分区调频时如何判定非计划负荷是否发生在本区？如何保证联络线潮流为协议值恒定？

3-6 AGC 主要功能有哪些？

第四章
电力系统自动化技术概论

一、电力系统运行控制的复杂性及控制自动化

1. 电力系统运行控制的复杂性

现代社会里存在着各种各样的工业生产系统，但是没有哪一个系统能像现代电力系统这样庞大和复杂。一个规模巨大的现代电力系统往往覆盖着几十万甚至几百万平方公里的辽阔国土，连接着广大城乡的每一个厂矿、机关、学校以及千家万户，它的高低压输配电线路像蜘蛛网一样纵横交错，各种规模的火力、水力发电厂（站）和变电站遍布各地犹如星罗棋布，系统的各种运行参数互相影响，瞬息万变……因而，现代电力系统已经被公认为是一种典型的多输入、多输出的大系统。

现代电力系统的运行控制，与其他各种工业生产系统相比，更为集中统一，也更为复杂。各种发电、变电、输电、配电和用电设备，在同一瞬间，按着同一节奏，遵循着统一的规律，有条不紊地运行着。各个环节环环相接，严密和谐，不能有半点差错。电能不能像其他工业产品那样，可以储存以调剂余缺，而是"以销定产"，即用即发，需用多少就发出多少。然而，大大小小的工厂和千家万户的用电设备的开开停停，却是随机的。电力系统的用电负荷时时刻刻都在变化着，发电及其他供电环节必须随时跟踪用电负荷的变化，不断进行控制和调整，可以想象到这种运行控制任务有多么的复杂和繁重。不仅如此，由于电力生产设备是年复一年日复一日地连续运转，有些主要环节几年才检修一次，因此它们随时都可能发生故障。何况还存在着风雪雷暴等无法抗拒的自然灾害，更增加了发生故障的概率。而电力系统一旦发生事故，就会在一瞬间影响到非常广大的地区，危害十分严重，必须及时发现和排除。所有这一切，都决定了现代电力系统必须要有一个强有力的、拥有各种现代化手段、能够保证电力系统安全经济运行的指挥控制中心，这就是电力系统的调度中心。

控制指挥这样巨大复杂的电力系统，绝不是一个人或几个人可以承担得了的。实际上，每时每刻控制驾驭着这个巨大系统的，是各级调度中心（所）的调度人员和遍布各地的发电厂、变电站值班运行人员。他们凭借各种各样的仪表和自动化监控设备，齐心协力严密配合，共同完成对电力系统的运行控制。

2. 电力系统运行控制目标及其控制自动化

电力系统运行控制的目标，就是始终保持整个电力系统的正常运行，安全经济地向所有用户提供合乎质量的电能；在电力系统发生偶然事故的时候，迅速切除故障，防止事故扩大，尽早恢复电力系统的正常运行。另外，还要使电力生产符合环境保护

的要求。

简单地说，电力系统运行控制的目标可以概括为八个字：安全、优质、经济、环保。

(1) 保证电力系统运行的安全

电力系统一旦发生事故，其危害是非常严重的，轻者导致电气设备的损坏，使少数用户停电，给生产造成一定的损失；重者则波及到系统的广大区域，甚至引起整个电力系统的瓦解，使成千上万用户失去供电，使生产设备受到大规模严重破坏，甚至造成人员伤亡，使国民经济遭受极其巨大的损失。因此，努力保证电力系统的安全运行，是电力系统调度中心的首要任务。

电力系统发生事故既有内因也有外因。外因如狂风、暴雨、雷电、冰雹以及地震等自然灾害；内因则是电力系统本身存在薄弱环节、设备隐患或运行人员技术水平差等多方面因素。一般情况下，电力系统的事故多半是由外因引起的，又由于内部的薄弱环节或调控不当而扩大。要想完全避免任何事故的发生是不可能的。但在发生事故后迅速而正确地予以处理，使造成的损失降低到最低限度，这却是可以办到的。要做到这一点，一方面需要电力系统本身更加"强大"，发电能力和相应的输电、变电设备都留有足够的裕度，各种安全和自动装置灵敏可靠，电力系统自身具有抵抗各种事故的能力；另一方面，也和肩负电力系统运行控制重大职责的各级调度中心的调度技术水平密切相关。这里说的调度技术水平有两层含义：一是指调度人员本身的知识和技术水平，二是指调度中心拥有的调度设备的自动化程度。调度人员技术水平高，有着扎实而广博的理论知识，又有长期丰富的实践经验，在事故面前临危不乱，从容镇定，自然能够做出迅速而正确的判断和处理；但如果没有现代化的调度控制技术手段也是不行的。现代电力系统不断扩大，结构日趋复杂，监视控制的实时信息越来越多，仅凭人的知识技术和经验是越来越难于应付了。只有采用由当代最新技术装备起来的电网调度自动化系统，才能使调度人员真正做到统观全局，科学决策，正确指挥，保证电力系统安全运行。

(2) 保证电能符合质量标准

和其他任何产品一样，电能也有严格的质量标准，即频率、电压和波形三项指标。

发电机发出的电压波形是正弦波，由于电力系统中各种电气设备在设计时都已经考虑了波形问题，在一般情况，用户得到的电压波形也是正弦波。如果波形不是正弦波，其中就会包含许多高次谐波成分，这对许多电子设备会有很大的不良影响，对通信线路也会造成干扰，还会降低电动机的效率，导致发热并影响正常运行。甚至还可能包含使电力系统发生危险的高次谐振，使电气设备遭到严重破坏。特别是现代电力系统中加入了许多电力电子设备，如整流、逆变等环节，都会使波形发生严重畸变，是产生谐波的"源"。因此，需要加强对波形的自动化监测和采取有效的自动化消除谐波措施。

频率是电能质量标准中要求最严格的一项，频率允许的波动范围在我国是 $50 \pm 0.2\mathrm{Hz}$（有的国家是 $\pm 0.1\mathrm{Hz}$）。使频率稳定的关键是保证电力系统有功功率的供求数量时时刻刻都要平衡，之前已说过，负荷是随时变动的，因此，只有让发电厂的有功出力时时刻刻跟踪负荷的有功功率，随其变动而变动。现在调频过程是由自动装置自动进行的，但是负荷如果突然发生了大幅度的变化，超出了自动调频的可调范围，频率还会有较大变化。例如，负荷突然增加很多，系统所有旋转设备的容量都已用上还不够时，频率就会下降。这时就要由调度员命令增开新的发电机组。为此，调度中心总是预先进行负荷预测，制定相应的开机计划和系统运行方式以避免上述情况的发生。负荷预测准确与否，日发电计划安排是否合适，对系统频率能否稳定有决定性影响。总之，要始终保持系统频率合格，必须依赖一整套自动化的调节控制系统。

电压允许变动的范围一般是额定电压的±5%左右。使电压稳定的关键在于系统中无功功率的供需平衡，并且最好是在系统的各个局部就地平衡，以减少大量无功功率在线路上传输。具体的调压措施有发电机的励磁调节，调相机和静止补偿器的调节，有载调压变压器的分接头调节以及并联补偿电容器的投切等。这些调压措施有些是自动进行的，有些是按调度人员的命令由各现场值班人员操作调节的。现代电力系统必须有一整套自动化的无功电压调控系统，才能满足各行各业对电压稳定越来越高的要求。

（3）保证电力系统运行的经济性

电力系统运行控制的目标，除了首要关注的安全问题和电能质量问题外，还要尽可能地降低发电成本，减少网络传输损失，全面地提高整个电力系统运行的经济性。对于已经投入运行的电力系统，其运行经济性完全取决于系统的调度方案。要在保证电力系统必要的安全水平前提下，合理安排备用容量的组合和分布，综合考虑各发电机组的性能和效率，火电厂的燃料种类或水电厂的水头情况，以及各发电厂距离负荷中心的远近等多方面因素，计算并选择出一个经济性能最好的调度方案。按此方案运行，将会使全系统的燃料消耗（或者发电成本）最低。但是，电力系统经济运行方案并不是一劳永逸的，因为它是根据某一时刻的负荷分布计算出来的，而负荷又是随时处在变化之中，所以每隔几分钟就要重新计算新的最优方案，这样才能使系统运行始终处于最优状态。这种计算实时性很强，涉及的因素多，计算量很大。显而易见，采用人工计算是无法胜任的，必须依靠功能强大的计算机系统。

（4）保证符合环境保护要求

能源和环境是人类赖以生存和发展的基本条件，电力是现代社会不可或缺的最重要能源，同时，电力的生产又对环境产生很大的影响。目前全球的四大公害：大气烟尘、酸雨、气候变暖（温室效应）、臭氧层破坏，都与能源生产和利用方式直接相关，当然也与电力生产过程密切相关。因此，符合环境保护的要求，也应是电力系统运行控制的目标之一。

若要解决火电厂燃烧煤所带来的环境问题，必须采用先进的洁净煤技术、粉尘净化控制技术、烟气脱硫技术以及生物能源技术等一系列高新技术。从运行的角度说，在发电任务的分配上，向水电厂倾斜，向燃烧低硫煤或有烟气脱硫装置的电厂倾斜，向单位煤耗低的大机组倾斜，都有助于减少污染。同时，一切旨在降低网损，节约电能的优化运行方式，也有利于改善环境。因此，采用先进的调度自动化系统，开发加入环境指标的优化运行应用程序，会进一步减少能源生产所带来的环境污染。

二、电力系统调度管理的重要性及其基本工作

1. 电力系统运行调度的重要性

电力系统调度是电力系统生产运行的一个重要指挥部门，负责领导电力系统内发电、输电、变电和配电设备的运行，以及系统内重要的操作和事故处理。可以说，电力系统能够安全经济运行，能够持续地向广大用户供应符合电能质量标准的电能，是与各级电力系统调度所做的工作密不可分的。

影响电力系统安全运行的因素有很多，除了电网结构单薄、后备不足等属于投资和规划设计方面的原因以及设备质量缺陷、维修不力等原因外，运行管理方面的问题也是不可忽视的。

在电力系统的实际运行中，事故的发生和发展往往与系统的运行方式有很大关系。根据我国近年来对稳定破坏的事故统计，其中与运行管理相关的占72%，见表4-1。

表4-1 与运行管理有关的电力系统稳定破坏事故统计

分 类	运行管理方面的问题	占事故总数的百分数（%）
静态稳定破坏	对正常或检修运行方式未进行应有的稳定计算分析，在负荷增长或售电侧发电厂减少出力时，未能控制潮流	16.6
	由于无功不足、线路长、负荷重或将发电机自动调整励磁装置退出运行，或误减励磁造成运行电压大大下降，电压崩溃	10.5
暂态稳定破坏	对发电机失磁是否引起稳定破坏未做分析计算，未采取预防措施	15.7
	高低压环网运行方式考虑不当，或环网运行时未采取有效的解列措施	14.8
	未考虑严重的故障（主要是三相短路），又未能采取有效措施	5.7
	未考虑低压电网对故障的影响	8.6
合　　计		71.9

可见，为了保证系统安全运行，必须未雨绸缪，需对运行中的系统结构和运行方式进行定期的运行预想分析，并结合安全稳定导则的规定和运行经验及具体环境条件，进行各种事故预想并规定出一系列的事故处理方法。在运行方式的安排上，应考虑足够的旋转备用和冷备用，并且要合理分布在系统之中。除了继电保护的配置和整定外，对用于事故后防止大面积停电的各种安全自动装置（如切机、切负荷等），也应详细考虑它们之间的配置和协调。

许多事故实例表明，调度运行人员的操作失误往往是使事故扩大或延续较长时间的原因之一。虽然电力系统的自动化水平越来越高，许多厂、站还实行了无人控制，但是，自动化水平的提高并没有减弱系统调度运行人员在整个电力系统运行管理中的主导作用。高度自动化的监控系统，也需要有相应文化和技术水平的运行人员去正确熟练地使用，才能充分发挥它们的作用。在事故情况下，要求调度运行人员能应付未能预测突然来临的严重状态，及时做出反应并采取正确的操作步骤和控制措施，难度是相当大的。为了尽量避免调度运行人员操作失误造成系统事故，应定期对调度运行人员进行有计划的培训，特别是应采用电网调度自动化系统中的调度员仿真培训功能，对调度人员进行全方位、多角度的"实战"培训。

2. 电力系统调度的几项基本工作

根据电力工业的基本任务和电力系统调度的工作任务，电力系统调度的几项基本工作如下：

（1）负荷预测

要求预测月、日最大最小负荷。日负荷预测应分 24h 编制，做出负荷曲线，并要考虑节日、天气、电视节目等各种因素对负荷的影响，家用电器的发展对负荷的影响也是显著的。另外调度要考虑到季节的变化，人民生活和生产活动的规律，做好负荷预测。要求最大负荷误差不超过 1%～2%。准确的负荷预测以及据此做出的发电计划，是保证系统频率合格的关键。

（2）编制发电计划

根据负荷预测，编制发电计划，并确定机组的检修和备用方式，此外也要考虑经济运行。特别是日计划（即次日的计划），一般是当日 12 点以前做好，下午将计划发出。发电计划包括从次日零点到 24 点的安排曲线，规定了哪些机组带基本负荷，哪些用来调峰，哪些用来备用。另外还要计算经济调度方式，一般来说，丰水季节火电应少发和用于调峰，水电多时火电多修，水电少时火电少修。负荷轻时应多检修，负荷重时少检修。

（3）指挥倒闸操作

电力系统中送电线路，凡涉及两个以上单位的，都需由调度指挥送电和倒闸操作。因为母线上倒闸操作涉及发电和送电，可能有的要改变继电保护的定值和使用方式。变压器中性点接地刀开关多合一个少一个，都和系统（零序接地）保护有关，也必须由调度统一考虑和决定。

（4）事故处理

电网内发生严重事故可能危及人们生命财产安全，造成国民经济的巨大损失。因此必须正确处理事故，尽快恢复正常供电。

系统值班调度员为电网事故的负责人。发电厂、变电所及下级调度值班人员应该按照系统值班人员的命令进行处理（脱离系统的设备及该设备的故障消除和处理，则由各单位自行负责）。系统调度的领导人在处理现场时，应监督事故是否处理正确，并给予相应指示，但要通过值班调度员的直接领导人。事故处理过程中应停止交接班，除非特殊情况，不能更换事故处理值班调度员。

系统事故处理的原则是：

1）尽快限制事故的发展。电源事故时首先要调动旋转备用容量提高发电出力，或限制部分负荷，防止频率电压恶性下降导致系统崩溃。

2）尽快恢复对用户的供电。对已停电的区域或用户，应从电网中确定可供电源点予以供电。首先要对重要用户恢复供电，在恢复供电过程中，要注意电源余缺及频率值，不要造成频率再次下降或线路过负荷而扩大事故。

3）恢复电力系统的正常运行方式。事故处理必须将电网频率、电压、主接线均达到正常状态，才算处理完毕，损坏设备的恢复不包括在内。

（5）经济调度

应不断调整发电厂的有功和无功，以实现经济运行，其中最重要的是水电要充分利用。在洪水季节水电站要适当满发，而使火电调峰，这个效益是最显著的。其次，在一天的负荷变化中调整开停机组，一般根据其效率，高压高温机组多发，中温中压机组少发，煤耗低的机组多发，煤耗高的机组少发（甚至停机备用）。第三，在已开的机组中，按照等微增率（即每增加一度电多消耗的燃料）来安排任务，一般讲高温高压机组比中温中压机组消耗要少，如两台都是 20 万 kW 的机组，但其煤耗量微增率并不相同，微增率低的应安排多发。无功负荷要尽量就地平衡，减少无功功率的远程传输，以减少网损。

(6) 其他一些综合性计划

对一些综合性计划，整个电网应统一考虑。将来全国联网后，就要实行全国联网的调度。第一要考虑大电网间的联络线应该送多少，能够送多少。第二要考虑联网的安全问题、稳定问题，过负荷问题。第三个要考虑到事故措施。每个电网中发电厂或线路发生故障后能不能保持电网的稳定，应采取些什么措施。另外各电网的事故处理要相互协调，电网的自动化等问题也要统一考虑。再有，电网互联后各方面可能发生的问题要详尽考虑。调度部门的计划既要详细又要具体，例如，不仅是明年准备要发多少电，还要分各季要发多少电，怎么把这些电发出来，最大的负荷是多少？什么时候应该由哪条线路运行，发电厂开多少台机组，母线应如何安排，是分段还是并在一起，应该哪几台在哪一条母线，发送多少负荷，这些都要由调度计划预先做出来。所以调度方式计划里不会只有几个数字，而是包括开停机计划，负荷曲线，电网接线方式等一系列十分具体的安排。把未来电网的运行预先做出安排，就是调度中心运行方式的主要任务。

三、电力系统运行方式的编制

1. 对电力系统运行方式编制的要求

(1) 要有预计性

完成电力系统调度管理任务，不能仅依靠值班调度员临时采取措施，还必须预先做好安排。只要形成电网，即使是小电网，最少需有一个负荷预测，制定发电任务和发供电设备运行计划，才能满足最高负荷和负荷变化的要求。对一个较大电网，运行情况更复杂，如水火电的配合，发输电设备的检修，有功和无功功率的平衡和调整，继电保护的方式等，如果没有一个较长时间的统筹安排和事先采取措施，系统的安全经济运行和电能质量是不可能得到保证的。

(2) 要选择最优运行方式

电力系统是由相当数量的发、输、变、供以及各种用电设备等组成。在某一种负荷需求情况下，可能有好多种不同的运行方式。发电厂负荷的分配，设备的检修或备用，无功及电压的调整，网络的并列或解列，继电保护和自动装置的使用方式，水库放流量和水位，以及发电厂储煤量等，都会有多种选择，但只有一种组合是最优的运行方式。运行方式的编制过程，也是对即将到来的系统运行情况做一次全面研究分析，选择出最安全、最经济、电能质量最好的一种运行方式。

(3) 要组织系统内所有单位协同配合

电力系统包含发电厂、变电所、电力网和热力网以及广大用户。所有这些发、供、用电单位是一个不可分割的整体，必须协同配合。运行方式相当于各个单位协同配合的总计划，各部门要了解当前与未来的运行情况与要求，例如，什么时候是高峰负荷需要大发，什么时候是低谷负荷需减发、停机或检修，哪些电厂要求多储煤，哪些用户需配合电网检修设备等，总之，必须使电网的要求变成各部门的共同任务。

电力系统的运行情况是每个瞬间都在变化的，有时甚至发生剧烈变化（由于发生事故或倒闸操作）。在实际运行中，电力系统调度及各单位，必须根据每个瞬间的变化而及时调整运行方式。如调频厂不断调节有功出力以保持频率正常，各发电厂随时调整励磁电流以维持要求的机端电压。根据需要进行倒闸操作或事故处理等。但对运行方式的编制，不可能包括每一瞬间，只能编制几种具有代表性的正常方式，以及事故或重要设备检修等特殊方式。

（4）应符合国民经济基本方针

如确保重要用户用电的可靠性；充分利用当地劣质燃料；充分利用水力资源，发挥水库的防洪作用，满足水电厂下游航行和工农业用水，以及环境保护的要求等。总之，要考虑和兼顾国民经济各部门的要求。

2. 电力系统运行方式编制的内容

电力系统运行方式的编制可分年、季、月、周、日和节假日等正常运行方式，以及事故检修试验等特殊运行方式，主要内容有以下几方面：

（1）负荷预测

电力系统的服务对象是用户，调度管理的首要任务是充分利用设备能力满足用电负荷的需要，因此负荷预测是运行方式编制的基础。

电力系统负荷随时都在变化，形成无规则曲线。虽然变化无常，但根据历史记录和负荷分析，仍具有一定的规律性：

1）随季节性而变化。我国北方各电网，夏季负荷要低一些，年末负荷比年初增长约10%。但南方电网，由于夏季温度高，空冷负荷大，加上防汛灌溉，夏季最大负荷比冬季高20%左右。

2）随生产性质而变化。化工、冶炼属连续性生产，负荷稳定。除夏天安排检修外，变化不大，日负荷接近100%。加工工业三班制，除交接班负荷较轻外，比较均衡；一般制的负荷集中在白天，形成上午10时的高峰负荷。

3）随天气情况而变化。阴天下雨，办公室白天的照明增加，系统负荷要增加1%以上。暴风雨时，露天煤矿负荷马上下降，雨停后需排水，负荷上升很大。农业负荷，随雨水情况变化，或排、或灌、或用，各省的用电量可以相差几亿度之多。傍晚时，灯负荷增加很快，可达30%，形成一日的最大负荷。

4）随作息时间而变化。深夜是全日负荷的低谷，中午和下班时也出现马鞍形的低负荷情况。星期日一般比正常日低1%~2%，春节时负荷最轻，要下降20%以上，但晚高峰时灯负荷不仅不减少，由于家家大放光明，还要增加很多。精彩的电视剧和球赛实况，对用电负荷也有影响。

负荷预测的主要依据是实际负荷的历史记录。以小时电量和实际负荷曲线表示，采用回归分析法制定出年、季、月、日负荷预测。在编制负荷预测时，要考虑各种因素及其规律，并根据国民经济增长速度进行修正。

编制负荷曲线，要根据实际经验和实用要求选择点数，一般日负荷曲线以每小时或每半小时为一点，必要时在高峰负荷来到前的一小时内取 10～15min 为一点，以便准备调峰容量。年负荷曲线可由52个周最大负荷或12个月最大负荷组成，月负荷曲线可采用30个每日最大负荷组成，这些曲线用于安排电源和设备检修。

（2）发电计划

编制发电计划的主要基础是负荷预测。对发电计划的基本要求如下：

1）要满足最大负荷的要求。

2）要留有调频和调峰容量，以及事故备用容量。

3）要合理利用水能，按规定的控制水位和流量要求安排水电。

4）要按经济原则制定开停机计划和机组间的负荷分配，并按安全分析结果进行修正。

5）按最低负荷需要确定机组低负荷的运行方式，如滑参数起停、无蒸汽运行等。

编制发电计划的基础资料是发电设备的最大可能出力计划，包括新设备投入和扣除退役设备。

最大可能出力 = 铭牌出力 – 影响出力。影响发电设备出力的因素有多种，如设备缺陷、设备不配套、夏天汽机真空降低、冬季供暖、水电厂水头降低等因素。

最大可能出力减去设备检修容量为实际可调出力。可调出力应当大于系统最大负荷。

可调出力与负荷曲线之间的差额即为备用容量。在高峰负荷时备用容量一般应为 2%～3%。

因此，在编制发电计划时，需按负荷预测对可调出力、检修容量、备用容量进行仔细核算。

（3）检修安排

发、输、变电设备的检修进度安排是电力系统运行方式编制中一项最艰巨的工作，关系到电网的电源负荷平衡，接线的改变，燃料的分配，对安全影响等。并且，电网运行方式的变化，很多是设备检修引起的，因此，设备检修是运行方式中的一个活动因素。

根据发输电部门提出的年度检修计划，调度部门做进度安排，需互相协调才能最后确定。

设备检修进度计划安排的原则是：

1）满足最大负荷的要求，并比较均衡地留有备用容量。

2）低负荷时期机组大修，高负荷时期到来前基本完成大修任务。

3）水电大发时段检修火电机组，枯水时段检修水电机组。

4）发、输、变、配电设备的检修，以及继电保护、自动装置、调相机、甚至用户的设备，要相互配合，统一安排，一条线路所涉及的各种设备应同时检修，以减少停电时间。

在年度运行方式中，主要编制机、炉、电设备大修和改造工程进度，发电设备的小修和输变电设备只做轮廓安排。根据规程规定和实际执行情况，发电设备的大小修约为年度总容量的10%，临时检修约为 2%～4%。

输电线路的检修一年约为两次。一般安排在春季雷雨到来之前和秋季，并尽量利用节假日轻负荷时进行。

月度检修设备进度具体执行的计划，需进行供需平衡和安全分析校核，然后确定。

（4）能源平衡

根据发电计划需进行水、煤、油、电的综合平衡，并按经济原则提出燃料需用量计划。

首先确定水能利用计划。参考气象部门资料，分析历史记录，选择某一来水年模型，并根据年初水位和蓄水量，确定各水电厂的每月及全年发电量。一般按70%保证率的来水量进行计算，同时以50%及90%保证率进行核算，制定出水电发电量计划。

根据负荷预计及水电发电量计划，即可确定火电厂发电计划，并制定需用燃料计划。

由于国家可供煤量一般是冬季少而夏季多，而电网发电用煤则是冬季多而夏季少，特别遇丰水年份，水电多发火电减发使用煤更少，所以在计划需要燃料时，要校核燃料库存。夏季或大发水电时期，可能超过库存能力，冬季大负荷来到前需大量储煤。各电网在编制能源平衡时，必须考虑蓄水和储煤量计划，特别是具有多年调节的水库，要防止计划不周造成缺水缺煤而大量限电。

除了正常发电需要燃料外，在烧油机组有备用的情况下，应考虑特殊情况时的用油储备，例如，特大系统事故，台风或特大汛情等，避免大停电造成重大损失。

（5）系统接线方式

电网接线方式与电网安全经济运行有密切关系，应按以下原则确定：

1）满足最大电力输送容量的要求。

2）保证正常和事故情况下的安全稳定要求。

3）事故跳闸情况下，不超过开关切断容量。

4）事故跳闸或解列情况下，电力系统停电损失最少或尽可能保持电源与负荷的平衡。

5）尽可能降低电网的线损率。

6）有利于事故后迅速恢复正常运行。

在以上原则中，应首先满足电网安全稳定的要求，并权衡轻重牺牲局部利益保证重点。

（6）潮流计算

通过电网的潮流计算可预先检验电网的运行情况，以便发现输变电设备的负荷分配是否合理，有无过负荷，有功、无功分配是否合适，各节点电压能否满足要求等问题，并根据潮流计算的结果，进一步修正发电厂的发电计划和修改系统接线方式，使运行方式满足运行要求。

年度运行方式的潮流应取夏季（或大发水电时）和冬季最大最小运行方式，并增补新设备投入和重大检修等特殊运行方式。月运行方式的潮流则取一典型日最大最小方式即可。当遇到计划外特殊情况时，应增补潮流计算分析。

潮流计算也是电网进行安全分析的基础工作。

（7）安全分析

电力系统的运行方式需通过安全分析，来发现问题，改进接线，提出措施，方能满足运行要求。

电力系统的稳定计算是安全分析中的主要工作。首先分析电网接线和潮流能否满足电网正常和事故情况下的稳定要求。在电网调度工作中，一般采用 $N-1$ 准则进行安全分析。即电网中发、输、变电设备，其中某一元件故障断开后，电网能否满足安全运行的要求。为了考虑更严重的事故，可取一台最大机组和一条电源线路故障同时发生的情况。在电源备用容量较大的电网中，一般要求 $N-1$ 检验时，电网不会发生电压和频率较大减低，以及稳定破坏等严重事故。

电力系统运行方式的编制要有分析，有说明，并提出要求和措施，经批准后由有关部门共同实施和执行。

四、电网调度自动化系统

1. 电网调度自动化系统与电力系统综合自动化

电力系统的运行控制需要自动化。在电力系统中早已有了许多自动化装置：如快速准确切除故障的继电保护装置和自动重合闸装置，保持发电机电压稳定的自动励磁调节装置，保持系统有功平衡和频率稳定的自动低频减载装置等。这些自动装置大多"就地"获取信息，并快速做出响应，一般不需要远方通信的配合，这既是其优点，也是其缺点。因为它们功能单一，不能从系统运行全局进行优化分析，互相之间无法协调配合，更无法做出超前判断，采取预防性措施。

电网调度自动化系统则是基于对全系统运行信息的采集分析，做出综观全局的明智判断和控制决策，因此必须依赖一套可靠的通信系统。在电力系统自动化的进一步发展中，电网调度自动化可以和火电厂自动化、水电厂自动化、变电站综合自动化、配电自动化及前述各种自动化装置进行协调、融汇和整合，实现更高层次上的电力系统综合自动化。

2. 电网调度自动化系统按功能的分类

电网调度自动化系统是一个总称，由于各个电网的具体情况不同，可以采用不同规格，不同档次，不同功能的电网调度自动化系统。其中最基本的一种称为监视控制与数据采集系统（Supervisory Control And Data Acquisition，SCADA），而功能最完善的一种被称为能量管理系统（Energy Management System，EMS）。也有的是在 SCADA 的基础上，增加了一些功能，如自动发电控制（Automatic Generation Control，AGC），经济调度（Economic Dispatch，ED）等。下面对各种档次的功能做一简单介绍。

（1）监视控制与数据采集系统（SCADA）

SCADA 系统主要包括以下一些功能：①数据采集（遥测、遥信）；②信息显示；③远方控制（遥控、遥调）；④监视及越限报警；⑤信息的存储及报告；⑥事件顺序记录（Sequence of Events，SOE）；⑦数据计算；⑧事故追忆（Disturbance Data Recording，DDR），也称扰动后追忆。

（2）SCADA + AGC/ED

AGC/ED 是为了实现下列目标：①使全系统的发电出力紧紧跟踪系统负荷；②将电力系统的频率误差调整到零；③在所控制的区域内分配系统发电出力，保持与其他系统的联络线潮流为合理预定值；④在所控制的区域内向各发电机组分配出力，使本区域运行成本为最小。

AGC/ED 可以实现实时闭环控制。AGC 程序几秒钟执行一次。经济调度最初仅是利用计算机进行离线计算，而现在也成为几分钟就运算一次的在线程序了。

（3）能量管理系统（EMS）

EMS 主要包括 SCADA，AGC/ED，状态估计，网络拓扑，网络化简，偶然事故分析，静态和动态安全分析，在线潮流，最佳潮流以及调度员培训仿真等一系列功能。一般把状态估计及其后面的一些功能称为电网调度自动化系统的高级应用功能，相应的这些程序被称为高级应用软件（PAS）。能量管理系统 EMS 并没有一个确切的功能目录，随着新技术新要求的出现，加入到这个系统中的功能还会不断增加。一般认为，增加了状态估计功能之后系统才可能运行安全分析等高级软件，也才可以称为能量管理系统。

3. 电网调度自动化系统的设备构成

电网调度自动化系统的设备可以统称为硬件，这是相对于各种功能程序——软件而言的。它的核心是计算机系统，其典型的系统构成如图 4-1 所示，所示的电网调度自动化系统由三部分构成：即调度端、信道设备和厂站端。

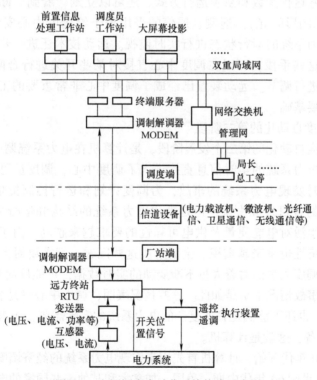

图 4-1　电网调度自动化系统构成示意图

4. 电网调度自动化系统的发展历程及今后展望

电力系统调度自动化经历了几个发展阶段。在最初形成电力系统的时候，系统调度员没有办法及时地了解和监视各个电厂或线路的运行情况，更谈不上对各电厂和输电网络进行直接控制。线路的潮流、各节点电压、各厂各机组的出力以及出力的分配是否合理等情况，调度员都不能及时掌握。调度员和系统内各厂站的唯一联系就是电话。每天各厂站值班人员要定时打电话向系统调度员报告本厂站的各种运行数据，调度员需根据情况汇总、分析，花费很长的时间也只能掌握电力系统运行状态的有限信息。严格说来，这些信息已经属于"历史"了。调度员只能根据事前通过大量人工手算得到的各种系统运行方式，结合这些有限的"历史"性的信息，加上个人的经验，选择一种运行方式，再用电话通知各厂站值班人员进行调度控制。一旦发生事故，也只能通过电话了解跳了哪些断路器，停了哪些线路，事故现场情况及事故损失情况，然后凭经验进行事故处理。这就需要较长的时间才能恢复正常运行。显然，这种落后的状态与电力系统在国民经济发展中所占的重要地位是很不相称的，必须用现代化的先进设备装备调度中心，以适应经济发展的需要。

（1）电网调度自动化的初级阶段

电力系统调度自动化的最初阶段，是布线逻辑式远动技术的采用。远动技术的主要内容是"四遥"——遥测、遥信、遥控和遥调。安装于各厂站的远动装置，采集各机组出力、各线路潮流和各母线电压等实时数据，以及各断路器等开关的实时状态，然后通过远动通道传给调度中心并直接显示在调度台的仪表和系统模拟屏上。调度员可以随时看到这些运行参数和系统运行方式，还可以立刻"看到"断路器的事故跳闸（模拟屏上相应的图形闪光）。遥测、遥信的采用等于给调度中心安装了"千里眼"，可以有效地对电力系统的运行状态进行实时监视。远动技术还进一步提供了遥控、遥调的手段，采用这些手段，可以在调度中心直接对某些开关进行合闸和断开的操作，对发电机的出力进行调节。远动装置已经成了调度中心非常重要的工具，是电力系统调度自动化的重要基础。

（2）电网调度自动化的第二阶段

电力系统调度自动化的第二个发展阶段，是计算机在电力系统调度工作中的应用。虽然远动技术使电力系统的实时信息直接进入了调度中心，调度员可以及时掌握系统的运行状态，及时发现电力系统的事故，为调度计划和运行控制提供了科学的依据，减少了调度指挥的盲目性和失误，但是现代电力系统的结构和运行方式越来越复杂，现代工业和人民生活对电能质量及供电可靠性的要求越来越高。由于能源紧张，人们对系统运行的经济性也越来越重视。全面解决这些问题，就需要对大量数据进行复杂的计算。还有，调度人员面对着大量不断变动的实时数据，可能反而会弄得手足无措，特别是在紧急的事故情况下更是如此。这些情况表明，调度中心只是装备了"千里眼"甚至"千里手"，也还不能满足日益复杂的电力系统的实际需要，还需要装备类似于人的"大脑"的设备，这就是计算机。

从20世纪60年代开始，计算机首先用来实现电力系统的经济调度，取得了显著效果。但是，在20世纪60年代中期，美国、加拿大和其他一些国家的电力系统曾相继发生了大面积停电事故，在全世界引起很大震动。人们开始认识到，安全问题比经济调度更重要，一次大面积停电事故给国民经济造成的损失，远远超过许多年的节煤效益。因此，计算机系统应首先参与电力系统的安全监视和控制。这样，就出现了SCADA系统，出现了AGC/ED以及电力系统安全分析等许多功能，调度中心装备了大型计算机，或者超级小型机系统，配置了彩色屏幕显示器（CRT）等人机联系手段，在厂站端则配备基于微机的远方终端（RTU），使调度中心得到的信息的数量和质量（可靠度和精度）都大大超过了旧式布线逻辑式远动装置。在 SCADA 系统基础上，又发展为包括许多高级功能的能量管理系统 EMS，并研制出可以模拟电力系统各种事故状态，用以培训调度员的"调度员仿真培训系统"。

（3）电网调度自动化系统的快速发展阶段

近年来，随着计算机技术、通信技术和网络技术的飞速发展，SCADA/EMS 技术进入了一个快速发展阶段。用户已遍及国内各省市地区，功能也越来越丰富，系统结构和配置发生了很大的变化，在短短数年间就经历了从集中式到分布式又到开放式的三代推进。

1）集中式系统。

第一代为主机—前置机—RTU 终端方式的集中式结构。我国 20 世纪 80 年代引进并投入运行的"四大网"调度自动化系统可为其代表，图 4-2 是该系统的配置框图。

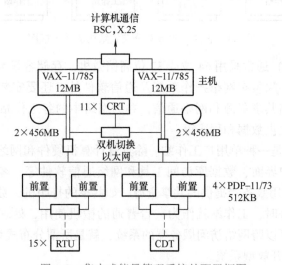

图 4-2　集中式能量管理系统的配置框图

集中式系统主机为双机配置，具有硬件切换和软件切换两种切换方式。主机除了运行包括处理 RTU 数据功能在内的 SCADA 软件外，还要承担人机会话、与上下级调度进行计算机通信以及包括 AGC 在内的各种高级应用软件，负荷高度集中，其中 CPU 总负荷已达 58.3%。虽然，通过以太网与主机相连的两台前置机分担了主机的部分数据预处理任务，但主要的数据处理和管理功能仍由主机承担。由 RTU 和循环式远动 CDT 收集传输来的信息，在主机退出工作的情况下，就无法反映到动态模拟屏上。主机负担过重，将导致系统对画面和实时数据的响应速度降低，系统承受扰动的能力下降，同时也很难对系统进行扩充。主机双机一旦退出工作（如双机切换失败），系统即行瓦解。

集中式系统的开放性很差，系统的任何更新都必须依靠原供应厂家，很难采用其他厂家或运行单位开发的新技术来改进系统。

2）分布式系统。

第二代电网调度自动化系统通常采用客户—服务器（Client/Server）分布式网络结

构，如图4-3所示。

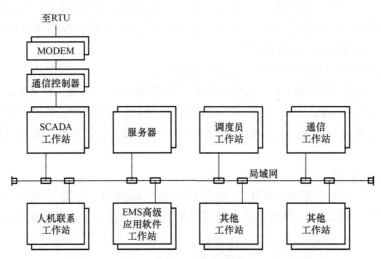

图4-3 客户—服务器分布式结构的系统框图

服务器（Server）通常采用64位或32位高档微机，存储容量大，工作速度快，处理能力强。服务器中除装有网络操作系统及通信软件外，还要安装数据库管理系统等软件，用来管理网络共享资源和网络通信，并为网络中的各工作站（即客户）提供各种网络服务，包括提供数据和程序等。

客户（Client）是一种单用户工作站。除具有计算机硬件和网络适配器外，也有自己的操作系统、用户界面、数据库访问工具和网络通信软件等。客户可以与其他客户（工作站）通信或使用服务器提供的共享资源，如共享的打印机、数据库和各种应用软件。不需要网络服务时，工作站就作为一台普通的微机使用，处理用户本地事物。这种两个或多个客户可以跨网络访问服务器的系统，就是所谓分布式系统。

3）有限程度的开放型系统。

第三代电网调度自动化系统（SCADA/EMS）是一种开放型分布式系统。它实质上是一种复杂的客户—服务器结构，是将服务器功能分开为数据服务器和功能服务器，其功能是分布式的，但这种结构对电力系统公用信息的描述还是"私有"的，因此是一种有限程度的开放式结构。图4-4所示为这一类型的两种结构框图。

（4）EMS系统的发展方向——即插即用的开放式系统

随着电力系统的发展和电力体制改革的深化，为保证电网安全、优质和经济运行，并为电力市场化运作提供技术支持，电力调度中心可能同时运行多个应用系统，如能量管理系统（EMS）、电能计量系统、调度生产管理系统、配电管理系统（DMS）和电力市场技术支持系统等；每个系统中可能同时包括了多个应用，例如，EMS包括SCA-DA、AGC、网络分析和DTS等应用，DMS包括FA（馈线自动化）、GIS（地理信息系统）和LCM（负荷监控和管理）等应用。这些系统或应用都有以下共同的要求：

1）希望可以互相交换数据，共享信息，包括非实时信息和实时信息。

2）希望能够不断扩展新的应用功能，集成更多的系统，并降低接口的难度和成本。

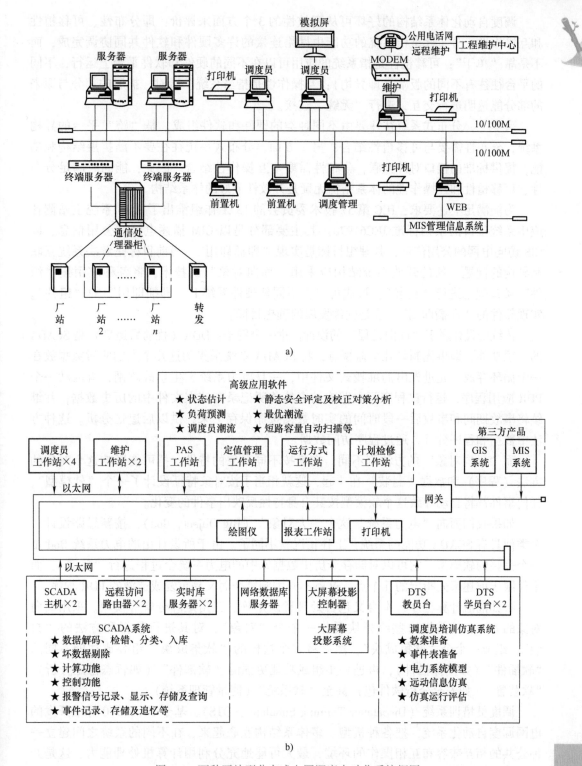

a)

b)

图 4-4　两种开放型分布式电网调度自动化系统框图

3）希望可以采用不同厂家的产品，实现跨平台的异构系统和互操作。
能够满足以上要求的系统才算是真正的开放系统。

调度自动化体系结构的好坏可从开放性的 3 个方面来评价：即分布性、可移植性和互操作性。分布性是指系统的功能由网络连接的许多硬件和软件共同协调完成，而不是靠"单干"；可移植性是指系统的应用可以在不同的硬件和软件平台上运行，不同的平台往往有不同的版本（即异构）；互操作性是指当系统扩展时，扩展的部分与原来的部分能透明进行交互，进行"无缝"连接。

　　事实上，分布式系统往往要由不同种类的硬件和软件组成，是"跨"平台的异构系统，分布性需要与可移植性结合；另一方面，分布式系统往往要不断扩展结构和功能，提供标准的接口对外互联，分布性需要与互操作性结合。因此，能同时满足分布性、可移植性和互操作性的体系结构无疑是开放性最好的体系结构。

　　为能满足上述要求，IEC 第 57 技术委员会的 13 工作组推出了 EMS 系统主站侧各应用系统接口的系列标准 IEC61970。其主要部分是以 CIM 描述电网的公用信息、以 CIS 访问电网的公用信息，其理想目标是实现"即插即用"，当前目标是解决系统互联和异构的问题。新的开放系统结构应采用"面向对象"的技术，将各种应用按"组件"接口规范进行"封装"，形成可以在不同软硬件系统上"即插即用"的"组件"。实现软件的"即插即用"，这是软件发展的理想目标。

　　传统的设计属于"面向过程"的设计。举一个例子：DDR（扰动后追忆）是 SCADA 的一项功能，即事先制订几个监视点，将 SCADA 系统采集的这几个点的实时数据放在一个循环存放、先进先出的堆栈式文件中，一旦电力系统发生事故跳闸，就启动一个 PDR 应用程序，运行该程序可立即冻结事故前所记录存储在文件中的历史数据，并继续将事故期间和事故后一段时间的实时数据按序保存下来，供以后追忆分析。这种方法中数据和程序分开，通过程序访问数据。

　　而"面向对象"的方法则不同。它是按不同对象的特性，把可能影响这个对象的方法（程序）和数据"封装"在一起，这就相当于按对象特征设计了一个"软模型"，任何事件都将自动导致这个软模型按其自身特性反映出事件的变化。

　　如果我们面向"电力系统"这个"大对象"（Big Object, Bod），按新思路设计一个类似具有 SCADA 功能的系统，上述情况就不同了。由于所设计出的电力系统 Bod 是一个完整的软模型，它可以对储存于历史数据库中的电力系统全过程进行"反演"，而不仅限于前述事先指定的几个点。这就不必编制复杂而又易重复或遗漏的 PDR 程序了。

　　再如潮流计算程序，本身又包含处理稀疏矩阵、三角矩阵分解等模块。采用面向对象的方法，就是把这些小模块看作一个个"对象"，对其进行数据和方法的"封装"，组成一个个"软集成块"，然后将多个这样的"软集成块"组装成功能不同的"软插件"（如潮流插件），再进一步组成功能更强的"软部件"（如暂态稳定分析）、"软装置"（如安全分析软件包）甚至"软系统"（能量管理系统）。

　　调度员培训系统（Dispatcher Training Simulator, DTS），基于 IEC61970 标准开发的电网调度自动化系统，把各种机型、多体系结构互联起来，在不同的系统之间建立一种公共的相互兼容和互相操作的环境，最大可能地充分利用计算机处理能力，这是开放式系统的发展方向。

　　电力行业除了实时的 SCADA/EMS 系统外，电力公司内还有其他各种各样的应用系统，如系统规划、运行方式、营业部门和管理信息系统等。目前这些系统大都处于独立运行状态。新的开放式系统的支撑平台，应能提供标准的接口和软件，将这些各自独立的系统互联起来，真正做到共享数据，共享资源，使电力企业获得更高的效率和更大的经济效益。

第二节　配电自动化系统

一、配电自动化系统概述

配电网是电力系统的基础，直接与用户相连，其自动化程度在很大程度上决定了用户用电的满意程度，配电系统自动化是电力系统自动化的重要组成部分。在我国 35～110kV 为高压配电网，10kV 为中压配电网，380/220V 为低压配电网。按传统观念又分为城网和农网。但随着地区经济的发展，许多较发达地区农网的负荷急速增大，设备多数已更新，与城网已无多大差别。经过全国性的农网改造工程，农网的技术装备已有很大提高。

所谓配电自动化系统，按电气电子工程师学会（IEEE）的定义，是指一种可以使电力企业在远方以实时方式监控、协调和操作各种配电设备的系统。其具体功能可分为三类：

1）监视：采集电压、电流等模拟量和线路开关状态等开关量，判定配电系统的实时状态。

2）控制：必要时可以自动控制断路器等配电设备，改变当前配电系统的运行工况，使之更加适合用户的需要，如无功/电压控制和故障后网络重构等。

3）保护：可以自动识别配电系统中的故障点，并进行故障隔离。

国内配电网自动化的发展较早。经历了三个阶段：第一阶段由自动重合器和自动分段开关来消除瞬时性故障，隔离永久故障。第二阶段在上述基础上增设遥控装置实现在变电站或配电控制中心的远方控制。第三阶段再进一步利用现代通信及计算机技术，实现集中的遥测、遥信和遥控功能，并对配电网各种信息进行自动化的处理和应用。

美、英等国的配电线路多为放射形，电压为 14.4kV，中性点直接接地。线路上多采用智能化重合器与分段器配合，并大量采用单相重合闸，提高了供电的可靠性。线路重合器直接采用高压合闸线圈，并具有多次重合功能，各级重合器之间利用重合次数及动作电流定值差异来实现配合。在无人变电站增设了可靠的通信及检测装置，可准确地反映变电站的运行工况。

我国配电自动化工业起步较晚。随着我国经济的发展，无论城、乡对供电可靠性要求越来越高。农网从 1987 年开始引进美、日等国的重合器、分段器等自动化设备，提出了一些配电自动化方案，并在一些地区进行了试点。

从试点结果看来，引进的自动配电开关不太符合我国实际，如自动开关分、合次数过多，故障定位时间过长等。为适合我国配电网的特点，一些科研机构研制了一些适合我国配电实际的自动配电开关及其控制装置，克服了上述缺点，较好地实现了控制目标。

从全国来看，配电自动化工业还刚刚兴起，正处于研制设备，培养人才，由点到面，逐步推广的阶段。在计算机技术飞速发展的推动下，已经出现了与电网调度自动化系统集成在一起的 SCADA/EMS/DMS 系统，前述的面向对象的开放式系统的概念也应当涵盖配电自动化领域。

二、配电自动化通信系统

1. 通信系统的传输方式

通信系统的传输方式，按照信息传输的方向和时间，可分为单工通信、半双工通信和全双工通信三种方式，如图4-5所示。

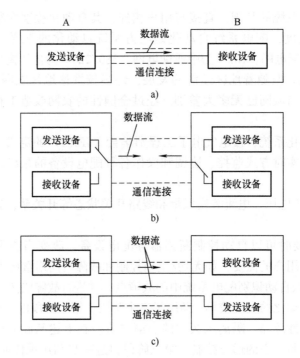

图 4-5　数字通信的传输方式

a) 单工通信　b) 半双工通信　c) 全双工通信

单工通信是指信息只能按一个方向传送的工作方式，如图 4-5a 所示。信息只能由 A 站向 B 站发送，而 B 站的信息不能传送给 A 站，所以在 A 站装有发送设备，在 B 站只装接收设备；半双工通信方式是指信息可以双方向传送，但两个方向的传输不能同时进行，只能分时交替进行，因而半双工实际上是可以切换方向的单工方式，如图 4-5b 所示；全双工通信方式是指通信双方可以同时进行双方向的传送信息，如图 4-5c 所示。可见半双工和全双工的传输方式在 A 和 B 站均装有发送设备和接收设备。

2. 配电自动化通信系统的组成及作用

配电自动化的通信网络是一个典型的数据通信系统。它通常由数据终端设备（Data Terminal Equipment，DTE）、数据传输设备（Data Circuit-termination Equipment，DCE）和数据传输信道组成，如图 4-6 所示。

数据终端设备的主要作用就是采集电网中的一些信息，如各种电气量、开关量等，并把这些信息转变成数字信号以便于传输。在配电自动化通信系统中，常见的数据终

端设备（DTE）有配电自动化 SCADA
系统、微机远动装置（RTU）、馈线
RTU 和柱上开关控制器（FTU）、变
电站内的 RTU 和配电变压器远方测控
单元（TTU）、区域工作站、抄表集中
器和抄表终端等。

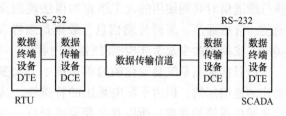

图 4-6　典型数据通信系统的组成

　　数据传输设备的主要作用是将数
据终端设备送来的基带数字信号转变成适用于远距离传送的数字载波信号。常见的数据传输设备（DCE）有调制解调器（MODEM）、复接分接器、数传电台、载波机和光端机等。复接分接器包括复接器和分接器，复接器是在发送端将两个或两个以上的数字信号按时分复用的原理合并为一个数字信号的设备；分接器是在接收端将一个合路的数字信号分解成若干个数字信号的设备。复接分接器的作用是将一个高速的数据传输信道转换成多个较低速的数据传输信道。

　　数据传输信道的主要作用是完成信号的传输任务，它是信号远距离传送的载体。按数据传输媒介的不同，数据传输信道可分为有线信道和无线信道两类；按数据传输形式的不同，可分为模拟信道和数字信道两类。

　　在 DCE 和 DTE 之间传输信息时，必须有协调的接口。国际组织对 DCE 和 DTE 之间的物理连接的机械、电气、功能和控制特性等制定了多个标准，一般 DCE 和 DTE 之间均采用 RS-232C 或 RS-485 标准接口。RS-232C 是美国电子工业协会 EIA 在 1973 年制定的一种在 DTE 和 DCE 之间传输数据信号的接口标准；RS-485 是一种改进的串行接口标准，其接口环节简单且不含 CPU。与 RS-232 不同，RS-485 采用双线传输信号，在发送时采用差分方式将逻辑电平转换成电位差来传送，在接收时将电位差还原成逻辑电平。

　　根据要传送的信号是否要调制，可将通信系统分为直接传送信号的基带传输和传输载波信号的频带传输两大类。

3. 配电系统自动化的通信方式

　　配电系统自动化程度的重要标志是通信是否符合自动化的要求，它担负着设备及用户与自动化的联络，起着纽带作用，担负着信息的处理、命令的发送和返回以及所有数据的传递。显然，没有可靠有效的通信，配电网将无法与自动化相联系。

　　关于自动化通信，通常概念有两种，一是外围通信，主要是数据以及语言的通道。在电力系统中常用的外围通信方式按传输介质可分为两大类，即无线通信方式和有线通信方式。无线通信方式是以自由空间为信息传输通道的通信方式。其优点是工作比较稳定，节省了敷设通道的费用，缺点是这种通信方式要求两通信点之间无障碍（即两点之间传输距离为视距），因而常用于相对较平坦的开阔地区，或有条件架设较高天线的地点。无线通信分微波通信、扩频通信以及无线电通信；有线通信是指通过敷设专用通信线路或借助电力线或使用电信本地网实现的通信方式。有线通信分为光纤通信、电力载波通信、专线和电信本地网。对于城市配电网应结合城区的特殊情况，以及实际应用效果来决定采取哪一种通信方式。另一种通信通常是指计算机上的软件通信，也就是指计算机内部连接的通信规约问题。所谓规约（Protocol）问题是调度端和执行端通信时共同使用的人工语言的语法规则及应答关系。规约规定怎样开始或结束通信、管理通信、怎样传输信息、数据是怎样表示和保护的、工作机理、支持的数据类型、支持的命令及怎样检测/纠错等内容。

在目前配电系统自动化的通信系统中，大多沿用电网调度自动化和变电站综合自动化的通信规约，但由于配电系统的特殊性，这些通信规约往往不能满足配电系统自动化通信系统的要求，所以有必要要求制订一套满足配电系统自动化的通信规约，以避免造成"多岛自动化"现象。

三、馈线自动化概述

馈电线路自动化（Feeder Automation，FA）简称馈线自动化，按照 IEEE 对配电自动化的定义，馈线自动化系统是对配电线路上的设备进行远方实时监视、协调及控制的一个集成系统，是配电自动化的重要组成部分之一，也是提高配电网可靠性的关键技术之一。

馈线自动化的作用是：正常运行时检测线路状态，如电流、电压、开关状态及进行相关操作；当线路发生故障时，能准确确定故障所在线路，跳开故障线路开关，使故障线路被隔离，并恢复非故障线路的供电；通过网络重构实现负荷控制和降低网络损耗。

在配电网中实现馈线自动化有如下优点：

（1）减少停电时间，提高供电可靠性

据统计，故障及计划检修是造成用户停电的两个主要原因。配电网的传统结构一般采用辐射形配电方式，线路之间没有分段开关，当线路上某一处发生故障或进行线路检修时，会造成全线停电。现在城市供电网的发展方向是采用环网"手拉手"供电式，并用负荷开关将线路分段，这样可以做到分段检修，避免因线路检修造成全线停电。而利用馈线自动化系统，实现线路故障区段的自动定位、隔离及健康线路的自动恢复供电，可缩小故障停电范围，减少用户的停电时间，提高供电可靠性。

（2）提高供电质量

馈线自动化系统可以实时监视线路电压的变化，自动调节变压器输出电压或投切无功补偿电容器，保证用户电压符合要求。

（3）节省总体投资

以前，为保证重要用户的供电可靠性，一般采用由变电站直接向用户双路或多路供电，互为备用的做法。这种方式设备利用率低，需要的线路较多，尤其是电力电缆投资很高。而实施馈线自动化后，合理地安排网络结构，在给用户供电的线路故障退出运行后，通过操作联络开关，由其他的健康线路供电。因此在保证同样可靠性的前提下，与传统的做法相比，馈线自动化可充分发挥设备的潜力，显著节省线路上的投资。

（4）减少电网运行与检修费用

馈线自动化系统对配电线路及设备运行状态进行实时监视，为实现设备的及时检修创造了条件，这样除了可以减少不必要的停电时间外，也减少了检修费用。利用馈线自动化提供的数据与资料，可以及时确定线路故障点及原因，缩短故障修复时间，节省修复费用。

目前馈线自动化大致可分为以下三种模式：

（1）简易模式

简易模式是指在配电线上必要的节点处装设故障指示器，这是一种投资少见效快的简易模式。实用的故障指示器，就地显示自动复位或简单的手动复位，寻线人员需到现场查看并判断故障区段。国外研制过带有远方报告的故障指示器，但它需要通信通道且价格很高。故障区段区分精度与装设故障指示器的台数成正比。运行经验表明，在由电缆与架空线混合组成的馈线中，电缆故障或者高压用户内部故障波及电网时，故障寻找麻烦，一旦在关键点上装设故障指示器，则变得较为容易。

（2）基于重合器模式

基于重合器模式是以每一条馈线为单元的就地控制模式。在本线上自动实施故障检测、隔离及恢复供电的功能，不设专用通道，无须远方集控中心干预。典型的方式是以重合器、分段器与自动负荷开关组成系统并配以自动装置，利用故障时工频量变化特点传送信息，形成逻辑动作。该模式有故障电流计数型（Fault Current Counting），简称电流型，电压—时间型（Voltage-Time），简称电压型。其优点是动作速度比较快（约为几十秒），可以在局部线路上先期实施，无须等待统一控制系统的形成，同时可以防止由于集控中心系统故障带来的大面积瘫痪，可靠性高。但是电流型的缺点是因要通过多次试合寻找区段，给系统带来多余的故障冲击，这一点对于我国现有设备水平是一个较为突出的威胁。尤其是主变压器动稳定不过关的情况下更加危险，不宜采用，且对负荷开关的关合短路能力（电流值及次数）要求很高。电压型的缺点是要通过一次试合寻找故障区段，虽然可以防止多余的故障冲击，但对负荷开关的关合短路能力（电流值及次数）仍要求很高，与电流型相同。

（3）基于远方终端 FTU 模式

在馈线监控点安装杆上远方终端（FTU）。通过通道与集控中心相连，进行双向通信，可以实现遥测、遥信、遥控，在国外这是当前最为流行的模式。它的优点是为全面实现配电自动化创造了最为基本的条件，自动化程度高。但这种模式对通信通道的依赖性很强，要解决从集控中心与众多配电监控点之间的可靠通信。虽然无线电、公用电话网、专用有线通道、光纤通道、电力线载波通道都可采用，但都存在各自的问题，如受环境等外界因素影响、投资太高、可靠性不够、通信速率和容量不足，因此要合理选用。

四、基于重合器的馈线自动化

这种自动化方案是通过重合器、分段器、熔断器等配电自动化设备之间相互配合实现故障隔离、恢复对非故障区段供电的目的。

1. 重合器

所谓重合器是指具有多次重合功能和自具功能的断路器。是一种能够检测故障电流，并能在给定时间内遮断故障电流并进行给定次数重合的控制装置。

一般断路器具有一次重合功能，而重合器具有多次重合功能。在现有的重合器中，通常可进行三次或四次重合。如果故障是永久性的，重合器经过预先整定的重合次数以后，则不再进行重合，即进行所谓闭锁，使故障线段与供电系统隔离开来，能更有效地排除临时性故障。

重合器不同于断路器的另一点是它具有自具功能。自具功能是指两个方面，一方面指它自带控制和操作电源，如高效锂电池；另一方面，指它的操作不受外界继电控制，而由微处理器控制。微处理器按事先编好的程序指令重合器动作。有记忆和识别功能，它能够在重合器开断的情况下，隔离永久性故障线段，恢复供电。重合器一般装在柱上，简化了传统变电站的接线方式，取消了控制室、高压配电室、继保盘、电源柜、高压开关柜等设备，省去了大量建设投资，节省占地面积，大大缩短了施工期。

自动重合器的分类：按相别分，自动重合器有单相、三相式；按安装方式分，可分为杆上、地面上、水下或地下，可实现串联分闸、并联分闸等多功能自动分闸；按灭弧介质分，可分为油重合器、真空重合器和六氟化硫重合器；按控制方式分，可分为液压重合器和电子重合器两类。

（1）自动重合器的主要技术参数

自动重合器的主要技术参数有：额定电压、额定电流、额定短路开断电流、最小脱扣电流、时间—电流特性（$t-I$）等。

额定电流。表征设备长期承载电流的能力，以有效值表示。设备的额定电流必须大于或等于线路最大预期负荷电流。

额定电压。即开关设备的标称电压。按 IEC 标准要求修订的新标准中，开关设备的额定电压已改为最高电压，即开关设备的额定电压应不低于系统电压。

最小脱扣电流。重合器的最小脱扣电流选择应使得当被保护线路出现最小的故障电流时应能检测到且及时切断，不要误动作又有相应的灵敏度。

重合器的时间—电流（$t-I$）特性。通常由一条快速（即瞬时）动作（$t-I$）特性曲线和多条慢性（即延时）（$t-I$）特性曲线组成，如图 4-7a 所示，A 为快速动作曲线，B、C 为多条慢性（即延时）（$t-I$）特性曲线，均具有反时限特性。

在事故发生后，若故障电流达重合器最小跳闸电流，重合器可按预先整定的动作顺序做多次合、分循环操作。如"一快二慢""二快二慢""一快三慢"等。重合器的第一次操作一般情况下都按快速动作曲线整定，目的在于消除瞬时性故障；当重合器按慢速动作曲线操作时，分闸时延较长，以便与线路上其他保护设备（如熔断器）相配合，称之为重合器的双时特性。这里的"快"，即按快速动作时间—电流特性跳闸；"慢"即按某一条慢速动作时间—电流特性跳闸。循环动作后，若线路发生永久故障时，当分合闸顺序完成后，如果重合失败，则重合器将闭锁在分闸状态，需手动复位后才能解除闭锁。若发生瞬时故障时，循环动作中无论哪一次重合成功（即故障消除），则终止后续的分、合动作，经一定的延时后又恢复到预先整定的状态，为下一次故障的到来做好准备。图 4-7b 为重合器循环动作的示意图。图中时间段 t_3、t_5、t_7 为重合时间（对应于慢速动作特性），t_2、t_4、t_6 为重合间隔时间。实线表示一次瞬时跳闸后三次重合不成功而闭锁在分闸状态。虚线表示第二次重合成功后，重合器终止后续的分合动作而流过正常负荷电流。这里的重合间隔是指重合器判断故障后自动分闸至下一次自动重合之间的线路无电流时间。绝大多数单相重合器的重合间隙固定不可调。但也有一些重合器的重合间隙可在较宽的范围内调整。

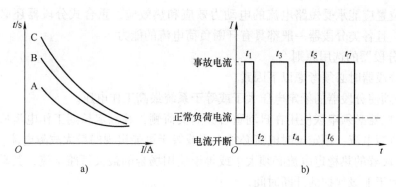

图 4-7 $t-I$ 特性曲线

a）$t-I$ 特性曲线 b）重合器循环动作示意图

（2）重合器的选用原则

1）重合器的额定电压必须大于或等于系统电压。

2）重合器的遮断电流必须大于或等于重合地点可能出现的最大故障电流。

3）重合器的长期工作的额定电流，必须大于或等于线路的负荷电流。对于串联线圈类型的重合器，线圈的容量应与负荷电流或变压器容量相匹配，最小的跳闸电流通常为线圈连续工作电流的两倍。而电子控制的重合器又必须使最小跳闸电流大于任何峰值负荷电流，一般情况下，跳闸电流至少应大于负荷电流的两倍。

4）重合器应能够检测到和遮断它所承担的保护区末端发生短路时可能出现的最小故障电流。

5）重合器与其他保护装置配合时，通过时延和操作程序的选择，应保证有选择地切除故障，将系统中瞬时遮断和长期终止供电的范围尽量缩小，并且与其后续线路的保护设备相配合。

2. 分段器

自动线路分段器（Automatic Line Sectionalizer）简称分段器，是一种与电源侧前级开关设备相配合，在无电压或无电流的情况下自动分闸的开关设备。

分段器是配电网提高可靠性和自动化程度的又一重要设备，它广泛地应用在配电网线路的分支路或区段线路上，用来隔离永久性故障。它串联于重合器或断路器的负荷侧，自动线路分段器不能用来开断故障电流。当线路发生故障时，电源侧保护装置切断故障线路，分段器的计数装置进行计数，当达到预先整定的动作次数之后，在重合器跳开故障线路的瞬间，分段器自动跳开，使故障线路段与系统隔离开来。若未达到预先整定的次数，重合器再次重合，分段器不分断，如此可恢复线路的供电。

分段器的结构类型较多，按介质区分有六氟化硫分段器、真空分段器、油分段器和空气分段器；按控制功能分有电子控制和液压控制；分段器按其识别故障原理的不同，可分为"过电流脉冲计数型"和"电压—时间（$U-t$）型"两大类，后者又称"重合式分段器"。

分段器同样是一种有自具功能的开关设备，与重合器最主要的区别是分段器没有短路开断能力，也没有什么时间—电流特性，只根据"记忆"的过电流脉动次数或"感觉"到的"电压—时间"状态动作。由于故障电流仍然要流过分段器，因而分段器在合闸位置应能承受短路电流的电动力效应和热效应，重合式分段器还必须能关合短路电流，且各类分段器一般都具有开断负荷电流的能力。

（1）分段器的选用原则

选用分段器时必须考虑以下因素：

1）必须使分段器的额定电压大于或等于系统最高工作电压。

2）分段器必须串联使用在自动重合器的负荷侧，其额定长期工作电流应大于或等于预期的负荷电流；额定瞬时电流必须大于或等于可能出现的最大故障电流。

3）分段器的热稳定电流必须大于或等于使用场合的最大短路电流，其动、热稳定时间必须大于上级保护的开断时间。

4）分段器的最小动作电流应该为电源侧保护装置最小跳闸电流的80%，因为分段器的额定电流和最小启动电流应与重合器相适应（通常是使分段器和重合器的额定电流相等来满足这一要求）。

5）分段器断开前计数次数的整定，应该比后备保护装置在闭锁前的总操作次数小一些，但应比串联使用的分段器经后备保护装置闭锁前的操作次数分别少1、2和3次。

（2）过电流脉冲计数型分段器

过电流脉冲计数型分段器通常与前级开关设备（重合器或断路器）配合使用，它不能开断短路故障电流，但具有"记忆"前级开关设备开断故障电流动作次数的能力。在预定的记录次数后，当前级开关设备将线路从电网短时切除的无电流间隔内，分段器才分闸，隔离故障线路段，使前级开关设备如重合器或断路器可重合到无障碍线路，恢复线路运行。如果故障时瞬时的或未达预定记忆次数，分段器在一定的复位时间之后会"忘记"其所作的记忆而恢复到预先整定的初始状态，为新的故障发生准备另一次循环操作。

图4-8所示为一分支线上整定为2次计数的分段器在负荷侧发生永久性故障以及瞬时性故障两种情况下重合器及分段器的工作状态。从图中可见，在永久性故障情况下，分段器达到其整定的计数次数后于无电流间隔期间自动分闸将分支线隔离；而当瞬时性故障时，虽然也计数过一次，但因重合器重合后故障已消除，在某一确定的时间之后（与整定有关），记忆消失，计数无效，恢复到其控制部件的初始状态，分段器也不动作，一直保持其合闸状态。从图4-8还可见，分段器计数到闭锁动作的次数至少比前级开关设备的操作次数少一次。

（3）电压—时间型重合式分段器

电压—时间型分段器是凭借加压、失压的时间长短来控制其动作的，失压后分闸，加压后合闸或闭锁。电压—时间型分段器即可用于辐射状网和树状网，又可用于环状网。

电压—时间型分段器有三个重要参数，分别为 x 时限、y 时限、z 时限。

x 时限：为延时合闸时限，即指从分段器电源侧加电压至该分段器合闸的时间。

y 时限：又称为故障检测时间，其含义是：若分段器合闸后在未超过 y 时限的时间内又失压，则该分段器分闸并被闭锁在分闸状态，待下一次再得电时也不再自动重合。

z 时限：延时分闸时限，为分段器从失压到自动跳闸之间的短暂延时。若设重合器

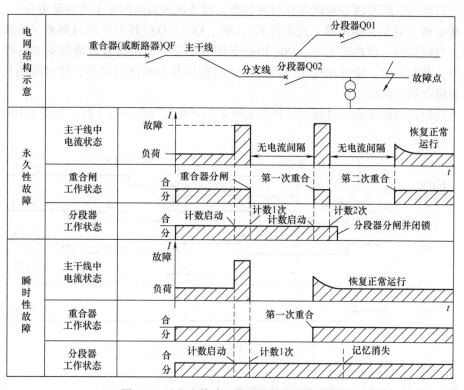

图 4-8　过电流脉冲记数型分段器工作示例

或断路器的保护动作时间为 t，为使分段器可靠工作，对于 x，y，z 时限的整定必须满足如下关系：$(t+z) < y < x$。

图 4-9 为应用于放射式供电网的重合式分段器的动作过程。变压所还可设置故障区段指示器。分段器动作过程如下：

假设故障发生在第五区段（见图）。这时，位于变电站的断路器或重合器在保护动作时间 t 秒后跳闸，使所有重合式分段器都因断电而分闸，所以区段供电暂停。

断路器（或重合器）在一定的时间间隔（如 0.5s）后第一次重合，而各个重合式分段器 Q01 ~ Q04，按预先设定的合闸顺延时差（x 时限）依次合闸送电。如图上所表明的 Q01 在 10s 后，Q02 在 $10 + 10 = 20s$ 后，Q03 在 $10 + 10 + 10 = 30s$ 后，Q04 在 $10 + 30 = 40s$ 后依次关合，向其后的线路段送电。

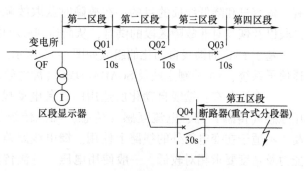

图 4-9　应用于放射式供电网的重合式分段器动作过程

若第五区段故障依然存在，则因 Q04 关合在故障线路上而使断路器（或重合器）好再度跳闸，所有区段又再度停电，所有分段器又都分闸，不过这时因为 Q04 在控制器的检测时限（y 时限）内检测到又失去电压，因而将 Q04 闭锁在分闸状态，待下次再得电时也不再自动重合。

断路器（或重合器）第二次重合后。Q01、Q02、Q03 按设定的时间差又依次相继合闸，直到第四区段供电正常。Q04 因处于闭锁状态，因而将有故障的第五区段与电网隔离。与此同时，设置在变电所的故障区段指示器与断路器联动，按时间的长短显示出故障在第五区段。

上述隔离故障区段的过程可从各开关设备的动作时序图一目了然，如图4-10所示。

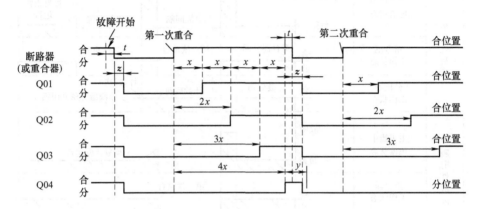

图 4-10　各开关设备的动作时序图

五、基于 FTU 的馈线自动化系统

1. 基于 FTU 的馈线自动化的组成

基于 FTU 的馈线自动化系统是通过在变电所出口断路器及户外馈线分段开关处安装柱上 FTU，以及在配电变压器处安装 TTU，并建设可靠的通信网络将它们和配电网控制中心的 SCADA 系统连接，再配合相关的处理软件所构成的高性能系统。该系统在正常情况下，远方实时监视馈线分段开关与联络开关的状态和馈线电流、电压情况，并实现线路开关的远方合闸和分闸操作以优化配网的运行方式，从而达到充分发挥现有设备容量和降低线损的目的；在故障时获取故障信息，并自动判别和隔离馈线故障区段以及恢复对非故障区段的供电，从而达到减小停电面积和缩短停电时间的目的。

基于 FTU 的馈线自动化的组成如图4-11所示。可分为一次设备、控制箱（FTU）、通信子系统、FA 控制主站及 SCADA/DMS（配电管理系统主站）等五个层次。

一次设备有：馈线自动化所选用的具备电动操作功能的负荷开关、分段器等；电压互感（传感）器、电流互感（传感）器。传统的电压、电流互感器体积大、成本高，不适于在变电所外的线路上使用。馈电线路监控系统对电压、电流变换器的负载能力及精度要求相对较低，一般使用电压、电流传感器装置。这些传感器体积小、造价低，它们内嵌于绝缘子内，配套安装在柱上开关上或线路开关柜内。

FTU 控制箱主要由开关操作控制电路、不间断供电电源、控制箱体等部件组成。各 FTU 分别采集相应柱上开关的运行情况，如负荷、电压、功率和开关当前位置、储能完成情况等，并将上述信息通过通信网络发向远方配电网自动化控制中心。各 FTU 还可以接收配电网自动化控制中心下达的命令进行相应的远方倒闸操作。在故障发生

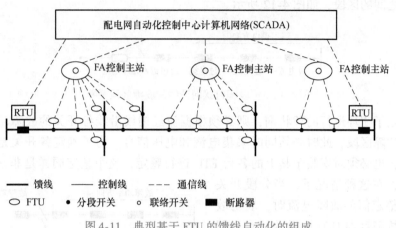

图 4-11　典型基于 FTU 的馈线自动化的组成

时，各 FTU 记录下故障前及故障时的重要信息，如最大故障电流和故障前的负荷电流、最大故障功率等，并将上述信息传至配电网自动化控制中心，经计算机系统分析后确定故障区段和最佳供电恢复方案，最终以遥控方式隔离故障区段、恢复健全区段供电。由于配电自动化系统规模大，涉及的现场自动化装置数量大、种类多，并且配电自动化终端设备分布地域广，设备种类繁多，因而导致 FTU 采集的信息具有数量大、种类繁多等特点。因此，FTU 应满足的基本要求是：数据传输的完整性；时间响应的快速性；不同的数据传输的优先级和不同响应时间。

通信系统：由于馈线自动化通信的特点是点多、分散，但距离较短，速度要求相对较低，可采用多点通信系统。可选择的通信方式有电话线、无线电、光纤及电力线载波等。目前用的比较多的是无线通信方式。在一个系统中，应从可靠性、经济性角度出发，因地制宜，多种通信方式混合使用。

FA 控制主站：FA 控制主站的功能主要是提供人机接口，自动处理来自线路的 FTU 的数据，对故障点进行定位，并遥控线路开关，实现故障点的自动隔离及恢复供电。为达到迅速、准确处理配电事故，提高电网安全可靠性，减轻主站的负担，缩短信道的距离，减少误码率的目的，增设了 FA 控制主站。

在正常运行时，FA 控制主站实际上是一个通道集中器和转发装置，它将众多分散的采集单元集中起来和上级配电管理系统主站联系，而在故障情况下，FA 控制主站可以将自身范围内的故障进行快速隔离，对自身不能隔离的故障，将故障信息快速上报便于上级主站处理，减轻上级主站的负担。

SCADA/DMS 主站：这是系统的最高一层。一般的配电网都已配置了一定规模的 SCADA/DMS 主站，把它与馈线自动化控制主站相连，可完成配电线路的 SCADA 监控以及更高级的配电管理功能。对 SCADA/DMS 主站来说，FA 控制主站相当于一个常规的 RTU，按照一定的规约进行相互之间通信。

2. 基于 FTU 模式下的故障区段的判断和隔离原理

对于辐射状网、树状网和处于开环运行的环状网，判断故障区段，只需根据馈线沿线各开关是否流过故障电流就可以了。假设馈线上出现单一的故障，显然故障区段应当位于从电源侧到末梢方向最后一个经历了故障电流的开关和第一个未经历故障电流的开关之间的区段，如图 4-12 所示。

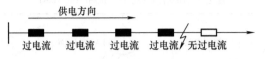

图 4-12　一段辐射状网馈线的故障区段判断

对于处于闭环运行的环状网，则必须根据流经馈线沿线各开关的故障功率方向才能判断出故障区段，此时必须同时采集电流和电压信号。为了确定各开关是否经历了故障功率，也必须对安装于其上的各台 FTU 进行整定，这个整定同样是非常容易做到的。显然，在这种情况下，当分段开关流经超过整定值的故障电流时，表明故障发生。故障区段具有这样的特点，即与该区段相连的各开关的故障功率方向均指向该区段，如图 4-13 所示。

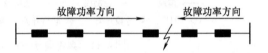

图 4-13　一段环网馈线闭环运行的故障区段判断

3. 故障集中处理模式

如图 4-14 所示，当线路发生故障时，各开关的信息由各自的 FTU 经配电系统通信网络上传到上级控制中心（SCADA），控制中心根据各开关的信息，判断出故障点所在段之后，下发命令至需响应的 FTU，由 FTU 跳开故障段两侧开关、闭合出线和联络开关。

采用这种模式，一则对通信网络依赖性大，故障信息上传和动作命令的下发都必须经过通信网；二则依赖

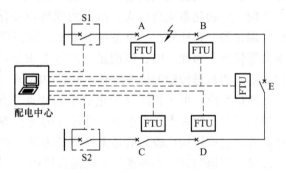

图 4-14　故障集中处理模式

于上级站机，要求通信网和上级站要绝对可靠，一旦出错就可能导致故障的扩大；三则故障处理时间长，有时要几十秒。

4. 采用面保护技术进行故障处理

随着现代通信技术和计算机网络技术的迅速发展，反映到继电保护系统中，出现了面保护原理。

面保护定义：除了利用保护装置自身采集的信息外，还要利用系统中其他信息，做出故障判断和动作出口，以保证自身设备或局部系统。

基于面保护原理的短路故障处理的技术关键在于：所有柱上开关是根据自身和其他开关的信息独立做出判断和动作的；而不是将故障信息全部传送至配调中心，再由配调中心做出判断，然后将动作命令传送给柱上开关，实现柱上开关动作的。从而避免了大量可能产生时间延迟和信息错误的环节，其短路故障处理是"保护级"水平。

（1）实现面保护技术必须具备的必要条件

实现面保护技术必须具备的必要条件是：

必须有可靠的通信系统。因为没有通信则不可能获得系统中的其他信息，或者说

其他信息的获得必须依赖于通信。

保护装置都应有 CPU。因为没有 CPU 就无法综合利用自身信息和其他信息。但是，并不是所有 CPU 的保护都是面保护。它们虽然有 CPU，但它们只利用了自身信息并没有利用系统中的其他信息。相对应地把那些只是利用自身信息就做出故障判断和动作出口的继电保护定义为点保护。由此可见，以往我们所熟知的保护大都属于点保护，如过电流保护、方向保护、距离保护等都属于点保护，微机式的过电流保护、方向保护、距离保护也属于点保护，因为它们只能利用自身信息对故障做出相应的判断。

必须具有并行处理能力。系统中有众多的保护装置，每个保护都有 CPU，这些 CPU 不仅要处理自己保护安装处的信息，还有处理其他保护安装处的信息，一旦发生故障，这些 CPU 将同时启动、综合信息、判断是否出口，即要并行处理，否则，如果按照串行工作，则不可能达到系统对继电保护快速性的要求。

面保护自身必须具有故障处理和判断程序即保护程序，而不是靠上级配调来判断。由此可见，故障集中处理模式不属于面保护，因为其中的 FTU 没有综合信息和判断出口，只是完成遥测和遥控，必须由上级站机串行收集、综合、判断、下令，所以实际上是一种远动方式的故障处理。

（2）面保护基本原理

由图 4-15 可见，根据保护自身检测到的状态和相邻保护传来的信息组成异或关系，当本身状态与相邻保护传来的信息相同时（同时过电流或同时不过电流），则说明故障不在本区段，开关不动。相反，当本身状态与相邻保护传来的信息相异时，可以判断故障就在两个相异开关之间的区段。也可以利用测量流过各保护的电流的大小，及相位关系原理来判断故障区间。

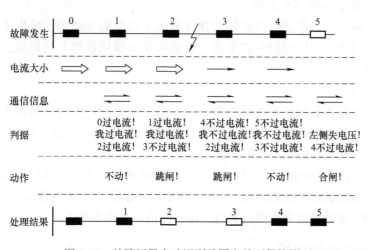

图 4-15 故障区段自动识别及隔离的面保护原理

面保护的优点不但涵盖了集中式处理方法的优点，而且具有更快的动作时间（只有几秒就可完成）。但是，它的成本相对于以上两种方案最高，并且对设备的要求也最高。

面保护原理在世界上提出距今已有十多年的时间，从理论上讲很简单，但由于电力系统分布的地域范围十分广大，要在"保护级"的水平上实现故障信息的交流，还存在大量的技术难题。

第三节 电力系统状态估计

电力系统状态估计是电力系统高级应用软件的一个模块（程序），只有增加了该功能后，系统才可能运行安全和经济分析等高级软件，这是由于许多安全和经济方面的功能都要用可靠数据集作为输入数据集，而可靠数据集就是状态估计程序的输出结果。所以，状态估计是一切高级应用软件的基础，真正的能量管理系统必须有状态估计功能。

一、状态估计的必要性

SCADA 系统收集了全网的实时数据，汇成实时数据库—SCADA 数据库，而 SCADA 数据库存在下列明显缺点：

1. 数据不齐全

为了使收集的数据齐全，必须在电力系统的所有厂站都设置 RTU，并采集电力系统中所有节点和支路的运行参数。这将使 RTU 的数量以及远动通道和变送器的数量大大增加，而这些设备的投资是相当昂贵的。目前的实际情况是，仅在一部分重要的厂站中设置了 RTU。这样，就有一些节点或支路的运行参数不能被量测到而造成数据收集不全。

2. 数据不精确

数据采集和传送的每个环节，如 TA、TV、A/D 转换等都会产生误差，这些误差有时使相关的数据变得相互矛盾，且其差值之大甚至使人不便取舍。

3. 受干扰时会出现不良数据

干扰总是存在的。尽管已经采取了滤波和抗干扰编码等措施，减少了出错误的次数，但个别错误数据的出现仍不能避免。这里所说的错误数据不是误差，而是完全不合道理的数据。

4. 数据不和谐

数据不和谐是指数据相互之间不符合建立数学模型所依据的基尔霍夫定律。原因有二：一是前述各项误差所致，二是各项数据并非是同一时刻采样得到。这种数据的不和谐影响了各种高级应用软件的计算分析。

由于 SCADA 实时数据有这些缺点，因而必须找到一种方法能够把不齐全的数据填平补齐，不精确的数据"去粗取精"，同时找出错误的数据"去伪存真"，使整个数据系统和谐严密，质量和可靠性得到提高，这种方法就是状态估计。

二、状态估计的功能

"状态估计"是一种计算机程序，有时也按硬件的说法称其为"状态估计器"。状态估计能实现以下这些功能：

1）根据网络方程和最佳估计准则（一般为最小二乘准则），利用实时网络拓扑结果，对生数据（即 SCADA 实时断面数据）进行计算，以得到最接近于系统真实状态的最佳估计值，给出电网和谐、完整、准确的运行断面数据：各节点（母线）的电压及其相角、各支路（线路和变压器）的功率潮流。

2）对生数据进行不良数据（或叫坏数据）的检测与辨识，删除或改正不良数据，提高数据的可靠性。

3）推算出齐全而精确的电力系统运行参数，如根据周围相邻变电站的遥测量推算出某个未装远方终端的变电站的各种运行参数。或者根据现有类型的遥测量推算出另外类型的难于量测的运行参数，如根据有功功率遥测值推算各节点电压的相位角。

4）根据遥测量估计电网的实际结构，纠正偶尔会出现的开关状态遥信错误，保证数据库中电网结构数据的正确性。状态估计的这种功能被称为网络接线辨识或开关状态辨识。

5）对某些可疑或未知的设备参数，也可以采用状态估计的方法估计出它们的值。例如，有载调压变压器分接头位置信号没有传送到调度中心时，就可以作为参数把它估计出来。根据掌握的运行数据，也可以估计某些未知网络（"黑箱"）的参数。状态估计的这种用法称为参数辨识。

6）可应用状态估计算法，以现有数据预测未来的趋势和可能出现的状态，如电力系统负荷预测和水库来水预测等。

7）可以通过状态估计，确定合理的测点数量和合理的测点分布。将新的量测设置在关键点，全面优化量测配置，使达到某一量测指标而付出成本最小。

综上所述，电力系统状态估计程序输入的是低精度、不完整、不和谐、偶尔还有不良数据的"生数据"，而输出的则是精度高、完整、和谐和可靠的数据。由这样的数据组成的数据库，称为"可靠数据库"。电网调度自动化系统的许多高级应用软件，都以可靠数据库的数据为基础，因此，状态估计有时被誉为应用软件的"心脏"，可见这一功能的重要程度。图4-16是状态估计在电力调度自动化系统中所起作用的示意图。

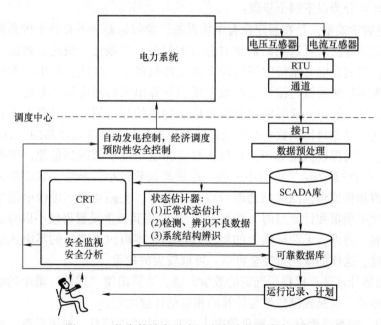

图4-16 状态估计在电力调度自动化系统中的作用

三、状态估计的基本原理

1. 测量的冗余度

状态估计算法必须建立在实时测量系统有较大冗余度的基础之上。

对那些不随时间变化的量，为消除测量数据的误差，常用的方法就是多次重复测量。测量的次数越多，它们的平均值就越接近真值。

但在电力系统中不能采用上述方法。因为电力系统运行参数属于时变参数。消除或减少时变参数测量误差必须利用一次采样得到的一组有多余的测量值。这里的关键是"多余"，多余的越多，估计得越准，但是会造成在测点及通道上的投资越多，所以要适可而止。一般要求是：

测量系统的冗余度 = 系统独立测量数/系统状态变量数 = 1.5 ~ 3.0

电力系统的状态变量是指表征电力系统特征所需最小数目的变量，一般取各节点电压幅值及其相位角为状态变量。若有 N 个节点，则有 $2N$ 个状态变量。由于可以设某一节点电压相位角为零，所以对一个电力系统，其未知的状态变量数为 $2N-1$。

图 4-17 为电力系统状态估计示意图。

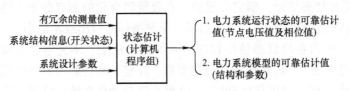

图 4-17　电力系统状态估计示意图

2. 状态估计的步骤

状态估计可分为以下四个步骤：

1）假定数学模型。是在假定没有结构误差、参数误差和不良数据的条件下，确定计算所用的数学方法。可选用的数学方法有加权最小二乘法、快速分解法、正交化法和混合法等。目前在电力系统中用的较多的是加权最小二乘法。最小二乘法是将目标函数 J 定义为实际测量值与按设定的数学模型计算出来的对应值之差的二次方和。当目标函数 J 有最小值时，求得的状态变量值即为最佳估计值。如果再考虑到各量测设备精度的不同，可令目标函数中对应测量精度较高的测量值乘以较高的"权值"，以使其对估计的结果发挥较大的影响；相反，对应测量精度较低的测量值，则乘以较低的"权值"，使其对估计的结果影响小一些。这就是加权最小二乘法。状态变量一般取各母线电压幅值和相位角，测量值选取母线注入功率、支路功率和母线电压数值。量测不足之处可使用预报和计划型的"伪测量"，同时将其权重设置得较小以降低对状态估计结果的影响。另外，无源母线上的零注入量测和零阻抗支路上的零电压量测，也可以作为量测量。这样的量测量完全可靠，可取较大的权重。

2）状态估计计算。根据所选定的数学方法，计算出使"残差"最小的状态变量估计值。所谓残差，就是各测量值与计算的相应估计值之差。

3）检测。检查是否有不良测量值混入或有结构错误信息。如果没有，此次状态估计即告完成。如果有，转入下一步。

4）识别。或叫辨识（Identification）。是确定具体的不良数据或网络结构错误信息的过程。在除去或修正已识别出来的不良测量值和结构错误后，重新进行第二次状态估计计算，这样反复迭代估计，直至没有不良数据或结构错误为止。

图 4-18 为状态估计的四个步骤及相互关系。图中看出量测值在输入前还要经过前置滤波和极限值检查。这是因为有一些很大的测量误差，只要采用一些简单的方法和很少的加工就可容易地排除。例如，对输入的节点功率可进行极限值检验和功率平衡检验，这样就可提高状态估计的速度和精度。

3. 不良数据的检测方法

不良数据的检测与识别是很重要的，否则状态估计将无法投入在线实际应用。当有不良数据出现时，必然会使目标函数 J 大大偏离正常值，这种现象可以用来发现不良数据。为此可把状态估计值代入目标函数中，求出目标函数的值，如果大于某一门槛值，即可认为存在不良数据。

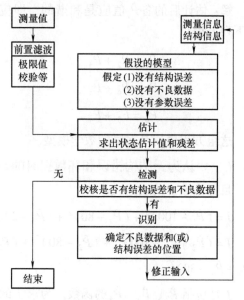

图 4-18　状态估计的步骤

4. 不良数据的识别方法

发现存在不良数据后要寻找不良数据。对于单个不良数据的情况，一个最简单的方法就是逐个试探。例如，把第一个测量值去掉，重新估计，若正好这个测量值是不良数据，去掉后再检查 J 值时就会变为合格；如是正常数据，去掉后的 J 值肯定还是不合格，这时就把第一个测量值补回，再去掉第二个测量值……如此逐个搜索，一定会找到不良数据，但比较耗时。至于存在多个相关不良数据的辨识就要复杂多了，目前还没有特别有效的坏数据辨识方法。

若遥信出错如何识别呢？可先把遥信出错分为 A、B 两类：

A 类错误：开关在合闸位置，而遥信误为断开。

B 类错误：开关在断开位置，而遥信误为合闸。

这时只要将开关量和相应线路的量测量做一对比，就可以找到可疑点。因为线路被断开时，其量测值必为零；若线路并没断开，一般情况下测量值总不会为零。

可见，若进行网络结构检测，每条支路至少有一个潮流量测量，才能较快地发现可疑点。发现可疑点后，仍然要采用逐个试探法：将第一个可疑开关位置"取反"，重新进行估计，若错误已被纠正，目标函数 J 就会正常；否则，则试探下一个可疑开关……直到找到为止。当然，上述介绍的仅是最简单的基本原理，在实际运用中则复杂得多。许多学者提出了不同的方法，读者需要可查阅有关专著。

现用一个较为简单的算例进一步说明状态估计的原理。这里采用的是最小二乘法估计。

【**例4-1**】 已知某系统各支路有功功率P_i的测量值如图4-19所示，忽略线路功率损耗。求各支路有功功率的最佳估计值$\hat{P}_i$。

解： 估计后的各$\hat{P}_i$值应是和谐的，即应满足下列方程

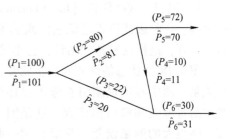

$$\hat{P}_1 = \hat{P}_2 + \hat{P}_3$$

$$\hat{P}_2 = \hat{P}_4 + \hat{P}_5$$

$$\hat{P}_6 = \hat{P}_3 + \hat{P}_4$$

图4-19 无结构错误和坏数据
时的正常估计示意图

这组方程也就是网络的数学模型。

（一）认为无结构错误和坏数据时的正常估计

目标函数J的表达式

$$J = (\hat{P}_1 - 100)^2 + (\hat{P}_2 - 80)^2 + (\hat{P}_3 - 22)^2 + (\hat{P}_4 - 10)^2 + (\hat{P}_5 - 72)^2 + (\hat{P}_6 - 30)^2$$

$$J = (\hat{P}_2 + \hat{P}_3 - 100)^2 + (\hat{P}_2 - 80)^2 + (\hat{P}_3 - 22)^2 + (\hat{P}_4 - 10)^2 + (\hat{P}_2 - \hat{P}_4 - 72)^2 +$$

$$(\hat{P}_3 + \hat{P}_4 - 30)^2$$

J是包括$\hat{P}_2$、$\hat{P}_3$、$\hat{P}_4$的函数。为求J的最小值可令

$$\frac{\partial J}{\partial \hat{P}_2} = 0 \qquad 2(\hat{P}_2 + \hat{P}_3 - 100) + 2(\hat{P}_2 - 80) + 2(\hat{P}_2 - \hat{P}_4 - 72) = 0$$

$$3\hat{P}_2 + \hat{P}_3 - \hat{P}_4 = 252$$

$$\frac{\partial J}{\partial \hat{P}_3} = 0 \qquad 2(\hat{P}_2 + \hat{P}_3 - 100) + 2(\hat{P}_3 - 22) + 2(\hat{P}_3 + \hat{P}_4 - 30) = 0$$

$$\hat{P}_2 + 3\hat{P}_3 + \hat{P}_4 = 152$$

$$\frac{\partial J}{\partial \hat{P}_4} = 0 \qquad 2(\hat{P}_4 - 10) + 2(\hat{P}_2 - \hat{P}_4 - 72) + 2(\hat{P}_3 + \hat{P}_4 - 30) = 0$$

$$\hat{P}_2 + \hat{P}_3 + \hat{P}_4 = 112$$

联立求解

$$\begin{cases} 3\hat{P}_2 + \hat{P}_3 - \hat{P}_4 = 252 \\ \hat{P}_2 + 3\hat{P}_3 + \hat{P}_4 = 152 \\ \hat{P}_2 - \hat{P}_3 - 3\hat{P}_4 = 32 \end{cases}$$

解得

$$\hat{P}_2 = 80, \quad \hat{P}_3 = 21, \quad \hat{P}_4 = 9, \quad \hat{P}_1 = 101, \quad \hat{P}_5 = 71, \quad \hat{P}_6 = 30$$

残差二次方和（即目标函数）为

$$J = (101 - 100)^2 + (80 - 80)^2 + (21 - 22)^2 + (9 - 10)^2 + (71 - 72)^2 + (30 - 30)^2$$

$$= 1^2 + 1^2 + 1^2 + 1^2 = 4$$

量测冗余度$= \dfrac{6}{3} = 2.0$ （如果没有误差，只测P_2、P_3、P_4就够了）

估计结果仍标注在图4-19中。

（二）减少支路功率测点，增加节点电压测点，重新估计

如图 4-20 所示，S_2 支路阻抗为 $(7+j15)\Omega$，P_3 支路的阻抗为 $(6+j10)\Omega$，另外，增加了 $Q_2=40$，$U_1=120$ 和 $U_2=110$ 三个测点，但减少了 P_4 和 P_6 两个测点。

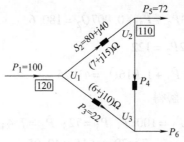

图 4-20　增加节点电压量测后的系统示意图

数学模型变为

$$\hat{P}_1 = \hat{P}_2 + \hat{P}_3$$

$$\hat{P}_2 = \hat{P}_4 + \hat{P}_5$$

$$\hat{P}_6 = \hat{P}_3 + \hat{P}_4$$

$$\hat{U}_2 = U_1 - \frac{\hat{P}_2 R_2 + \hat{Q}_2 X_2}{U_1} \qquad (U_1 \text{ 为参考电压不再估计})$$

目标函数为

$$J = (\hat{P}_2 + \hat{P}_3 - 100)^2 + (\hat{P}_2 - 80)^2 + (\hat{Q}_2 - 40)^2 + (\hat{P}_3 - 22)^2 + (\hat{P}_5 - 72)^2$$

$$+ \left(U_1 - \frac{7\hat{P}_2 + 15\hat{Q}_2}{U_1} - 110\right)^2$$

$$\frac{\partial J}{\partial \hat{P}_2} = 0 \quad 2(\hat{P}_2 + \hat{P}_3 - 100) + 2(\hat{P}_2 - 80) + 2\left(120 - \frac{7\hat{P}_2 + 15\hat{Q}_2}{120} - 110\right)\left(\frac{-7}{120}\right) = 0$$

$$\hat{P}_2 + \hat{P}_3 - 100 + \hat{P}_2 - 80 + \left(-7 + \frac{7^2}{120^2}\hat{P}_2 + \frac{7 \times 15\hat{Q}_2}{120^2} + \frac{110 \times 7}{120}\right) = 0$$

$$\hat{P}_2 + \hat{P}_3 - 100 + \hat{P}_2 - 80 - 7 + 0.003\hat{P}_2 + 0.007\hat{Q}_2 + 6.4 = 0$$

$$2.003\hat{P}_2 + \hat{P}_3 + 0.007\hat{Q}_2 = 180.6$$

$$\frac{\partial J}{\partial \hat{P}_3} = 0 \qquad 2(\hat{P}_2 + \hat{P}_3 - 100) + 2(\hat{P}_3 - 22) = 0$$

$$\hat{P}_2 + 2\hat{P}_3 = 122$$

$$\frac{\partial J}{\partial \hat{P}_5} = 0 \qquad 2(\hat{P}_5 - 72) = 0$$

$$\hat{P}_5 = 72$$

$$\frac{\partial J}{\partial \hat{Q}_2} = 0 \qquad 2(\hat{Q}_2 - 40) + 2\left(120 - \frac{7\hat{P}_2}{120} - \frac{15\hat{Q}_2}{120} - 110\right)\left(-\frac{15}{120}\right) = 0$$

$$\hat{Q}_2 - 40 - 15 + 0.007\hat{P}_2 + 0.016\hat{Q}_2 + 13.75 = 0$$

$$0.007\hat{P}_2 + 1.016\hat{Q}_2 = 41.25$$

$\hat{P}_5 = 72$ 已求得，其余联立求解

$$\begin{cases} 2.003\hat{P}_2 + \hat{P}_3 + 0.007\hat{Q}_2 = 180.6 \\ \hat{P}_2 + 2\hat{P}_3 = 122 \\ 0.007\hat{P}_2 + 1.016\hat{Q}_2 = 41.25 \end{cases}$$

3 个未知数，3 个方程，解得

$$\hat{P}_2 = 79.4;\ \hat{P}_3 = 21.3;\ \hat{P}_1 = 100.7;\ \hat{P}_5 = 72;\ \hat{P}_4 = 7.4;\ \hat{P}_6 = 28.7;\ \hat{Q}_2 = 40.05$$

$$\hat{U}_2 = 120 - \frac{7 \times 79.4 + 15 \times 40.05}{120} = 110.36$$

状态估计的结果图如图 4-21 所示。

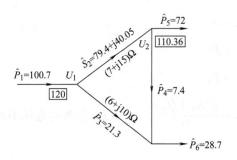

图 4-21　增加节点电压量测后的估计结果图

（三）出现偶然不良数据时

设 $P_5 = 72$ 在传输中因干扰出现偶然性错误（变成 400），如图 4-22 所示。

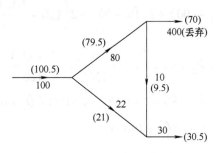

图 4-22　出现偶然不良数据时的示意图

（1）首先可用合理性检查将其丢弃（该数据空缺），在冗余度 $= \dfrac{5}{3} = 1.67$ 的情况下，仍然可以进行状态估计

$$J = (\hat{P}_1 - 100)^2 + (\hat{P}_2 - 80)^2 + (\hat{P}_3 - 22)^2 + (\hat{P}_4 - 10)^2 + (\hat{P}_6 - 30)^2$$

$$= (\hat{P}_2 + \hat{P}_3 - 100)^2 + (\hat{P}_2 - 80)^2 + (\hat{P}_3 - 22)^2 + (\hat{P}_4 - 10)^2 + (\hat{P}_3 + \hat{P}_4 - 30)^2$$

$$\frac{\partial J}{\partial \hat{P}_2} = 0 \qquad 2\hat{P}_2 + \hat{P}_3 = 180$$

$$\frac{\partial J}{\partial \hat{P}_3} = 0 \qquad \hat{P}_2 + 3\hat{P}_3 + \hat{P}_4 = 152$$

$$\frac{\partial J}{\partial \hat{P}_4} = 0 \qquad \hat{P}_3 + 2\hat{P}_4 = 40$$

解得

$$\hat{P}_2 = 79.5 \quad \hat{P}_3 = 21 \quad \hat{P}_4 = 9.5$$

$$\hat{P}_5 = \hat{P}_2 - \hat{P}_4 = 79.5 - 9.5 = 70$$

估计结果功率分布标注在图4-22中（括号内）。

残差二次方和为

$$J = (100.5 - 100)^2 + (79.5 - 80)^2 + (21 - 22)^2 + (9.5 - 10)^2 + (30.5 - 30)^2 = 2$$

虽然残差看起来稍大些，但不全数据被补齐了。由于数据缺失一项，冗余度有所降低，估计的精度亦有所降低。

（2）若不能用合理性检查排除，先采用检测方法

$$J = (\hat{P}_2 + \hat{P}_3 - 100)^2 + (\hat{P}_2 - 80)^2 + (\hat{P}_3 - 22)^2 +$$

$$(\hat{P}_4 - 10)^2 + (\hat{P}_2 - \hat{P}_4 - 400)^2 + (\hat{P}_3 + \hat{P}_4 - 30)^2$$

$$\frac{\partial J}{\partial \hat{P}_2} = 0 \qquad 3\hat{P}_2 + \hat{P}_3 - \hat{P}_4 = 580$$

$$\frac{\partial J}{\partial \hat{P}_3} = 0 \qquad \hat{P}_2 + 3\hat{P}_3 + \hat{P}_4 = 152$$

$$\frac{\partial J}{\partial \hat{P}_4} = 0 \qquad \hat{P}_2 - \hat{P}_3 - 3\hat{P}_4 = 360$$

解得

$$\hat{P}_2 = 162 \qquad \hat{P}_3 = 21 \qquad \hat{P}_4 = -73$$

残差为

$$J = (183 - 100)^2 + (162 - 80)^2 + (21 - 22)^2 + (-73 - 10)^2 + (235 - 400)^2 + (-52 - 30)^2$$

$$= 54452（太大了）$$

可见混入了坏数据。结果如图4-23所示。

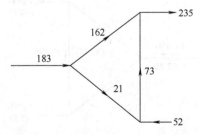

图4-23 出现偶然错误数据时未丢弃不合理数据的估计结果示意图

（3）最后进行识别，用逐个排除法

首先丢弃 $P_1 = 100$。

$$J = (\hat{P}_2 - 80)^2 + (\hat{P}_3 - 22)^2 + (\hat{P}_4 - 10)^2 + (\hat{P}_2 - \hat{P}_4 - 400)^2 + (\hat{P}_3 + \hat{P}_4 - 30)^2$$

$$\frac{\partial J}{\partial \hat{P}_2} = 0 \qquad 2\hat{P}_2 - \hat{P}_4 = 480$$

$$\frac{\partial J}{\partial \hat{P}_3} = 0 \qquad 2\hat{P}_3 + \hat{P}_4 = 52$$

$$\frac{\partial J}{\partial \hat{P}_4} = 0 \qquad \hat{P}_2 - \hat{P}_3 - 3\hat{P}_4 = 360$$

解得

$$\hat{P}_2 = 203.5 \qquad \hat{P}_3 = 62.5 \qquad \hat{P}_4 = -73$$

残差为

$$J = (203.5 - 80)^2 + (62.5 - 22)^2 + (-73 - 10)^2 + (276.5 - 400)^2 + (-10.5 - 30)^2$$
$$= 40674（仍太大）$$

结果如图 4-24 所示。

此时应将 $P_1 = 100$ 补回，再丢弃 $P_2 = 80$，重新进行估计，逐次循环，这里不再一一计算。总之，只要没把真正的坏数据丢弃掉，残差 J 就不会下降到合理的门槛值以下。

只有做第 5 次试探，将 $P_5 = 400$ 丢弃掉时〔见前面（1）〕，残差才突然下降到 2 的较低值，

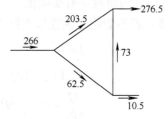

图 4-24　丢弃 P_1 时的结果示意图

说明坏数据就是 $P_5 = 400$，而估计出来的 $\hat{P}_5 = 70$ 是比较可靠的。

（4）出现结构信息错误时

若 SCADA 数据如图 4-25 所示，本来 P_2 支路已断开，相应线路遥测数据 P_2 应为 0，但因误差变成 2。而遥信数据有误，调度端仍认为 P_2 支路是连通的，前述方程仍被认为正确，即

$$\hat{P}_1 = \hat{P}_2 + \hat{P}_3$$

$$\hat{P}_2 = \hat{P}_4 + \hat{P}_5$$

$$\hat{P}_6 = \hat{P}_3 + \hat{P}_4$$

图 4-25　出现结构信息错误时的示意图

此时进行估计

$$J = (\hat{P}_2 + \hat{P}_3 - 100)^2 + (\hat{P}_2 - 2)^2 + (\hat{P}_3 - 103)^2 + [\hat{P}_4 - (-95)]^2 +$$
$$(\hat{P}_2 - \hat{P}_4 - 94)^2 + (\hat{P}_3 + \hat{P}_4 - 10)^2$$

$$\frac{\partial J}{\partial \hat{P}_2} = 0 \qquad 3\hat{P}_2 + \hat{P}_3 - \hat{P}_4 = 196$$

$$\frac{\partial J}{\partial \hat{P}_3} = 0 \qquad \hat{P}_2 + 3\hat{P}_3 + \hat{P}_4 = 213$$

$$\frac{\partial J}{\partial \hat{P}_4} = 0 \qquad \hat{P}_2 - \hat{P}_3 - 3\hat{P}_4 = 179$$

解得

$$\hat{P}_2 = 0 \qquad \hat{P}_3 = 102.25 \qquad \hat{P}_4 = -93.75$$

$$J = 2.25^2 + 2^2 + 0.75^2 + 1.25^2 + 0.25^2 + 1.5^2 = 13.5$$

可见通过估计，数据趋近真实，支路 $P_2 = 0$，可以发现该支路可能已断开。

估计结果标注在图 4-25 中（括号内）。

本例只有 3 个节点，用手工计算尚可。实际的电力系统有几十～几百个节点。手工计算已不可能，现在都是采用计算机编程进行矩阵运算。

此例计算中对各功率测量的准确度看作是相同的。但实际上各种测量点的准确度可能是不同的（TA、TV 的误差、变送器的准确级以及 A/D 变换精度等不同），应当让准确度较高的测量值对计算结果有较大的影响，而让准确度较低的测量值影响较小，这才比较合理，这正是加权最小二乘法的出发点。

四、状态估计的程序框图

图 4-26 所示为电力系统状态估计的程序框图。

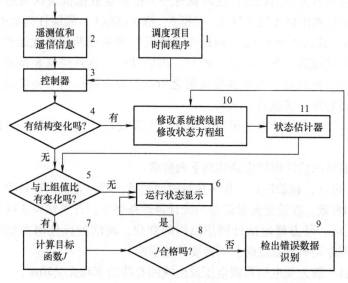

图 4-26 电力系统状态估计框图

现对该图中的各项功能说明如下。

（一） 没有出现不良数据时的情况

首先由调度项目时间程序 1（状态估计一般每 5min 执行一次）向控制器 3 发出执行状态估计的指令，控制器在接收指令后即将状态估计程序投入运行。先由框 4 根据遥信信号判断系统接线有无改变。如无改变，则信号进入框 5。在框 5 中，要将新的一组遥测值与前一组遥测值进行比较，若差值未超过预先设定的门槛值，则视为系统状态无变化而没有新数据。如果经比较后发现已超过门槛值，说明系统运行参数已发生变化，就转入框 7 计算以最小二乘法的目标函数 J，计算结果进入框 8 检验 J 是否合格。若合格，则在框 6 显示运行状态。

如果系统接线发生改变，则由框 4 转入框 10，即按照新的系统接线图修改原有的状态方程组。然后按修改后的方程进入框 11，进行系统当时运行状态的估计计算，估计的结果在框 5 中比较，由于开关变位故此组数据显然会与前一组数据不同，所以也是进入框 7、框 8 而到框 6。

（二） 出现不良数据时的情况

1. 个别遥测设备失灵

这种原因的不良数据也是个别的，且差值很大，而此时其他的遥测量都较好，这样计算的结果会使总的目标函数增大，并经框 8 中检验不合格后进入框 9。框 9 的功能是检错与识别，当不良数据个数少时，可以把不良数据找到并剔除（由于有冗余度，剔除个别不良数据后仍然可以估计）。然后进入框 10，在框 10 再把这个不良数据相应的方程式也剔除后进入框 11，根据剩下的量测量进行一次估计，得出全部的状态估计值（也包括刚才被剔除的量测量），经框 5、框 7、框 8 后到框 6 显示出来。

2. 个别遥信设备失灵

个别遥信设备失灵导致遥信信号出错。例如，某条线路开关已经跳闸但传到调度中心的遥信信号仍然为合闸状态，这时就有一大批测量数据被误认为是"不良数据"。此时，测量数据仍然由框 4 输入框 5、经框 7、框 8 到框 9，剔除任何数据后进行估计、J 肯定仍不合格，这时可令框 10 自动试探"断开"某条线路来修改结构，然后再进行估计，若不行再试探第二条"线路"断开，再估计……直到经框 8 检验合格后，最后一次试探"断开"的线路，就是遥信失灵之所在，找出遥信信号失灵的原因后，经过改正即可将正确的开关状态显示出来。

电力系统运行状态估计框图可以有多种，上面仅举一例子说明估计的步骤及其相互关系。

一个良好的状态估计程序应该达到下列要求：

1）快速，可靠，收敛性好。程序执行时间短且占用计算机内存较少。

2）正确和有效。在给定测量误差的统计特性条件下，计算结果正确有效。

3）方便灵活。可方便地估计网络结构的变化，灵活处理任何类型测量数据的组合。当增加或删除某些测量点时，不需要修改程序。

量测的项目一般为变电所母线电压及出线的有功功率和无功功率。

五、状态估计的矩阵算法

实际电力系统中通常有成百上千个节点，必须借助计算机来进行矩阵计算。

（一）状态估计数学模型

状态估计的数学模型是基于反映网络结构、线路参数、状态变量和实时量测之间相互关系的量测方程。

量测量包括线路功率、线路电流、节点功率、节点电流和节点电压等，状态量包括节点电压幅值和相角。

状态估计的量测方程是

$$z = h(x) + v \tag{4-1}$$

式中，z 为量测量列向量，维数为 m；x 为状态向量，若母线数为 k，则 x 的维数为 $2k$，即每个节点有电压幅值和相角；$h(x)$ 是基于基尔霍夫定律建立的量测函数方程，其数目与量测向量一致，m 维；v 为量测误差，m 维；z 和 v 都是随机变量。

与潮流计算不同，状态估计中对应于状态量的量测量通常有冗余度，状态估计正是利用量测量的冗余来辨识不良数据的。

（二）状态估计算法

求解状态向量 x 时，大多使用极大似然估计，即求解的状态向量 $\hat{x}$ 使量测值 z 被观测到的可能性最大。一般使用加权最小二乘法准则来求解，并假设量测量服从正态分布。量测向量 z 给定以后，状态估计向量 $\hat{x}$ 是使量测量加权残差二次方和达到最小的 x 的值，即

$$J(x) = [z - h(x)]^{\mathrm{T}} R^{-1} [z - h(x)] \tag{4-2}$$

其中 R^{-1} 为 $m \times m$ 维对角阵，其对角元素为量测的加权因子（可采用量测方差的倒数）。

$h(x)$ 是 x 的非线性向量，不能直接计算 $\hat{x}$，可采用迭代算法求解。对 $h(x)$ 进行线性化假设后，得到状态估计的迭代修正公式：

$$\Delta\hat{x}^{(l)} = [H^{\mathrm{T}}(\hat{x}^{(l)}) R^{-1} H(\hat{x}^{(l)})]^{-1} H^{\mathrm{T}}(\hat{x}^{(l)}) R^{-1} [z - h(\hat{x}^{(l)})] \tag{4-3}$$

$$\hat{x}^{(l+1)} = \hat{x}^{(l)} + \Delta\hat{x}^{(l)} \tag{4-4}$$

式中，(l) 表示迭代序号，$\Delta\hat{x}^{(l)}$ 为第 l 次迭代的状态修正向量；H 为量测方程 $h(x)$ 的雅可比矩阵。按照式（4-3）进行迭代修正，直到目标函数 $J(X^{(l)})$ 接近于最小值为止，可采用相应的收敛判据来判断收敛与否。

状态估计算法需要求解迭代公式（4-4）的增量 $\Delta\hat{x}$，亦即式（4-3）。式（4-3）可以简写成：

$$G(x)\Delta x = H^{\mathrm{T}}(x) R^{-1} \Delta z \tag{4-5}$$

式中，$\Delta z = z - h(x)$；$G(x) = H^{\mathrm{T}}(x) R^{-1} H(x)$ 称为信息矩阵。

状态估计不同算法表现在求解式（4-5）的不同，比较常用的是最小二乘法。

最小二乘法也称为法方程法，是对信息矩阵 $(H^{\mathrm{T}} R^{-1} H)$ 进行因子分解，然后采用前代回代方法求解式（4-5）。最小二乘法状态估计的程序框图如图 4-27 所示。

框 1，程序初始化：内容包括为状态量赋初值和形成节点导纳矩阵等。

框2，输入遥测数据 z：将量测采样的数据输入。

框3，为迭代计数器置初值：$l=1$。

框4，由现有的状态量 $x^{(l)}$ 计算各量测量的计算值 $h(x^{(l)})$ 和雅可比矩阵 $H(x^{(l)})$。然后由 z 和 $h(x^{(l)})$ 计算出残差 $r^{(l)} = z - h(x^{(l)})$ 和目标函数 $J(x^{(l)})$，并由雅可比矩阵 $H(x^{(l)})$ 计算信息矩阵 $(H^T R^{-1} H)$ 和自由矢量 $H^T R^{-1} [z - h(x^{(l)})]$。

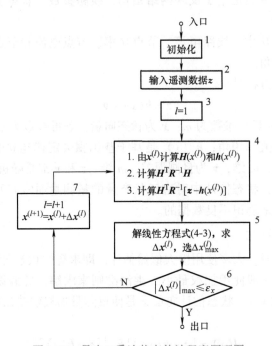

图4-27　最小二乘法状态估计程序原理图

框5，解线性方程组式（4-3）求状态修正量 $\Delta x^{(l)}$，并选取其中绝对值最大者：$|\Delta x^{(l)}|_{max}$ 作为收敛标志。

框6，进行收敛检查：$|\Delta x^{(l)}|_{max}$ 小于或等于收敛标准 ε_x 即结束计算，转出口；否则转框7继续计算。

框7，修正状态量：$x^{(l+1)} = x^{(l)} + \Delta x^{(l)}$，将迭代计算器加1：$l = l + 1$。返回框4继续迭代。为避免无休止地迭代，可对迭代次数加以限制。

（三）其他一些问题的处理

1. 变压器分接头的处理

变压器分接头位置发生错误会影响电力系统分析计算，所以需要对重要变压器的分接头位置进行估计。通常将其扩展到状态变量中进行估计。也可将变压器分接头估计与状态估计分开进行，利用变压器局部量测的冗余度估计分接头位置。

2. 网络拓扑错误的检测和辨识

网络拓扑错误主要由遥信量错误造成，可分为支路拓扑错误和厂站母线错误两种。处理网络拓扑错误的方法有基于残差分析方法，增广状态估计算法，人工智能和基于正则信息量法等。

3. 线路参数错误的处理

一种方法是将可疑参数作为状态变量进行增广状态估计。另外一种方法是用残差灵敏度矩阵确定可疑支路，将这些支路潮流作为状态变量，排除不良量测，再检测辨识和估计可疑参数。

 复习思考题

4-1 电力系统运行控制的目标是什么？

4-2 电力系统运行方式编制的主要内容是什么？

4-3 各种档次的电网调度自动化的功能有哪些？

4-4 过电流脉冲计数型分段器和电压-时间型重合式分段器的区别？

4-5 基于 FTU 模式下的故障区段的判断和隔离原理？

4-6 基于最小二乘法的状态估计的计算步骤？

4-7 状态估计矩阵算法的原理？

第五章
自动重合闸

第一节　概述

一、自动重合闸的作用

在电力系统的故障中，大多数是输电线路（特别是架空线路）的故障。运行经验表明，架空线路故障大都是"瞬时性"的，例如，由雷电引起的绝缘子表面闪络，大风引起的碰线，鸟类以及树枝等物件掉落在导线上引起的短路等。在线路被继电保护装置断开以后，电弧自行熄灭，外界物体（如树枝、鸟类等）也被电弧烧掉而消失，此时，如果把断开的线路断路器再合上，就能够恢复正常的供电，因此，称这类故障是"瞬时性故障"。除此之外，也有"永久性故障"，例如，由于线路倒杆、断线、绝缘子击穿或损坏等引起的故障，在线路被断开以后，它们仍然是存在的。这时即使再合上电源，由于故障依然存在，线路还要被继电保护再次断开，因而就不能恢复正常的供电。

由于输电线路上的故障具有以上的性质，因此，在线路断路器被自动断开以后再进行一次合闸就有可能大大提高供电的可靠性。为此在电力系统中广泛采用了当断路器自动跳闸以后能够自动地将其重新合闸的自动重合闸装置。

在现场运行的线路重合闸装置，并不判断是瞬时性故障还是永久性故障，在保护跳闸后经预定延时将断路器重新合闸。显然，对瞬时性故障重合可以成功（指恢复供电不再断开），对永久性故障重合闸不可能成功。用重合成功的次数与总动作次数之比来表示重合闸的成功率，一般在 60% ~ 90% 之间，主要取决于瞬时性故障占总故障的比例。衡量重合闸工作正确性的指标是正确动作率，即正确动作次数与总动作次数之比。根据电网运行资料的统计，2007 年、2008 年，220kV 及以上电网重合闸正确动作率分别为 100% 和 99.99%。

在电力系统中采用重合闸的技术经济效果，主要可归纳如下：

1）大大提高供电的可靠性，减小线路停电的次数，特别是对单侧电源的单回线路尤为显著。

2）在高压输电线路上采用重合闸，还可以提高电力系统并列运行的稳定性，从而提高传输容量。

3）对断路器本身由于机构不良或继电保护误动作而引起的误跳闸，也能起纠正的作用。

在采用重合闸以后，当重合于永久性故障上时，也将带来一些不利的影响，如：

1）使电力系统再一次受到故障的冲击，对超高压系统还可能降低并列运行的稳定性。

2）使断路器的工作条件变得更加恶劣，因为它要在很短的时间内，连续切断两次短路电流。这种情况对于油断路器必须加以考虑，因为在第一次跳闸时，由于电弧的作用，已使绝缘介质的绝缘强度和灭弧能力降低，在重合后第二次跳闸时，是在绝缘强度和灭弧能力已经降低的不利条件下进行的，因此，油断路器在采用了重合闸以后，其遮断容量一般要降低到80%左右。

对于重合闸的经济效益，应该用无重合闸时，因停电而造成的国民经济损失来衡量。由于重合闸装置本身的投资很低，工作可靠，因此，在电力系统中获得了广泛应用。对3kV及以上的架空线路和电缆与架空线的混合线路，当其上有断路器时，就应装设自动重合闸；必要时对母线故障可采用母线自动重合闸装置。

二、对自动重合闸的基本要求

1）在下列情况下不希望断路器重合时，重合闸不应该动作：

① 由值班人员手动操作或通过遥控装置将断路器断开时。

② 手动投入断路器，由于线路上有故障，而随即被继电保护将其断开时。因为在这种情况下，故障是属于永久性的，它可能是由于检修质量不合格，隐患未消除或者保证安全的接地线忘记拆除等原因所产生，因此再重合一次也不可能成功。

③ 当断路器处于不正常状态（如操作机构中使用的气压、液压降低等）而不允许实现重合闸时。

2）当断路器由继电保护动作或其他原因而跳闸后，重合闸均应动作，使断路器重新合闸。

3）自动重合闸装置的动作次数应符合预先的规定。如一次式重合闸应该只动作1次，当重合于永久性故障而再次跳闸后，不应该再动作。

4）自动重合闸在动作以后，应能经整定的时间自动复归，准备好下一次再动作。

5）自动重合闸装置的合闸时间应能整定，并有可能在重合闸以前或重合闸以后加速继电保护的动作，以加速故障的切除。

6）双侧电源的线路上实现重合闸时，应考虑合闸时两侧电源间的同步等问题。

为了能够满足第1）、2）项所提出的要求，应优先采用由控制开关的位置与断路器位置不对应的原则来起动重合闸，即当控制开关在合闸位置而断路器实际上在断开位置的情况下，使重合闸起动，这样就可以保证不论是任何原因使断路器自动跳闸以后，都可以进行一次重合闸。

三、自动重合闸的分类

采用重合闸的目的有二：其一是保证并列运行系统的稳定性；其二是尽快恢复瞬时性故障元件的供电，从而自动恢复整个系统的正常运行。根据重合闸控制的断路器所接通或断开的电力元件不同，可将重合闸分为线路重合闸、变压器重合闸和母线重合闸等。目前在10kV及以上的架空线路和电缆与架空线的混合线路上，广泛采用重合闸装置，只有个别由于受系统条件限制不能使用重合闸的除外。例如，断路器遮断容量不足；防止出现非同期情况；或者防止在特大型汽轮发电机出口重合于永久性故障时产生更大的扭转力矩，而对轴系造成损坏等。鉴于单母线或双母线接线的变电所在母线故障时会造成全停或部分停电的严重后果，有必要在枢纽变电所装设母线重合闸。根据系统的运行条件，事先安排哪些元件重合、哪些元件不重合、哪些元件在符合一定条件时才重合。如果母线上的线路及变压器都装有三相重合闸，使用母线重合闸不需要增加设备与回路，只是在母线保护动作时不去闭锁那些预计重合的线路和变压器，实现比较简单。变压器内部故障多数是永久性故障，因而当变压器的气体（瓦斯）保护和差动保护动作后不重合，仅当后备保护动作时起动重合闸。

根据重合闸控制断路器连续合闸次数的不同，可将重合闸分为多次重合闸和一次重合闸。多次重合闸一般使用在配电网中与分段器配合，自动隔离故障区段，是配电自动化的重要组成部分，可参考第三章第二节中馈线自动化的内容。而一次重合闸主要用于输电线路，提高系统的稳定性。后续讲述的重合闸，正是这部分内容，其他重合闸的原理与其相似。

根据重合闸控制断路器相数的不同，可将重合闸分为单相重合闸、三相重合闸和综合重合闸。对一个具体的线路，究竟使用何种重合闸方式，要结合系统的稳定性分析，选取对系统稳定最有利的重合方式。一般说来有：

1）没有特殊要求的单电源线路，宜采用一般的三相重合闸。

2）凡是选用简单的三相重合闸能满足要求的线路，都应当选用三相重合闸。

3）当发生单相接地短路时，如果使用三相重合闸不能满足稳定要求，会出现大面积停电或重要用户停电，应当选用单相重合闸或综合重合闸。

第二节　输电线路的三相一次自动重合闸

一、单侧电源线路的三相一次自动重合闸

三相一次重合闸的跳、合闸方式为无论本线路发生任何类型的故障，继电保护装置均将三相断路器跳开，重合闸起动，经预定延时（一般整定在 $0.5 \sim 1.5s$ 间）发出重合脉冲，将三相断路器一起合上。若是瞬时性故障，因故障已经消失，重合成功，线路继续运行；若是永久性故障，继电保护再次动作跳开三相，不再重合。

单侧电源线路的三相一次自动重合闸，由下述原因实现简单：在单侧电源的线路上，不需要考虑电源间同步的检查问题；三相同时跳开，重合不需要区分故障类型和选择故障相，只需要在重合时断路器满足允许重合的条件，经预定的延时发出一次合闸脉冲。这种重合闸的实现器件有电磁继电器组合式、晶体管式、集成电路式和与数字保护一体化工作的数字式等多种。

图 5-1 所示为单侧电源输电线路三相一次重合闸的工作原理图，主要由重合闸起动、重合闸时间、一次合闸脉冲、手动跳闸后闭锁、手动合闸于故障时保护加速跳闸等元件组成。

重合闸起动元件：当断路

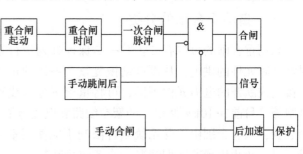

图 5-1　三相一次重合闸工作原理图

器由保护动作跳闸或其他非手动原因而跳闸后，重合闸均应起动。一般使用断路器的辅助常开触点或者用合闸位置继电器的触点构成，在正常运行情况下，当断路器由合闸位置变为跳闸位置时，马上发出起动指令。

重合闸时间元件：起动元件发出起动指令后，时间元件开始计时，达到预定的延时后，发出一个短暂的脉冲命令。这个延时就是重合闸时间，是可以整定的，选择的原则见后述。

一次合闸脉冲元件：当接收到重合闸时间元件的脉冲命令后，它马上发出一个合闸脉冲，并且开始计时，准备重合闸的整组复归，复归时间一般为 15 ~ 25s。在这个时间内，即使再有重合闸时间元件发来脉冲命令，它也不再发出第二个合闸脉冲。此元件的作用有二：一是在断路器自动跳闸后能够可靠地发出一个合闸脉冲，以保证瞬时性故障时重合成功；二是在重合闸整组复归前只能发一个合闸脉冲，以保证永久性故障时不会出现多次重合。

合闸元件：将一次合闸脉冲展宽 120 ~ 200ms，以保证断路器可靠重合。

后加速保护回路：对于永久性故障，在保证选择性的前提下，为尽可能地加快故障的再次切除，需要保护与重合闸配合。另外，后加速元件一般需将一次合闸脉冲展宽 300 ~ 400ms，其大于所加速保护的动作时间和断路器跳闸时间之和，以保证永久性故障的可靠切除。

手动跳闸：当手动跳开断路器时，也会起动重合闸回路，为消除这种情况造成的不必要重合，设置闭锁环节，使之手动跳闸后不能形成合闸命令。

手动合闸：当手动合闸到带故障的线路上时，保护跳闸，由于故障一般是检修时的保安接地线没拆除、缺陷未修复等永久故障，不仅要闭锁重合闸，而且要加速保护的再次跳闸。

在手动合闸命令过长或重合闸出口继电器接点粘住等情况下，均不应使断路器多次重合到永久性故障上去，这一功能一般要靠断路器控制回路中的"防跳回路"来实现。

二、双侧电源线路的检同期三相一次自动重合闸

1. 双侧电源输电线路重合闸的特点

在双侧电源的输电线上实现重合闸时，除应满足在第一节中提到的各项要求外，还必须考虑如下的特点：

1）当线路上发生故障跳闸以后，常常存在着重合闸时两侧电源是否同步，以及是否允许非同步合闸的问题。一般根据系统的具体情况，选用不同的重合条件。

2）当线路上发生故障时，两侧的保护可能以不同的时限动作于跳闸，例如，一侧为第 Ⅰ 段动作，而另一侧为第 Ⅱ 段动作，此时为了保证故障点电弧的熄灭和绝缘强度的恢复，以使重合闸有可能成功，线路两侧的重合闸必须保证在两侧的断路器都跳闸以后，再进行重合，其重合闸时间与单侧电源重合闸时间有所不同。

因此，双侧电源线路上的重合闸，应根据电网的接线方式和运行情况，在单侧电源重合合闸的基础上，采取某些附加的措施，以适应新的要求。

2. 双侧电源输电线路重合闸的主要方式

（1）快速自动重合闸 在现代高压输电线路上，采用快速重合闸是提高系统并列

运行稳定性和供电可靠性的有效措施。所谓快速重合闸，是指保护断开两侧断路器后在0.5~0.6s内使之再次重合，在这样短的时间内，两侧电动势角摆开不大，系统不可能失去同步，即使两侧电动势角摆大了，冲击电流对电力元件、电力系统的冲击均在可以耐受范围内，线路重合后很快会拉入同步。使用快速重合闸需要满足一定的条件：

1）线路两侧都装有可以进行快速重合的断路器，如快速气体断路器等。

2）线路两侧都装有全线速动的保护，如纵联保护等。

3）重合瞬间输电线路中出现的冲击电流对电力设备、电力系统的冲击均在允许范围内。输电线路中出现的冲击电流周期分量可用下式估算

$$I = \frac{2E}{Z_\Sigma} \sin\frac{\delta}{2} \tag{5-1}$$

式中　Z_Σ——系统两侧电动势间总阻抗；

　　　δ——两侧电动势相位差，最严重取180°；

　　　E——两侧发电机电动势，可取$1.05U_N$。

按规定，由式(5-1)算出的电流，不应超过下列数值：

对于汽轮发电机

$$I \leqslant \frac{0.65}{X_d''} I_N \tag{5-2}$$

对于有纵轴和横轴阻尼绕组的水轮发电机

$$I \leqslant \frac{0.6}{X_d''} I_N \tag{5-3}$$

对于无阻尼或阻尼绕组不全的水轮发电机

$$I \leqslant \frac{0.61}{X_d'} I_N \tag{5-4}$$

对于同步调相机

$$I \leqslant \frac{0.84}{X_d} I_N \tag{5-5}$$

对于电力变压器

$$I \leqslant \frac{100}{U_k\%} I_N \tag{5-6}$$

式中　I_N——各元件的额定电流；

　　　X_d''——次暂态电抗标幺值；

　　　X_d'——暂态电抗标幺值；

　　　X_d——同步电抗标幺值；

　　　$U_k\%$——短路电压百分值。

（2）非同期重合闸　当快速重合闸的重合时间不够快，或者系统的功角摆开比较快，两侧断路器合闸时系统已经失步，合闸后期待系统自动拉入同步，此时系统中各电力元件都将受到冲击电流的影响，当冲击电流不超过式(5-2)~式(5-6)规定值时，

可以采用非同期重合闸方式，否则是不允许的。

（3）检同期的自动重合闸　当必须满足同期条件才能合闸时，需要使用检同期重合闸。因为实现检同期比较复杂，根据发电厂送出线或输电断面上的输电线路电流间的相互关系，有时采用简单的检测系统是否同步的方法。检同步重合闸有以下几种方法：

1）系统的结构保证线路两侧不会失步。电力系统之间，在电气上有紧密的联系时（如具有 3 个以上联系的线路或 3 个紧密联系的线路），由于同时断开所有联系的可能性几乎不存在，因此，当任一条线路断开之后又进行重合闸时，都不会出现非同步合闸的问题，可以直接使用不检同步重合闸。

2）在双回路线路上检查另一回线路有电流的重合方式。在没有其他旁路联系的双回路上（见图 5-2），当不能采用非同期重合闸时，可采用检定另一回路上是否有电流的重合闸。因为当另一回路上有电流时，即表示两侧电源仍保持联系，一般是同步的，因此可以重合。采用这种重合闸方式的优点是电流检定比同步检定简单。图中 AR 为自动重合闸装置。

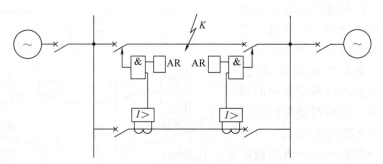

图 5-2　双回线路上检查另一回线路有电流的重合闸示意图

3）必须检定两侧电源确实同步之后，才能进行重合。为此可在线路的一侧采用检无压先重合，因另一侧断路器是断开的，不会造成非同期合闸；待一侧重合成功后，而在另一侧采用检同步的重合闸，如图 5-3 所示。

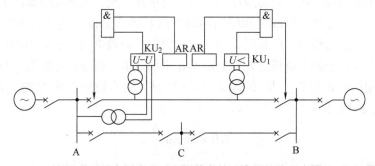

图 5-3　具有同步和无电压检定的重合闸接线示意图

KU_2—同步检定继电器　KU_1—无电压检定继电器　AR—自动重合闸继电器

3. 具有同步检定和无电压检定的重合闸

具有同步检定和无电压检定的重合闸接线示意图如图 5-3 所示，除在线路两侧均设重合闸装置以外，在线路的一侧还装有检定线路无电压的继电器 KU_1，当线路无电压时允许重合闸；而在另一侧则装设检定同步的继电器 KU_2，检测母线电压与线路电压间满足同期条件时允许重合闸。

当线路发生故障，两侧断路器跳闸以后，检定线路无电压一侧的重合闸首先动作，使断路器投入。如果重合不成功，则断路器再次跳闸，此时，线路另一侧由于没有电压，同步检定继电器不动作，因此，该侧重合闸根本不起动。如果检无压侧重合成功，则另一侧在检定同步之后，再投入断路器，线路即恢复正常工作。

在使用检查线路无电压方式重合闸的一侧，当该侧断路器在正常运行情况下由于某种原因（如误碰跳闸机构，保护误动作等）而跳闸时，由于对侧并未动作，线路上有电压，因而就不能实现重合，这是一个很大的缺陷。为了解决这个问题，通常都是在检定无电压的一侧也同时投入同步检定继电器，两者经"或门"并联工作。此时如遇有上述情况，则同步检定继电器就能够起作用，当符合同步条件时，即可将误跳闸的断路器重新投入。但是，在使用同步检定的另一侧，其无电压检定是绝对不允许同时投入的。

实际上，这种重合闸方式的配置原则如图 5-4 所示，一侧投入无电压检定和同步检定（两者并联工作），而另一侧只投入同步检定。两侧的投入方式可以利用其中的切换片定期轮换，这样可使两侧断路器切断故障的次数大致相同。

在重合闸中所用的无电压检定继电器，就是一般的低电压继电器，其整定值的选择应保证只有当对侧

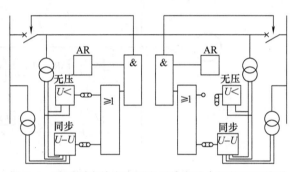

图 5-4　采用同步检定和无电压检定重合闸的配置关系

断路器确实跳闸之后，才允许重合闸动作，根据经验，通常都是整定为 0.5 倍额定电压。

同步检定继电器采用电磁感应原理可以很简单地实现，内部接线如图 5-5 所示。继电器有两组线圈，分别从母线侧和线路侧的电压互感器上接入同名相的电压。两组线圈在铁心中所产生的磁通方向相反，因此铁心中的总磁通 $\dot{\Phi}_{\Sigma}$ 反应两个电压所产生的磁通之差，亦即反应于两个电压之差，如图 5-6 中的 $\Delta\dot{U}$，而 ΔU 的数值则与两侧电压 $\dot{U}$ 和 $\dot{U}'$ 之间的相位差 δ 有关。当 $|\dot{U}| = |\dot{U}'| = U$ 时，同步检定继电器的电压相量图如图 5-6 所示。由图可得

$$\Delta U = 2U\sin\frac{\delta}{2} \tag{5-7}$$

因此，从最后结果来看，继电器铁心中的磁通将随 δ 而变化，如 $\delta = 0°$ 时，$\Delta U = 0$，$\dot{\Phi}_{\Sigma} = 0$；δ 增加，$\dot{\Phi}_{\Sigma}$ 也按式(5-7) 增大，则作用于活动舌片上的电磁力矩增大。当 δ 达到一定数值后，电磁吸引力吸引舌片，即把继电器的动断触点打开，将重合闸闭锁，使之不能动作。继电器的 δ 定值调节范围一般为 $20° \sim 40°$。

为了检定线路无电压和检定同步，就需要在断路器断开的情况下，测量线路侧电

压的大小和相位，这样就需要在线路侧装设电压互感器或特殊的电压抽取装置。在高压输电线路上，为了装设重合闸而增设电压互感器是十分不经济的，因此一般都是利用结合电容器或断路器的电容式套管等来抽取电压。

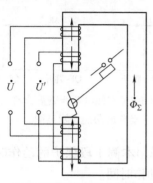

图 5-5　电磁型同步检定继电器内部接线图

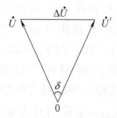

图 5-6　同步检定继电器电压相量图

三、重合闸动作时限的选择原则

1. 单侧电源线路的三相重合闸

为了尽可能缩短电源中断的时间，重合闸的动作时限原则上越短越好。因为电源中断后，电动机的转速急剧下降，电动机被其负荷转矩所制动，当重合闸成功恢复供电以后，很多电动机要自起动。此时由于电动机自起动电流很大，往往又会引起电网内电压的降低，因而造成自起动的困难或拖延其恢复正常工作的时间，而且电源中断的时间越长，电动机转速降得越低，自起动电流越大，影响就越严重。

重合闸的动作时限按下述原则确定：

1）在断路器跳闸后，要使故障点的电弧熄灭并使周围介质恢复绝缘强度需要一定的时间，必须在这个时间以后进行重合才有可能成功。另外，还必须考虑负荷电动机向故障点反馈电流所产生的影响，因为它会使绝缘强度恢复变慢。

2）在断路器跳闸灭弧后，其触头周围绝缘强度的恢复以及消弧室重新充满油、气均需要时间，同时其操作机构恢复原状准备好再次动作也需要时间。重合闸必须在这个时间以后才能向断路器发出合闸脉冲，否则，如重合在永久性故障上，就可能发生断路器爆炸的严重事故。

3）如果重合闸是利用继电保护跳闸出口起动，其动作时限还应该加上断路器的跳闸时间。

重合闸动作时限应在满足以上原则的基础上，力求缩短。

根据电力系统运行经验，对于单侧电源线路的重合闸，一般动作时限为 $0.7 \sim 1.0\text{s}$。

2. 双侧电源线路的三相重合闸

其动作时间除满足以上原则外，还应考虑线路两侧继电保护以不同时限切除故障的可能性。

从最不利的情况出发，每一侧的重合闸都应该以本侧先跳闸而对侧后跳闸来作为考虑整定时间的依据。如图 5-7 所示，设本侧保护（保护 1）的动作时间为 t_{op1}、断路器动作时间为 t_{QF1}，对侧保护（保护 2）的动作时间为 t_{op2}、断路器动作时间为 t_{QF2}，则在本侧跳闸以后，对侧还需要经过$(t_{op2} + t_{QF2} - t_{op1} - t_{QF1})$的时间才能跳闸。再考虑故障点灭弧和周围介质去游离的时间t_u，则先跳闸一侧重合闸装置 AR 的动作时限整定为

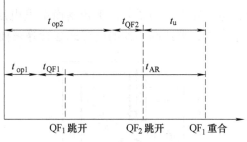

$$t_{AR} = t_{op2} + t_{QF2} - t_{op1} - t_{QF1} + t_u$$

当线路上装设纵联保护时，一般考虑一端快速保护动作（如快速距离、距离保护 I 段）时间（约 3 ~ 20ms），另一端由纵联保护跳闸（可能慢至 25 ~

图 5-7　双侧电源线路重合闸动作时限配合示意图

30ms）。当线路采用阶段式保护作主保护时，t_{op1}应采用本侧 I 段保护的动作时间（约 20ms），而t_{op2}一般采用对侧 II 段（或 III 段）保护的动作时间。

四、自动重合闸与继电保护的配合

为了能尽量利用重合闸所提供的条件以加速切除故障，继电保护与之配合时，一般采用重合闸前加速保护和重合闸后加速保护两种方式，根据不同的线路及其保护配置方式进行选择。

1. 重合闸前加速保护

重合闸前加速保护简称为"前加速"。图 5-8 所示的网络接线中，假定在每条线路上均装设过电流保护，其动作时限按阶梯型原则来配合。因而，在靠近电源端保护 3 处的时限就很长。为了加速故障的切除，可在保护 3 处采用前加速的方式，即当任何一条线路上发生故障时，第一次都由保护 3 瞬时无选择性动作予以切除，重合闸以后保护第二次动作切除故障是有选择性的，例如，故障是在线路 AB 以外（如 K_1 点故障），则保护 3 的第一次动作是无选择的，但断路器 QF_3 跳闸后，如果此时的故障是瞬时性的，则在重合闸以后就恢复了供电；如果故障是永久性的，则保护 3 第二次就按有选择的时限 t_3 动作。为了使无选择性的动作范围不扩展得太长，一般规定当变压器低压侧短路时，保护 3 不应动作。因此，其起动电流还应按照躲开相邻变压器低压侧的短路（如 K_2 点短路）来整定。

采用前加速的优点是：

1）能够快速地切除瞬时性故障。

2）可能使瞬时性故障来不及发展成永久性故障，从而提高重合闸的成功率。

3）能保证发电厂和重要变电所的母线电压在 0.6 ~ 0.7 倍额定电压以上，从而保证厂用电和重要用户的电能质量。

4）使用设备少，只需装设一套重合闸装置，简单经济。

前加速的缺点是：

1）断路器工作条件恶劣，动作次数较多。

2）重合于永久性故障上时，故障切除的时间可能较长。

3）如果重合闸装置 AR 或断路器 QF_3 拒绝合闸，则将扩大停电范围。甚至在最末一级线路上故障时，都会使连接在这条线路上的所有用户停电。

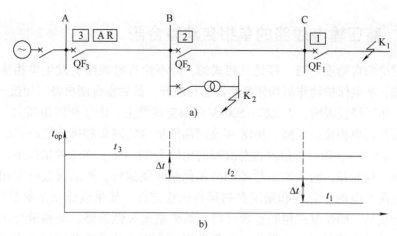

图5-8 重合闸前加速保护的网络接线图

a) 网络接线图 b) 时间配合关系

前加速保护主要用于35kV以下由发电厂或重要变电所引出的直配线路上,以便快速切除故障,保证母线电压正常。

2. 重合闸后加速保护

重合闸后加速保护简称为"后加速",就是当线路第一次故障时,保护有选择性动作,然后进行重合,同时将被加速保护的动作时限解除或缩短。这样,当重合于永久性故障时,就能加快保护第二次动作的速度。后加速方式一般加速保护第Ⅱ段,有时加速保护第Ⅲ段,以利于更快地切除永久性故障。

后加速的优点是:

1)第一次是有选择性地切除故障,不会扩大停电范围,特别是在重要的高压电网中,一般不允许保护无选择性地动作而后以重合闸来纠正(即前加速)。

2)保证了永久性故障能瞬时切除,并仍然是有选择性的。

3)和前加速相比,使用中不受网络结构和负荷条件的限制,一般说来有利而无害。

后加速的缺点是:

1)每个断路器上都需要装设一套重合闸,与前加速相比略为复杂。

2)第一次切除故障可能带有延时。

图5-9所示为利用后加速元件KCP所提供的动合触点实现重合闸后加速过电流保护的原理接线。图中KA为过电流继电器的触点,当线路发生故障时,它起动时间继电器KT,然后经整定的时限后KT$_2$触点闭合,起动出口继电器KCO而跳闸。当重合闸动作以后,后加速元件KCP的触点将闭合300~400ms的时间,如果重合于永久性故障上,则KA再次动作,此时即可由时间继电器KT的瞬时动合触点KT$_1$、连接片XB和KCP的触点串联而立即起动KCO动作于跳闸,从而实现了重合闸后过电流保护加速动作的要求。

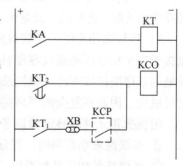

图5-9 重合闸后加速过电流保护的原理接线图

第三节　高压输电线路的单相自动重合闸

以上讨论的自动重合闸，都是三相式的，即不论送电线路上发生单相接地短路还是相间短路，继电保护动作后均使断路器三相断开，然后重合闸再将三相投入。

但是，运行经验表明，在 220~500kV 的架空线路上，由于相间距离大，其绝大部分短路故障都是单相接地短路，2018 年全国高压输电线路单相接地短路占所有短路故障的比例为 87.3%，瞬时性故障占总故障的比例为 72.4%。在这种情况下，如果只把发生故障的一相断开，而未发生故障的两相仍然继续运行，然后再进行单相重合，就能够大大提高供电的可靠性和系统并列运行的稳定性。如果线路发生的是瞬时故障，则单相重合成功，即恢复三相的正常运行；如果是永久性故障，单相重合不成功，则需根据系统的具体情况而定，目前一般是采用重合不成功时跳开三相的方式。这种单相短路跳开故障单相，经一定时间重合单相，若不成功再跳开三相的重合方式称为单相自动重合闸。

一、单相自动重合闸的特点

1. 故障相选择元件

为实现单相重合闸，首先就必须有故障相的选择元件，简称选相元件。对选相元件的基本要求有：

1）应保证选择性，即选相元件与继电保护相配合只跳开发生故障的一相，而接于另外两相上的选相元件不应动作。

2）在故障相末端发生单相接地短路时，接于该相上的选相元件应保证足够的灵敏性。

根据网络接线和运行特点，常用的选相元件有如下几种：

1）电流选相元件：在每相上装设一个过电流继电器，其起动电流按照大于最大负荷电流的原则进行整定，以保证动作的选择性。这种选相元件适于装设在电源端，且短路电流比较大的情况，它是根据故障相短路电流增大的原理而动作的。

2）低电压选相元件：用三个低电压继电器分别接于三相的相电压上，其起动电压应小于正常运行时以及非全相运行时可能出现的最低电压。这种选相元件一般适于装设在小电源侧或单侧电源线路的受电侧，因为在这一侧如用电流选相元件，则往往不能满足选择性和灵敏性的要求。低电压选相元件是根据故障相电压降低的原理而动作的。

3）阻抗选相元件：同接地距离保护中用的阻抗测量元件相同，三个阻抗继电器分别接于三个相电压和经过零序补偿的相电流上，以保证其测量阻抗与短路点到保护安装处的正序阻抗成正比。阻抗选相元件比以上两种选相元件具有更好的选择性和更高的灵敏性，因而在复杂的网络接线中得到了广泛应用。

阻抗选相元件的整定值应考虑以下几点：

① 本线路末端短路时，保证故障相选相元件有足够的灵敏度。

② 本线路单相接地短路时，保证非故障相选相元件可靠不动作。

③ 本线路单相接地短路而两侧的保护相继动作时，在一侧断开以后，另一侧将出现一相接地短路加同名相断线的复合故障形式，此时仍要求故障相选相元件正确动作，

而非故障相选相元件可靠不动。

④ 非全相运行时，如果需要选相元件独立工作，则非断线相的选相元件应可靠不动，而在非全相运行又发生故障时，则应可靠动作。

⑤ 非全相运行时又发生故障或进行重合之后，如果需要选相元件独立工作，则其整定值必须躲开非全相运行中发生振荡时继电器的测量阻抗。

4）其他选相元件：目前数字式保护中常用相电流差突变量选相，就是取每两相的相电流之差构成三个选相元件，它们是利用故障时电气量发生突变的原理构成的；另外，尚有使用对称分量原理构成的选相元件等，请读者参考相关文献。

2. 动作时限的选择

当采用单相重合闸时，其动作时限的选择除应满足三相重合闸所提出的要求（即大于故障点灭弧时间及周围介质去游离的时间，大于断路器及其操作机构复归原状准备好再次动作的时间）外，还应考虑下列问题：

1）不论是单侧电源还是双侧电源，均应考虑两侧选相元件与继电保护以不同时限切除故障的可能性。

2）潜供电流对灭弧产生的影响。这是指当故障相线路自两侧切除以后，如图 5-10 所示，由于非故障相与断开相之间存在静电（通过电容）和电磁（通过互感）的联系，因此，虽然短路电流已被切断，但在故障点的弧光通道中，仍然流有如下的电流：

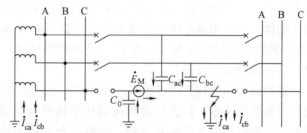

图 5-10　C 相单相接地时，潜供电流的示意图

① 非故障相 A 通过 A、C 相间的电容 C_{ac} 供给故障相 C 相的电流。

② 非故障相 B 通过 B、C 相间的电容 C_{bc} 供给故障相 C 相的电流。

③ 继续运行的两相中，由于流过负荷电流 $\dot{I}_{ca}$ 和 $\dot{I}_{cb}$ 而在故障相 C 相中产生互感电动势 $\dot{E}_{M}$，此电动势通过故障点和该相对地电容 C_0 而产生的电流。

这些电流的总和就称为潜供电流。由于潜供电流的影响，将使短路时弧光通道的去游离受到严重阻碍，而自动重合闸只有在故障点电弧熄灭且绝缘强度恢复以后才有可能成功，因此，单相重合闸的时间还必须考虑潜供电流的影响。一般线路的电压越高，线路越长，则潜供电流就越大。潜供电流的持续时间不仅与其大小有关，而且也与故障电流的大小、故障切除的时间、弧光的长度以及故障点的风速等因素有关。因此，为了正确地整定单相重合闸的时间，国内外许多电力系统都是由实测来确定灭弧时间。如我国某电力系统中，在 220kV 的线路上，根据实测确定保证单相重合闸期间的熄弧时间应在 0.6s 以上。

二、保护装置、选相元件与重合闸回路的配合关系

图 5-11 所示为保护装置、选相元件与重合闸回路的配合框图。

由于在单相重合闸过程中出现纵向不对称，因此将产生负序分量和零序分量，这就可能引起本线路保护以及系统中其他保护的误动作。对于可能误动的保护，应在单相重合闸动作时将其闭锁，或整定保护的动作时限大于非全相运行的时间。

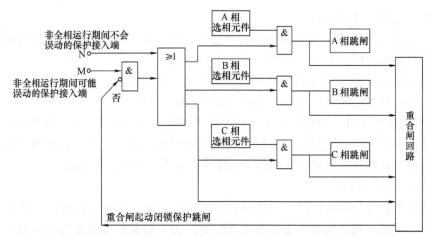

图 5-11　保护装置、选相元件与重合闸回路的配合框图

为了实现对误动作保护的闭锁，在单相重合闸与继电保护相连接的输入端都设有两个端子：一个端子接入非全相运行中仍然能继续工作的保护，称为 N 端子；另一个端子则接入非全相运行中可能误动作的保护，称为 M 端子。在重合闸起动以后，利用"否"回路即可将接入 M 端子的保护跳闸回路闭锁。当断路器被重合而恢复全相运行时，这些保护也立即恢复工作。

保护装置和选相元件动作后，经"与"门进行单相跳闸，并同时起动重合闸回路。对于单相接地故障，就进行单相跳闸和单相重合；对于相间短路，则在保护和选相元件相配合进行判断之后跳开三相，如果重合方式为综合重合闸则进行三相重合闸，如果为单相重合闸则不再进行重合。

传统的模拟型保护装置只判断故障发生在保护区内、区外，决定是否跳闸，而决定跳三相还是跳单相、跳哪一相，是由重合闸内的故障判别元件和故障选相元件来完成的，最后由重合闸发出跳、合断路器的命令。这种结构的特点是所有的保护（包括纵联、距离、零序）共用一组选相元件，优点是简化接线且节约投资，缺点是一旦重合闸内出问题或其内的选相元件拒动则所有的保护均不能出口跳闸，极大地影响整套保护装置动作的可靠性。

数字式保护装置中，在硬件电路完成了对所有模拟量输入信号的数据采集后，选相元件只需经过软件计算就可得到，无须增加新的硬件。因此选相元件不再置于重合闸内，而是纵联、距离、零序保护各用自己的选相元件，一个选相元件拒动只会影响一个保护功能，不会影响整套保护；同时，重合闸中去掉选相元件之后，不再管保护跳闸而只管合闸，使其在构成和功能上均得到了简化，即使重合闸出问题也不再会影响纵联、距离、零序等各保护的出口跳闸。这样，在无须增加硬件投资的前提下，简化了保护和重合闸装置之间的联系，极大地提高了整套保护装置的可靠性。

三、对单相重合闸的评价

采用单相重合闸的主要优点是：

1）能在绝大多数的故障情况下保证对用户的连续供电，从而提高供电的可靠性；当由单侧电源回路向重要负荷供电时，对保护不间断供电更有显著的优越性。

2）在双侧电源的联络线上采用单相重合闸，可以在故障时大大加强两个系统之间的联系，从而提高系统并列运行的动态稳定性。对于联系比较薄弱的系统，当三相切除并继之以三相重合闸而很难再恢复同步时，采用单相重合闸就能避免两系统解列。

采用单相重合闸的缺点是：

1）需要有按相操作的断路器。

2）需要专门的选相元件与继电器保护相配合，再考虑一些特殊的要求后，使重合闸回路的接线比较复杂。

3）在单相重合闸过程中，由于非全相运行能引起本线路和电网中其他线路的保护误动作，因此，需要根据实际情况采取措施予以防止。这将使保护的接线、整定计算和调试工作复杂化。

由于单相重合闸具有以上特点，并在实践中证明了它的优越性，因此，已在220～500kV的线路上获得了广泛的应用。对于110kV的电网，一般不推荐这种重合闸方式，只在由单侧电源向重要负荷供电的某些线路及根据系统运行需要装设单相重合闸的某些重要线路上，才考虑使用。

四、输电线路自适应单相重合闸

据2018年对我国电网线路保护的重合闸动作成功率统计，220kV及以上为72.4%，说明有27.6%的故障是永久性故障。重合闸重合于永久性故障上，其一是使电力设备在短时间内遭受两次故障电流的冲击，加速了设备的损坏；其二是现场的重合闸多数没有按照最佳时间重合，当重合于永久性故障时，降低了输电能力，甚至造成稳定性的破坏。如果在单相故障被单相切除后，能够判别故障是永久性还是瞬时性的，并且在永久性故障时闭锁重合闸，就可以避免重合于永久故障时的不利影响。这种能自动识别故障的性质，在永久性故障时不重合的重合闸称为自适应重合闸。

在单相故障被单相切除后，由于运行两相的电容耦合和电磁感应作用，断开相上仍然有一定的电压，其电压的大小除与电容大小、感应强弱等有关外，还与断开相是否继续存在接地点直接相关。永久性故障时接地点长期存在，断开相两端电压持续较低；瞬时性故障当电弧熄灭后，接地点消失，断开相两端电压持续较高。据此可以构成电压判据的永久与瞬时故障识别元件，根据永久与瞬时故障的其他差别，还可以构成电压补偿、组合补偿等识别元件。

超高压输电线路侧电压一般是可以抽取的，因此利用断开相电压区分永久性与瞬时性故障是可行的。当瞬时性故障时断开相线路电压高于整定值，过电压继电器触点闭合允许重合；当永久性故障时该电压低于整定值而闭锁重合，从而可实现自动识别故障性质的自适应单相重合闸。

第四节　高压输电线路的综合重合闸

以上分别讨论了三相重合闸和单相重合闸的基本原理和实现中需要考虑的一些问题。对于有些线路，在采用单相重合闸后，如果发生各种相间故障仍然需要切除三相，然后再进行三相重合闸，如重合不成功则再次断开三相而不再进行重合。因此，实践上在实现单相重合闸时，也总是把实现三相重合闸的问题结合在一起考虑，故称它为"综合重合闸"。在综合重合闸的接线中，应考虑能实现只进行单相重合闸、三相重合闸或综合重合闸以及停用重合闸的各种可能性。

实现综合重合闸回路接线时，应考虑如下一些基本原则：

1）单相接地短路时跳开单相，然后进行单相重合；如重合不成功则跳开三相而不再进行重合。

2）各种相间短路时跳开三相，然后进行三相重合；如重合不成功，仍跳开三相，而不进行重合。

3）当选相元件拒绝动作时，应能跳开三相并进行三相重合。

4）对于非全相运行中可能误动作的保护，应进行可靠的闭锁；对于在单相接地时可能误动作的相间保护（如距离保护），应有防止单相接地误跳三相的措施。

5）当一相跳开后重合闸拒绝动作时，为防止线路长期出现非全相运行，应将其他两相自动断开。

6）任意两相的分相跳闸继电器动作后，应联跳第三相，使三相断路器均跳闸。

7）无论单相或三相重合闸，在重合不成功之后，均应考虑能加速切除三相，即实现重合闸后加速。

8）在非全相运行过程中，如又发生另一相或两相的故障，保护应能有选择性地予以切除。上述故障如发生在单相重合闸的脉冲发出以前，则在故障切除后能进行三相重合；如发生在重合闸脉冲发出以后，则切除三相不再进行重合。

9）对空气断路器或液压传动的油断路器，当气压或液压低至不允许实现重合闸时，应将重合闸回路自动闭锁；但如果在重合闸过程中下降到低于运行值时，则应保证重合闸动作的完成。

复习思考题

5-1 在超高压电网中，目前使用的重合闸有何优、缺点？

5-2 何为瞬时性故障、何为永久性故障？

5-3 在超高压电网中使用三相重合闸时为什么要考虑两侧电源的同期问题，使用单相重合闸是否需要考虑同期问题？

5-4 在什么条件下重合闸可以不考虑两侧电源的同期问题？

5-5 如果必须考虑同期合闸，重合闸是否必须加装检同期元件？

5-6 如用数字式装置实现重合闸，请画出其检同期环节的原理框图。

5-7 三相重合闸的重合时间主要由哪些因素决定？单相重合闸的重合时间主要由哪些因素决定？

5-8 使用单相重合闸有哪些优点？它给继电保护的正确工作带来了哪些不利影响？我国为什么还要采用这种重合闸方式？

5-9 对选相元件的基本要求是什么？常用的选相原理有哪些？

5-10 什么是重合闸前加速保护？有何优缺点？主要适用于什么场合？

5-11 什么是重合闸后加速保护？有何优缺点？主要适用于什么场合？

5-12 模拟式和数字式保护重合闸装置中，选相元件的用法有何不同？并说明其原因。

5-13 模拟式和数字式保护重合闸装置中，重合闸的功能有何不同？并说明其原因。

5-14 同模拟式保护重合闸装置相比，数字式的有何优点？并说明其原因。

第六章 电力系统自动低频减载装置

第一节 概述

电力系统的频率是衡量电能质量的主要指标之一，它反映了发电机组发出的有功功率与负荷所需要的有功功率之间的平衡情况。系统的有功功率平衡被破坏时，频率要发生变化。有功功率不足时，系统频率会下降，一般可利用机组增发有功功率的方法，维持系统频率的稳定。当系统发生较大事故时，如电网发生短路故障或大型发电机组突然被切除，均可能造成系统出现严重的有功功率缺额，此时往往不能利用系统增发有功的方法满足负荷有功功率的需要，系统频率将会显著降低，因此必须切除一定的有功负荷来减轻有功缺额的程度，使系统的频率保持在事故允许限额之内。

一、低频运行的危害性

当系统频率降低较大时，将造成大量用电设备不能正常运行，甚至会产生严重的后果，主要表现在如下几个方面：

1）由于频率降低，火电厂厂用机械设备的出力将显著降低，导致发电厂发出的有功功率进一步减少，功率缺额更加严重，系统频率进一步降低的恶性循环，严重时造成系统频率崩溃。

2）频率降低时，励磁机、发电机等的转速相应降低，导致发电机的电动势下降，使系统电压水平下降，系统运行稳定性遭到破坏，严重时出现电压崩溃现象。

3）系统频率若长时间运行在 49.5～49Hz 以下时，某些汽轮机的叶片容易产生裂纹；当频率降低到 45Hz 附近时，汽轮机个别级的叶片可能发生共振而引起断裂事故。

运行实践表明：电力系统的运行频率偏差不超过 ±0.2Hz；系统频率不能长时间运行在 49.5～49Hz 以下；事故情况下，不能较长时间停留在 47Hz 以下；系统频率的瞬时值绝对不能低于 45Hz。

由第三章负荷的静态频率特性可知，当系统出现有功缺额致使频率下降时，负荷具有一定的调节效应，可起到一定的稳定频率的作用。但是如果仅仅依靠负荷的调节作用来补偿有功功率的不足，系统频率将会下降到不允许的程度，如图 3-2 所示。

因此，当系统出现较大的有功功率缺额时，必须迅速断开部分负荷，减小系统的有功缺额，使系统频率维持在正常水平或允许的范围内。自动低频减载装置的任务是根据频率下降的不同程度自动断开相应的非重要负荷，以阻止频率的下降，使系统频率恢复到可以安全稳定运行的水平内。

二、系统的动态频率特性

系统的动态频率特性指系统的频率由一个稳定状态过渡到另一个稳定状态所经历的时间过程。

电力系统在稳态运行情况下，各母线电压的频率为统一的运行参数，即 $f_s = \omega_s/2\pi$，各母线电压的表达式为

$$u_i = U_i \sin(\omega_s t + \delta_i) \tag{6-1}$$

式中　ω_s——全网统一的角频率。

如图 6-1 所示，设系统受到微小扰动，频率仍能维持在 f_s。但是由线路传输的功率发生了变化，节点 i 的输入功率和输出功率也发生了变化，于是 δ_i 随之变化。这时电压的瞬时角频率可表示为

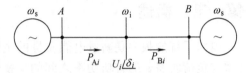

图 6-1　节点 i 的瞬时频率分析示意图

$$\omega_i = \frac{d(\omega_s t + \delta_i)}{dt} = \omega_s + \frac{d\delta_i}{dt} = \omega_s + \Delta\omega_i \tag{6-2}$$

所以，该节点的频率 f_i 为

$$f_i = f_s + \Delta f_i \tag{6-3}$$

在扰动过程中，各母线电压的相位不可能具有相同的变化率，因此，系统中各母线电压的频率并不一致，它与电网统一的频率 f_s 相差 Δf_i，其值决定于相位的变化情况。因此，电力系统在扰动过程中，设系统频率的动态特性为 $f_s(t)$，这个母线频率的动态特性严格讲并不相同，需用 $\Delta f_i(t)$ 进行修正。

当系统中出现功率缺额时，频率随时间变化的过程主要取决于功率缺额的大小与系统中所有转动部分的机械惯性，包括汽轮机、同步发电机、同步补偿机、电动机及电动机拖动的机械设备。转动机械的惯性通常用惯性时间常数来表示。

已知单个机组的惯性时间常数为

$$T_i = \frac{J_i \Omega_N^2}{P_{GN}} \tag{6-4}$$

式中　Ω_N——机械角速度；

　　　P_{GN}——发电机的额定功率；

　　　T_i——机组的惯性时间常数；

　　　J_i——转子转动惯性。

对于汽轮发电机，当极对数为 1 时，Ω_N 可用额定电角速度 ω_N 表示，所以

$$T_i = \frac{J_i \omega_N^2}{P_{GiN}} \tag{6-5}$$

式中　P_{GiN}——发电机 i 的额定功率。

机组的运动方程可写为

$$T_i \frac{d\omega_*}{dt} = P_{Ti*} - P_{Li*} \tag{6-6}$$

式中 P_{Ti*} ——发电机 i 输入的功率；

P_{Li*} ——发电机 i 的负荷功率。

当系统频率变化时，若忽略各节点间 Δf_i 的差异，首先求得全系统频率 f_s 的变化过程，因此可以把系统中的所有机组作为一台等值机组来考虑。

根据上述等值观点，电力系统频率变化时等值机组的运动方程为

$$T_s \frac{\mathrm{d}\omega_*}{\mathrm{d}t} = P_{T*} - P_{L*} \tag{6-7}$$

式中 P_{T*}，P_{L*} ——以系统中发电机总额定功率 P_{GN} 为基准的发电机总功率和负荷功率的标幺值；

T_s ——系统等值机组的惯性时间常数。

由于

$$\Delta\omega_* = \frac{\omega - \omega_N}{\omega_N}, \quad \Delta f_* = \frac{f - f_N}{f_N}$$

所以

$$\frac{\mathrm{d}\omega_*}{\mathrm{d}t} = \frac{\mathrm{d}\Delta\omega_*}{\mathrm{d}t} = \frac{\mathrm{d}\Delta f_*}{\mathrm{d}t}$$

以系统负荷在额定频率时的总功率 P_{LN} 为基准功率，则式(6-7) 又可表示为

$$T_s \frac{P_{GN}}{P_{LN}} \frac{\mathrm{d}\Delta f_*}{\mathrm{d}t} = P_{T*} - P_{L*} \tag{6-8}$$

在事故情况下，低频减载装置动作时，可认为系统中所有机组的功率已达最大值。式(6-8) 的右端就是系统的功率缺额 ΔP_{h*}，将与其相对应的频率降低的稳态值 Δf_* 代入式(6-8)，得

$$T_s \frac{P_{GN}}{P_{LN}} \frac{\mathrm{d}\Delta f_*}{\mathrm{d}t} + K_{L*} \Delta f_* = 0 \tag{6-9}$$

也可表示为

$$T_s \frac{P_{GN}}{P_{LN}} \frac{\mathrm{d}\Delta f}{\mathrm{d}t} + K_{L*} \Delta f = 0 \tag{6-10}$$

解式(6-9) 可得

$$\Delta f_* = \Delta f_{*\infty} \mathrm{e}^{-\frac{t}{T_f}} \tag{6-11}$$

其中

$$T_f = \frac{P_{GN}}{P_{LN}} \frac{T_s}{K_{L*}} \tag{6-12}$$

式中 T_f ——系统频率下降过程的时间常数；

$\Delta f_{*\infty}$ ——系统频率降低的标幺值。

上述推导过程表明，当系统中的功率平衡遭到破坏时，系统频率 f_s 的动态特性可用指数曲线来描述，其时间常数 T_f 与系统的机械惯性时间常数并不相等。T_f 值与 P_{GN}、P_{LN}、T_s 和负荷调节效应系数 K_{L*} 等数值有关，大约在 $4\sim10\mathrm{s}$ 之间。

Δf_{∞} 为系统频率降低的稳态值，它与功率缺额 ΔP_{h*} 成正比。当 ΔP_{h*} 与 T_f 已知时，

系统频率的动态特性 $f_s(t)$ 也就不难求得，如图 6-2 所示。如果忽略 T_f 值的变化，系统频率 f_s 的变化可归纳为如下几种情况：

1）由于 Δf_∞ 的值与功率缺额 ΔP_h 成比例，当 ΔP_h 不同时，系统频率的动态特性也不一样，如图 6-2 中的曲线 a 和曲线 b 所示。ΔP_h 值越大，频率下降的速度也越快，其频率稳定值最终趋于 $f_{a\infty}$ 和 $f_{b\infty}$。

2）设系统功率缺额为 ΔP_h，当频率下

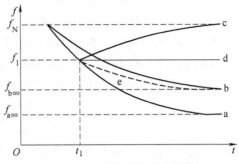

图 6-2 电力系统频率的动态特性

降至 f_1 时切除负荷功率 ΔP_L，如果 $\Delta P_L = \Delta P_h$，即发电机发出的有功功率刚好与切除部分负荷后系统剩余负荷功率平衡，则系统频率按指数规律恢复到额定频率 f_N，如图 6-2 中的曲线 c 所示；如果在 f_1 时切除的负荷为 ΔP_{L1}，且 $\Delta P_{L1} < \Delta P_h$，则系统频率的稳态值将低于额定值 f_N，如图 6-2 中的曲线 d 所示，此时系统频率刚好维持在 f_1 运行；如果在 f_1 时切除负荷为 ΔP_{L2}，且 $\Delta P_{L2} < \Delta P_{L1}$，系统频率会继续下降，其变化过程如图 6-2 中的虚线 e 所示。

由上述分析可知，当系统由于功率缺额，频率下降时，如能及早切除部分负荷，可制止或延缓频率的下降，使系统频率恢复到额定值或可运行的水平。

第二节 自动低频减载装置的工作原理

自动低频减载装置的任务是在系统出现严重功率缺额时，断开相应数量的负荷功率，恢复有功功率的平衡，使系统频率不低于某一允许值。

一、对自动低频减载装置的基本要求

1）能在各种运行方式出现功率缺额的情况下，有计划地切除负荷，防止系统频率下降至危险点以下。

2）切除的负荷应尽可能少，应防止超调和悬停现象。

3）变电所的馈电线路故障使变压器跳闸造成失压时，低频减载装置应可靠闭锁，不应误动作。

4）电力系统发生低频振荡时，低频减载装置不应误动作。

5）电力系统受谐波干扰时，低频减载装置不应误动作。

二、最大功率缺额的确定

在系统发生最严重事故的情况下，自动低频减载装置应能通过切除相应的负荷使频率恢复至可运行的水平，所以，接入低频减载装置的负荷功率，应考虑系统可能出现的最大功率缺额。确定的值涉及对系统事故的预想，有时按系统中断开最大机组或某一电厂来考虑。如果系统有可能解列成几个子系统运行时，还必须考虑各个子系统可能出现的功率缺额。

当系统出现有功功率缺额时，为了使停电的用户尽可能少，一般希望系统频率恢复到可运行的水平即可，并不要求恢复到额定频率，即系统恢复频率小于额定频率。

这样，低频减载装置可能断开的最大功率 ΔP_{Lmax} 可小于最大功率缺额 ΔP_{hmax}。设正常运行时系统负荷为 P_L，根据式(3-7) 可得

$$\frac{\Delta P_{hmax} - \Delta P_{Lmax}}{P_L - \Delta P_{Lmax}} = K_{L*} \Delta f_*$$

$$\Delta P_{Lmax} = \frac{\Delta P_{hmax} - K_{L*} P_L \Delta f_*}{1 - K_{L*} \Delta f_*} \qquad (6\text{-}13)$$

式(6-13) 表明，当系统负荷功率和系统最大功率缺额已知后，只要系统恢复频率 f_r 确定，便可按式(6-13) 求得接到自动低频减载装置的总有功功率。

【**例 6-1**】 某系统的负荷总有功功率为 $P_L = 2800\text{MW}$，系统可能出现的最大功率缺额为 $\Delta P_{hmax} = 900\text{MW}$，负荷的调节效应系数为 $K_{L*} = 2$，自动低频减载装置动作后，希望频率恢复为 $f_r = 48\text{Hz}$。求接入减载装置的负荷总功率 ΔP_{Lmax}。

解 恢复频率偏差的标幺值为

$$\Delta f_* = \frac{50 - 48}{50} = 0.04$$

由式(6-13) 得

$$\Delta P_{Lmax} = \frac{900 - 2 \times 0.04 \times 2800}{1 - 2 \times 0.04} = 734\text{MW}$$

即当接入自动低频减载装置的功率总数为 734MW 时，该系统即使发生最严重的有功功率缺额，频率的恢复值也不低于 48Hz。

三、自动低频减载装置动作顺序

自动低频减载装置的总功率是按系统最严重的事故情况来考虑的，然而，系统的运行方式很多，且事故的严重程度也有差别。对于各种各样可能发生的事故，都要求低频减载装置作出恰当的反应，切除相应数量的负荷，既不要过多也不要不足。为此，只有采取分批断开负荷功率逐步修正的办法，才能取得较为满意的结果。

目前在电力系统中普遍采用按照频率降低的程度分批切除负荷的方法，也就是将接至低频减载装置的总负荷功率 ΔP_{Lmax} 分配在不同的起动频率下分批地切除，以满足不同功率缺额的需要。根据起动频率的不同，低频减载装置可分为若干级，按所接负荷的重要性又分为 n 个基本级和 n 个特殊级。

1. 基本级

基本级的作用是根据频率下降的程度，依次切除不重要的负荷，制止系统频率的继续下降。为了确定基本级的级数，首先应该确定第一级起动频率 f_1 和最末一级起动频率 f_n 的数值。

1）第一级起动频率 f_1 的确定：由图 6-3 所示系统频率动态特性曲线的规律可知，在事故初期若能及早切除负荷功率，对于延缓频率的下降是有利的，因此第一级的起动频率宜选择得高一些。但是，又必须计及电力系统起动旋转备用容量所

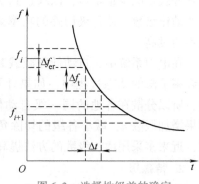

图 6-3 选择性级差的确定

需的时间延迟，避免暂时性的频率下降而断开负荷功率。所以，一般第一级的起动频率 f_1 整定为 $47.5 \sim 48.5\text{Hz}$。

2）最末一级起动频率 f_n 的选择：电力系统允许的最低频率受"频率崩溃"或"电压崩溃"的限制。对于高温高压的火电厂，在频率低于 $46 \sim 46.5\text{Hz}$ 时，厂用电已不能正常工作；在频率低于 45Hz 时，就有"电压崩溃"的危险。因此，最末一级的起动频率宜整定为 $46 \sim 46.5\text{Hz}$。

3）级数 n 的确定：当 f_1 和 f_n 确定以后，就可以在此频率范围内按频率级差 Δf 确定 n 个起动频率值，即 n 级，将总负荷功率 ΔP_{Lmax} 分配在这些不同的起动频率值上。其中级数 n 应选择为

$$n = \frac{f_1 - f_n}{\Delta f} + 1 \tag{6-14}$$

级数 n 越大，每级断开的负荷就越小。这样装置所切除的负荷量就越有可能接近于实际功率缺额，具有较好的适应性。

在式(6-14)中，频率级差 Δf 的选择，有两个原则：

1）按选择性确定级差。自动按频率减载装置的选择性是指各级应按顺序动作，如果前一级动作之后还不能制止频率的下降，后一级才能动作。

设频率测量元件的测量误差为 $\pm \Delta f_{\text{er}}$，按照最严重的情况考虑，即前一级起动频率具有最大负误差，而本级的测频元件具有最大正误差，如图6-3所示。设第 i 级在频率为 $f_i - \Delta f_{\text{er}}$ 时起动，经时间 Δt 后断开用户负荷，这时频率已下降至 $f_i - \Delta f_{\text{er}} - \Delta f_{\text{t}}$。第 i 级断开负荷后，如果频率不继续下降，则第 $i+1$ 级就不起动，这样，装置才算是有选择性。所以，最小频率级差应选择为

$$\Delta f = 2\Delta f_{\text{er}} + \Delta f_{\text{t}} + \Delta f_y \tag{6-15}$$

式中 Δf_{er} ——频率测量元件的最大误差；

       Δf_{t} ——对应于 Δt 时间内的频率变化，一般可取 0.15Hz；

       Δf_y ——频差裕度，一般取 0.05Hz。

当频率测量元件本身的最大误差为 $\pm 0.15\text{Hz}$ 时，按照式(6-15)，选择性级差 Δf 一般取 0.5Hz。

2）级差不强调选择性。由于电力系统运行方式和负荷水平是不固定的，针对电力系统发生事故时功率缺额有很大分散性的特点，低频减载装置可采取逐步试探求解的原则分级切除少量负荷，以求达到最佳的控制效果。这就要求减小级差 Δf，增加总的频率动作级数，使每级切除的功率减少。这样即使两级无选择性起动，系统恢复频率也不会过高。

在电力系统中，自动低频减载装置总是分设在各个地区变电所中，如前所述在系统频率下降的动态过程中，如果计及暂态频率修正项 Δf_i，各母线电压的频率并不一致，所以分散在各地的同一级自动低频减载装置事实上也有可能不同时起动。但是，如果增加级数 n，减小各级的切除负荷功率，则两级间的选择性问题就并不突出，所以，近来多采用增加级数的方法提高低频减载装置的适应性。

2. 特殊级

从基本级的工作原理可以看出，在装置的动作过程中，可能出现这样的情况：第 i

级动作之后，系统频率可能稳定在 f_i，它低于恢复频率的极限值，但又不足以使第 $i+1$ 级动作，如图 6-4 中的曲线 2 所示。于是系统频率将长时间停留在较低水平上，显然这是不允许的。为了消除这种现象，在低频减载装置中增加了特殊级，其动作频率一般取为 $47.5 \sim 48.5\mathrm{Hz}$。由于特殊级动作时，系统频率已处于稳定状态，所以特殊级应带有 $15 \sim 25\mathrm{s}$ 的动作时限，约为系统频率变化时间常数的 $2 \sim 3$ 倍，以防止特殊级的误动作。各级时间差取 5s 左右。

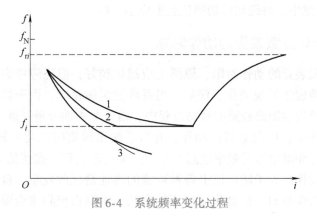

图 6-4　系统频率变化过程

四、每级切除负荷的限值

自动低频减载装置切除的负荷越多，系统频率恢复得越高，但是系统不希望利用切除多的负荷使频率恢复较高，更不希望频率恢复值大于额定值。

设第 i 级的动作频率为 f_i，它所切除的用户功率为 $\Delta P_{\mathrm{L}i}$，系统频率的下降过程如图 6-4 所示。其中特性曲线 1 的稳态频率正好是 f_i，这是能使第 i 级起动的功率缺额为最小的临界情况，因此当切除 $\Delta P_{\mathrm{L}i}$ 后，系统频率恢复到最大值。在其他功率缺额较大的事故情况下，也能使第 i 级起动，不过它们的恢复频率均低于 f_{ri}。如图 6-4 中的曲线 2 和曲线 3 所示。其中曲线 2 表示切除 $\Delta P_{\mathrm{L}i}$ 后，频率稳定在 f_i；曲线 3 表示切除 $\Delta P_{\mathrm{L}i}$ 后，频率继续下降。

若系统恢复频率 f_r 已知，则第 i 级切除功率的限值就不难求得。第 i 级未动作之前，系统的稳态频率值为 f_i，此时 $\Delta f_i = f_{\mathrm{N}} - f_i$，负荷调节效应的补偿功率为 ΔP_{i-1}，则

$$\frac{\Delta P_{i-1}}{P_{\mathrm{L}} - \sum_{k=1}^{i-1} \Delta P_{\mathrm{L}k}} = K_{\mathrm{L}*} \frac{\Delta f_i}{f_{\mathrm{N}}}$$

式中　$\sum_{k=1}^{i-1} \Delta P_{\mathrm{L}k}$ ——从第 1 级到第 $i-1$ 级断开的负荷总功率。

把所有功率用系统总负荷 P_{LN} 的标幺值表示，则

$$\Delta P_{(i-1)*} = \left(1 - \sum_{k=1}^{i-1} \Delta P_{\mathrm{L}k*}\right) K_{\mathrm{L}*} \Delta f_{i*} \tag{6-16}$$

当第 i 级切除负荷 $\Delta P_{\mathrm{L}i}$ 后，系统频率稳定在 f_{ri}，相应地，可得负荷调节效应的补偿功率 $\Delta P_{\mathrm{h}i*}$ 为

$$\Delta P_{\mathrm{h}i*} = \left(1 - \sum_{k=1}^{i} \Delta P_{\mathrm{L}k*}\right) K_{\mathrm{L}*} \Delta f_{ri*}$$

由于 $\Delta P_{i-1*} = \Delta P_{\mathrm{L}i*} + \Delta P_{\mathrm{h}i*}$，故可得

$$\Delta P_{\mathrm{L}i*} = \left(1 - \sum_{k=1}^{i-1} \Delta P_{\mathrm{L}k*}\right) \frac{K_{\mathrm{L}*}(\Delta f_{i*} - \Delta f_{ri*})}{1 - K_{\mathrm{L}*} \Delta f_{ri*}} \tag{6-17}$$

一般希望各级切除功率小于按式(6-17) 计算所求得的值，特别是在采用 n 增大、级差 Δf 减小的系统中，每级切除功率值就更应小一些。

五、自动低频减载装置的动作时限

自动低频减载装置的动作时限，原则上应越短越好，但还应考虑系统的某些不正常运行状态可能造成装置误动作。例如：当系统发生振荡时，由于频率偏离额定值装置误动作；在系统发生短路故障的暂态过程中，由于非周期分量、谐波分量引起畸变，使频率测量产生误差，引起装置误动作；有时系统出现短时的功率缺额也会误动作；电压突变时，在低频继电器的频率敏感回路中产生过渡过程，致使低频继电器误动作，从而造成装置误动作。为了防止以上各种可能的误动情况的发生，自动低频减载装置必须带有一定的动作延时，此动作延时不能太长，否则系统频率会降低到临界，一般延时 0.5s 左右。

第三节　微机频率电压紧急控制装置

一、概述

频率电压紧急控制装置根据电力系统的负荷特性来判断运行状态。当电力系统中出现有功功率缺额时，系统频率将下降，利用频率电压紧急控制装置通过减载或解列的方式使系统的频率恢复。

电力系统由于有功缺额引起频率下降时，装置自动根据频率降低值切除部分电力用户负荷，使系统电源的输出与用户负荷重新平衡。装置频率电压均有独立的若干级输出（独立的基本级、特殊级）。电压、频率的各级输出可由定值灵活整定，每级都可以直接控制任一个出口。一般配置可以切除若干回负荷线路。

电力系统有功功率缺额较大时，微机装置具有根据 $\mathrm{d}f/\mathrm{d}t$ 加速切负荷的功能，在切第一级时可加速切第二级或二、三两级，快速制止频率的下降，防止出现频率崩溃事故。

二、微机频率电压紧急控制装置的硬件

微机频率电压紧急控制装置硬件结构如图 6-5 所示。

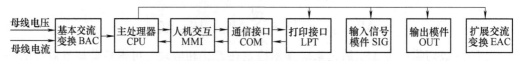

图 6-5　频率电压紧急控制装置的硬件结构框图

1）基本交流变换模件（BAC）将母线的电压/电流转换为弱电信号，经由采样保持器送给主处理器的模/数转换器转换用。

2）主处理器模件是装置的核心，该模件用于转换并处理来自于 BAC 模件的交流输入量，计算出功率（有功及无功）、电压及其变化率、频率及其变化率、相位等量值，若有频率电压事故发生，则向出口模件发出跳闸命令。主处理器模件由单片机、A/D 转换、状态量输入、状态量输出（用于跳合闸脉冲输出、告警信号输出、闭锁继电器的开放及其他信号输出）等组成。

3）人机对话模件（MMI）用于人机界面管理，如键盘操作、液晶显示、与变电站监控系统或远方安全自动化装置通信、GPS 对时（分/秒脉冲对时）以及与主 CPU 交换信息。

4）输入信号模件（SIG）由信号继电器（KS）、开关量输入回路等组成，该模件提供装置动作信号及告警信号，这些信号可送至面板信号灯显示，也可提供给中央信号装置。

5）输出模件（OUT）由一些出口继电器组成，每个模件提供 6 组、每组两对接点输出，一对可送至操作箱出口回路，另一对可送至闭锁重合闸回路。每台装置可以根据需要配置 1~3 个模块。为提高可靠性，出口均设闭锁回路，只在起动继电器动作后，才解除闭锁，允许出口。跳闸接点与继电器的线圈保持相连，可使跳闸接点自保持。若无须保持，将闭锁重合闸接点接至跳闸回路或短接出口板上相应二极管即可。

6）扩展交流变换模件（EAC）是为了测量变电站或发电厂各出线功率而配备。

三、微机频率电压紧急控制装置的软件设计

微机型频率电压紧急控制装置的软件部分包括数据采集模块、数字滤波模块、控制保护程序等，控制保护程序是最重要的部分，其软件框图如图 6-6 所示。

四、微机频率电压紧急控制装置动作原理

1. 电压及频率的测量方法

装置对输入的交流电压进行高速采样，一个工频周期采样 24 点，采样周期为 0.833ms。

电压幅值采用滤波算法，频率值采用硬件捕获加软件校验算法。经数字滤波后准确、快速地计算出电压、频率值及电压、频率变化率。

2. 双母线电压频率测量的自动切换方式

如图 6-7 所示，当测量的两段母线电压均正常时，装置首先选用 I 段母线电压、频率进行判断，

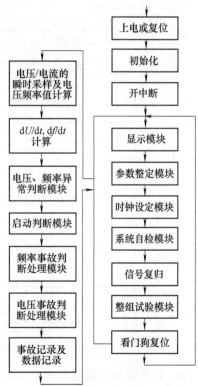

图 6-6　频率电压紧急控制装置的软件结构框图

如果满足动作条件再经Ⅱ段母线电压、频率判断确定是否动作出口；当Ⅰ段母线电压消失或者发生 TV 断线时，装置自动选用Ⅱ段母线电压进行判断，装置仍能正常监视电网的运行，并延时后发出Ⅰ段母线电压消失或 TV 断线的告警信号；当两段母线电压均消失时，则立即闭锁出口，同时经延时后发出母线电压消失告警信号；当两段母线 TV 断线时，则装置立即闭锁电压判断功能，同时延时 5s 发 TV 断线告警信号。此时装置的频率判断功能仍能正常运行。

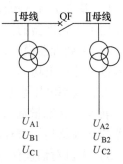

图 6-7　两段母线电压测量图

3. 微机低频减载动作逻辑框图

微机低频减载动作原理如图 6-8 所示，图中 u 为正序电压，f 为正序电压的频率，$u_n = 100/\sqrt{3}\,\text{V}$。

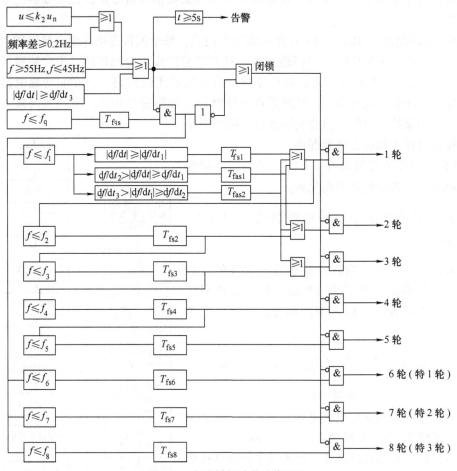

图 6-8　自动低频减载动作原理

4. 微机低频减载装置的动作条件

（1）低频起动条件

$$f \leqslant f_q, \quad t \geqslant T_{fqs}$$

式中　f_q——低频起动定值；

T_{fqs}——低频起动延时定值。

（2）低频一级动作条件

$$f \leqslant f_1 , \quad |\mathrm{d}f/\mathrm{d}t| \geqslant \mathrm{d}f/\mathrm{d}t_1 , \quad t \geqslant T_{fs1}$$

式中　　　　f_1——低频第一级起动定值；

$\mathrm{d}f/\mathrm{d}t_1$——加速切第二级定值；

T_{fs1}——低频第一级延时定值。

（3）低频一级、加速第二级动作条件

$$f \leqslant f_1 , \quad \mathrm{d}f/\mathrm{d}t_2 > |\mathrm{d}f/\mathrm{d}t| \geqslant \mathrm{d}f/\mathrm{d}t_1 , \quad t \geqslant T_{fas1}$$

式中　$\mathrm{d}f/\mathrm{d}t_2$——加速切第二、三级定值；

T_{fas1}——加速切第二级延时值。

（4）低频第一级、加速第二、三级动作条件

$$f \leqslant f_1 , \quad \mathrm{d}f/\mathrm{d}t_3 > |\mathrm{d}f/\mathrm{d}t| \geqslant \mathrm{d}f/\mathrm{d}t_2 , \quad t \geqslant T_{fas2}$$

式中　$\mathrm{d}f/\mathrm{d}t_3$——频率变化率闭锁定值；

T_{fas2}——加速切第二、三级延时定值。

（5）低频二、三、四、五级动作条件分别如下：

$$f \leqslant f_2 , \quad t \geqslant T_{fs2}$$
$$f \leqslant f_3 , \quad t \geqslant T_{fs3}$$
$$f \leqslant f_4 , \quad t \geqslant T_{fs4}$$
$$f \leqslant f_5 , \quad t \geqslant T_{fs5}$$

式中　　　　f_2 , f_3 , f_4 , f_5——低频第二、第三、第四、第五级起动频率整定值；

$T_{fs2} , T_{fs3} , T_{fs4} , T_{fs5}$——低频第二、第三、第四、第五级延时定值。

以上五级按基本级顺序相继动作。

三个特殊级的独立动作条件为

（1）低频起动条件

$$f \leqslant f_q , \quad t \geqslant T_{fqs}$$

（2）低频特殊级第一级动作条件

$$f \leqslant f_6 , \quad t \geqslant T_{fs6}$$

（3）低频特殊级第二级动作条件

$$f \leqslant f_7 , \quad t \geqslant T_{fs7}$$

（4）低频特殊级第三级动作条件

$$f \leqslant f_8 , \quad t \geqslant T_{fs8}$$

式中　　　　f_6 , f_7 , f_8——低频特殊第一、二、三级起动频率整定值；

$T_{fs6} , T_{fs7} , T_{fs8}$——低频特殊第一、二、三级延时值。

5. 微机低压减载装置工作原理

1）动作逻辑框图。低压减载动作原理如图 6-9 所示，图中 u 为正序电压，$u_n = 100/\sqrt{3}\,\mathrm{V}$。

2）微机低压减载装置动作条件。自动低压减载装置的动作判别方法与上述自动低

频减载装置的动作判别方法相同，此处不再赘述。

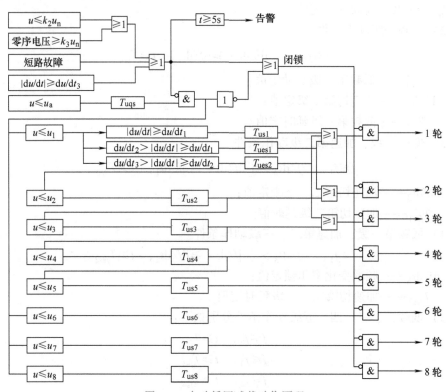

图 6-9　自动低压减载动作原理

五、装置异常闭锁措施

1. 系统短路故障时闭锁装置及故障切除后立刻允许低压切负荷功能

当系统发生短路故障时，母线电压突然降低，此时本装置立即闭锁出口，不再进行低电压判断。而当保护动作切除故障后，装置安装处的电压迅速回升，但如果恢复不到正常数值，但大于 $k_1 u_n$（故障切除后应回升到的电压定值，该定值应大于相邻线路三相短路时的残压值，建议一般为额定电压的 0.7~0.8 倍），装置立即解除闭锁，允许装置快速切除相应的负荷，使电压恢复。本装置不需要与保护二、三段的动作时间相配合，但需要用户设定 t_{us}（等待短路故障切除时间），一般应大于后备保护的动作时间，若后备保护最长时间为 4s，则 t_{us} 应设为 4.5~5s。超过 t_{us} 以后电压还没有回升到 $k_1 u_n$ 以上，装置将闭锁出口，并发出异常告警信号。

2. 电压过低闭锁

正序电压 $u \leqslant k_2 u_n$ 时，（k_2 母线电压消失定值，通常取额定电压的 0.1~0.2 倍）判母线电压过低、消失，不进行频率判断，闭锁出口。同时切换另一母线测量，并显示 I 母或 II 母电压消失，延时 5s 告警。

3. 电压、频率突变闭锁

当电压下降转差值大于转差闭锁值，即 $|du/dt| \geqslant du/dt_3$ 或 $|df/dt| \geqslant df/dt_3$ 时，装

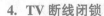

置不进行低压、低频判断，闭锁出口。当电压、频率恢复至起动值以上时装置自动解除闭锁。

4. TV 断线闭锁

当装置所测三相电压的零序电压（U_0）及相电压差大于 $k_3 u_n$ 时判 TV 断线，并延时 5s 发断线告警信号，断线故障消失后延时 5s 自动返回。$k_3 u_n$ 为 TV 断线定值，一般为额定电压的 $10\% \sim 15\%$。TV 断线时如果一段母线断线则装置自动切换到另一段母线工作，若两段母线均断线时，则不进行低压判断，并闭锁低压出口，但对频率进行正常判断。

5. 频率差闭锁

当电网的各相频差大于 0.2Hz 时不进行频率判断，闭锁频率判断回路。

6. 频率值异常闭锁

当 $f \leqslant 45\text{Hz}$ 或 $f \geqslant 55\text{Hz}$ 则认为测量频率值异常，并将频率显示值置为零，闭锁频率判断回路，显示频率超限。

六、防止低频低压过切负荷的措施

在低频减载装置实际动作过程中，可能会出现前一级动作后系统的有功功率已经不再缺额，频率开始回升，但频率回升的拐点可能在下级动作范围之内，即第一级切负荷后开始上升，但在第二级频率定值以下的时间超过了第二级的延时定值，则第二级动作，造成不必要的多切了负荷，导致频率上升超过了正常值。过切的现象在地区小电网容易发生。为此在每一级的判据中增加 "$\mathrm{d}f/\mathrm{d}t > 0$" 的闭锁判据，可以有效防止过切现象发生，即每一级同时满足以下三个条件时才能动作出口：

1）$f \leqslant f_{ns}$
2）$\mathrm{d}f/\mathrm{d}t \leqslant 0$
3）$t \geqslant T_{fns}$

其中，f_{ns}、T_{fns} 分别是第 "n" 级的频率定值、第 "n" 级的延时定值，$n = 1 \sim 8$。

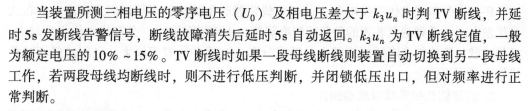

第四节 自动低频减载装置技术改进

随着互联电网规模和范围的扩大、新能源占比快速提升、电力市场建设持续推进，电网特性发生了重大改变。运行方式变化多样、稳定水平风险提高，同时相继事件导致互联电网失去安全稳定性的概率大大增加。电网互联格局的逐渐形成，在给系统运行带来巨大经济效益的同时，事故给系统带来的经济损失也大幅度增加。因而防止大面积停电、防止电力系统崩溃瓦解更加重要和紧迫。

长期以来，自动低频减载装置作为系统安全稳定的重要技术装备之一，为保证电力系统安全稳定运行和防止大面积停电事故的发生发挥了重要作用，但目前所用自动低频减载装置存在整体协作程度不高、不能精确切除负荷线路等缺点。

一、存在问题

1. 无法判断线路的"源、荷"状态

随着分布式电源、微电网、储能、电动汽车等新能源设备广泛接入，电力供需形

态呈现多样化特征，负荷特性呈现差异性和互补性。

传统负荷线路具备"源、荷"双重特征的比重不断上升。装置动作时难以实时区分负荷线、电源线或停运线路，有可能切除小电源线，影响系统频率电压稳定。

例如，分布式光伏不发电时，低频减载装置的负荷控制率可以满足要求；分布式光伏发电时，低频减载装置的负荷控制率降低，不能满足要求。分布式光伏出力越大，低频减载负荷控制率降低幅度越大。随着分布式光伏并网规模增大，电网的低压减载措施出现了不适应。

2. 实际切负荷量难以准确统计

1）传统装置不能监测变电站负荷线路的功率信息，只能按照事先整定的固定顺序切除特定的负荷线路，无法准确掌握各轮切负荷量。

2）传统装置每一轮次切除的负荷线路是按照负荷线路额定运行功率累加达到该轮次负荷控制量所确定的，实际运行时线路负荷有可能偏离额定值，甚至由于电网频率和电压的变化、负荷本身的频率和电压调节效应导致负荷大小进一步改变。

3）装置的跳闸出口压板依赖人工进行投退，存在误投退的风险，会造成线路的可切状态与预先设定状态不一致，也会影响到自动低频减载装置可切量的准确统计。

4）装置动作时采取盲切，实际切负荷量难以准确统计，存在过切或欠切情况。

二、装置端改进建设方案

1. 负荷线路功率监测

负荷线路功率监测可以解决以下两个问题：

1）可以确定线路处于负荷状态还是电源状态。

2）可以测量线路当前的实时功率。

监测线路 $P < 0$ 时，表明该线路作为电源向电网输送电能，切除该负荷将导致频率问题恶化，排除该负荷线路参与低频减负荷。

监测线路 $Q < 0$ 时，表明该线路作为无功源向电网输送无功，切除该负荷将导致电压问题恶化，排除该负荷线路参与低压减负荷。

对于 $P > 0$ 的负荷线路，作为可切线路参与接下来的低频减负荷优先级排序。

对于 $Q > 0$ 的负荷线路，作为可切线路参与接下来的低压减负荷优先级排序。

2. 接入调度数据网

变电站内自动低频减载装置智慧化改造方案实现了装置通过稳控104规约直接接入调度数据网。上传的信息有装置运行状态、异常事件、动作事件、装置定值、压板信息、通道状态等。

1）将现有的普通硬压板改造为智能/出口双联压板，实现对装置压板状态的远程监视。

智能/出口双联压板可以在完成控制跳闸出口回路通断功能的基础上实现装置对跳闸出口压板状态的监视，能有效消除用户对低频低压装置跳闸出口实时监控的盲点。

智能/出口双联压板为低频低压减负荷装置可切量的准确统计、不足预警及控制措施的实时优化等精细化控制打下良好的基础。

跳闸出口智能压板利用非电量测量原理，能够在不影响原有跳闸出口回路的情况下，准确识别压板的投退状态，实现对跳闸出口压板投退位置的实时监视。

2）装置接入调度数据网，使得装置的运行数据能够上传到调度中心的集中管理系统，实现对跳闸出口压板远方监视的同时，调度端能够实时了解各厂站对调度指令的执行情况，防止压板误投和漏投，为实现后续调度端应用打下基础。

 复习思考题

6-1 试说明电力系统低频运行的危害性。

6-2 系统发生有功功率缺额时，系统平均频率及各母线频率瞬时值的变化特点是什么？

6-3 在系统出现有功功率缺额时，$\left|\dfrac{\mathrm{d}f}{\mathrm{d}t}\right|$是如何变化的？与哪些因素有关？

6-4 系统的最大有功功率缺额及接入自动按频率减载装置的最大可能断开的有功功率是如何确定的？

6-5 试说明自动按频率减载装置的工作原理。

6-6 自动按频率减载装置的第一级起动频率和最末一级起动频率是按什么原则选择的？

6-7 简述自动按频率减载装置的频率级差的选择原则。

6-8 基本级和特殊级的作用有什么不同？

6-9 自动按频率减载装置的动作时间如何确定？

6-10 简述微机型自动按频率减载装置的硬件结构及其特点。

6-11 简述微机型自动按频率减载装置的软件实现的特点。

第七章
电力系统其他安全自动装置

备用电源自动投入装置是当工作电源因故障被断开后，能迅速自动地将备用电源投入工作或将用户切换到备用电源上，使用户不致停电的一种自动装置，简称备用电源自动投入装置。

一、备用电源的配置方式

备用电源自动投入装置按其电源备用方式可分为如下两种：

1）明备用方式。即装设专用的备用变压器或备用线路作为工作电源的备用，如图7-1a～d所示。明备用电源通常只有一个，而且一个明备用电源往往可以同时作为两段或几段工作母线的备用。如图7-1a所示，备用变压器 T_2 同时作为Ⅰ、Ⅱ段母线的备用电源。

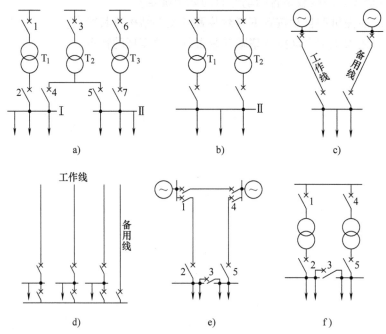

图 7-1　应用备用电源自动投入装置的一次接线图

2）暗备用方式。即不装设专用的备用变压器或备用线路，而是由两个工作电源互为备用，如图7-1e和图7-1f所示。正常情况下，各段母线由各自的工作电源供电，母

182

线分段断路器 3 处在断开位置。当某一电源故障跳闸时，备用电源自动投入装置将分段断路器 3 自动合上，靠分段断路器使两个工作电源互为备用。这样，要求每一个工作电源的容量都应根据两个分段母线上的总负荷来考虑，否则在备自投动作之后要减去一些负荷。

采用备用电源自动投入装置的优点是：

1）提高供电的可靠性，节省建设投资。

2）简化继电保护。因为采用了备用电源自动投入装置后，环形网络可以开环运行，变压器可分列运行，如图 7-1a 和图 7-1f 所示。这样，采用简单的继电保护装置便可满足选择性和灵敏性。

3）限制短路电流，提高母线的残余电压。例如，在受端变电所，如果采用变压器解列运行或环网开环运行，出现故障时短路电流会减小，供电母线的残余电压相应提高。在某些场合，由于短路电流受到限制，不再需要装设出线电抗器，既节省了投资，又使运行维护方便。

由于备用电源自动投入装置简单、费用低，而且可以大大提高供电的可靠性和连续性，因此，在发电厂的厂用供电系统和厂、矿企业的变、配电所中得到广泛的应用。

二、对备用电源自动投入装置的要求

在发电厂和变电所中，下列情况应装设备用电源自动投入装置：

1）装有备用电源的发电厂厂用电源和变电所所用电源。

2）由双电源供电且其中一个电源经常断开以作为备用的变电所。

3）有备用变压器或有互为备用的母线段的降压变电所。

4）有备用机组的某些重要辅机。

根据运行经验，备用电源自动投入装置只有满足下列基本要求才能更好地发挥它的作用。

1）备用电源自动投入装置必须在工作电源失去电压、而备用电源正常时投入。

2）备用电源自动投入装置只应动作一次，以免在母线或引出线上发生持续性故障时，备用电源被多次投入到故障元件上，造成更严重的事故。

3）备用电源自动投入装置应在工作电源失压后，不论其断路器是否已断开，装置自动起动延时跳开工作电源断路器，并确认该断路器在断开后，备用电源自动投入装置才能投入。这样可以防止因工作电源在其他地方被断开，备用电源自动投入装置合于故障或备用电源倒送电的情况。

4）一个备用电源同时作为几个工作电源的备用时，在备用电源已代替某工作电源后，其他工作电源又被断开时，备用电源自动投入装置仍应能动作。但对单机容量为 200MW 及以上的火力发电厂，备用电源只允许代替一个机组的工作电源。在有两个备用电源的情况下，当两个备用电源互为独立备用系统时，应各装设独立的备用电源自动投入装置，使得当任一备用电源都能作为全厂各工作电源的备用时，备用电源自动投入装置使任一备用电源都能对全厂各工作电源实行自动投入。

5）备用电源自动投入装置动作合闸时间的整定，应以使负荷停电时间尽可能短为原则。因为停电时间越短，对电动机的自起动越有利，但停电时间过短，电动机残压可能较高，当备用电源自动投入装置动作时，会产生过大的冲击电流和冲击力矩，导致电动机损伤。因此，对装有高压大容量电动机的厂用电母线备自投的动作时间应在1s以上。对于低压电动机，因转子电流衰减极快，这种问题并不突出。同时，为了使备用电源自动投入装置投入成功，故障点应有一定的电弧熄灭去游离时间。一般情况下，备用电源断路器的合闸时间，已大于故障点的去游离时间，因而不必再考虑故障点的去游离时间。根据运行经验，备用电源自动投入装置的动作时间以1~1.5s为宜。

6）手动跳开工作电源时，备用电源自动投入装置不应动作。

7）应具有闭锁备自投的功能。因备用对象发生故障（母线故障），保护拒动，引起相邻后备保护（变压器后备保护）动作切除工作电源的时候，应闭锁备用电源自动投入装置。

8）当电压互感器的熔断器熔断，二次断路器保护跳开，或拉开电压互感器开关，或退出电压互感器手车，备用电源自动投入装置均不应动作。备用电源自动投入装置还通过进线断路器电流检测，在进线侧无压无流的情况下，备用电源自动投入装置才动作。

9）当备用电源无电压时，备用电源自动投入装置不应动作。

10）备用电源自动投入装置应躲过因任何原因引起母线电压下降的时间，这种情况是指母线电压在短时间内恢复正常，因而要求备用电源自动投入装置延时时限应大于最长的外部故障切除时间。

三、微机备用电源自动投入装置工作原理

在35~110kV变电站中，备用电源自动投入主要有高压备用电源进线的自动投入、备用变压器的自动投入、高压侧或低压侧单母线分段断路器的自动投入三种。

对应于不同的主接线系统，有相应的自投方案，每种方案配有几种自投功能，装置能自动识别现行运行方式，选择自投功能。微机型备用电源自动投入装置可通过逻辑判断满足其基本功能和要求，但为了便于理解，在阐述备用电源自动投入装置逻辑程序时广泛用电容器的"充放电"来模拟这种功能。备用电源自动投入装置满足起动的逻辑条件应理解为"充电"条件满足；延时起动的时间应理解为"充电"时间到后完成了全部准备工作；当备用电源自动投入装置动作后或任何一个闭锁条件存在时，立即瞬时完成"放电"，放电后就不会发生备用电源自动投入装置第二次动作。

1. 装置在变电站应用于进线自投举例

进线微机备自投（互投）装置主接线如图7-2所示。进线1和进线2互为暗备用，在人工操作跳进线断路器时，需引入相应接点用于闭锁备用电源自动投入装置。进线备用电源自动投入装置有两种逻辑，即进线备用电源自动投入装置1（进线1暗备用）和进线备用电源自动投入装置2（进线2暗备用），可通过相应软压板来投退。两进线互为备用方式转换无须经过手动切换开关，由软件经过开关位置和充电条件自动识别完成。

1）进线自投1充电完成的条件是下列三条满足10s以上，即：

① 备自投功能硬压板、进线自投软压板、进线自投1软压板均投入。

② Ⅰ、Ⅱ母线和2#进线线路侧 TV_2 均有压。

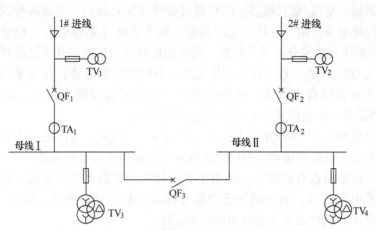

图7-2　应用备用电源自动投入装置的变电站主接线

③ QF_1、QF_3 合闸位置、QF_2 分闸位置。

2）进线自投 1 动作条件：装置充好电后，检测Ⅰ、Ⅱ母线无压，2#进线线路侧 TV_2 有压，1#进线无电流，装置延时跳 QF_1，确认 QF_1 跳开后，合 QF_2，恢复对Ⅰ、Ⅱ母线连续供电。

3）进线自投 2 充电完成的条件是下列三条满足 10s 以上，即：

① 备自投功能硬压板，进线自投软压板，进线自投 2 软压板均投入。

② Ⅰ、Ⅱ母线和1#进线线路侧 TV_1 均有压。

③ QF_2、QF_3 合闸位置，QF_1 分闸位置。

4）进线自投 2 动作条件：装置充好电后，检测Ⅰ、Ⅱ母线无压、1#进线线路侧 TV1 有压，2#进线无电流，装置延时跳 QF_2，确认 QF_2 跳开后，合 QF_1，恢复对Ⅰ、Ⅱ母线连续供电。

5）TV 断线检测：检测到 TV 断线后，装置发出警告。对于 TV 断线，由于微机备自投装置有无流检测，因而 TV 断线时备用电源自动投入装置不会误动作。

6）人机界面：装置前面板配有液晶或 VFD 显示屏，整定按键、信号指示灯、复归键等，装置设有 RS485/CAN 通信接口。

2. 微机备用电源自动投入装置硬件结构

装置的硬件结构如图 7-3 所示。输入电流和电压经隔离互感器隔离变换后，

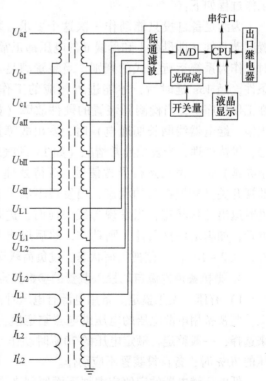

图7-3　微机备用电源自动投入装置硬件结构原理图

由低通滤波器输入至模/数转换器，CPU 经过采样数字处理后，完成各种预定功能。装置引入两段母线电压，用于有压、无压判别。每个进线开关各引入一相电流，是为了防止 TV 三相断线后造成分段开关误投，同时能更好地确认进线开关已跳开。

装置引入 QF_1、QF_2、QF_3 开关位置接点（合闸位置继电器）作为系统运行方式判别，自投准备及选择自投方式。另外还引入一个闭锁自投输入接点，如手跳 QF_1 或 QF_2，变压器后备保护动作复合电压闭锁过流保护等。

装置输出跳闸接点：跳 QF_1、QF_2 各一对接点。合 QF_1、QF_2 各一对接点，合 QF_3 一对接点。有若干组联切接点，每组包括跳闸接点和闭锁重合闸接点。

装置输出信号接点有两组，一组为中央信号接点包括：动作完成、联切、装置故障、异常、直流失压等。另一组为远动信号接点包括：动作完成、联切、装置故障、异常、直流失压。同时面板上也有相应的指示灯。

装置的面板上有液晶屏和指示灯，工作人员可方便的对装置进行操作，也可以通过串行口远方操作。

3. 微机备用电源自动投入装置软件流程

装置软件流程框图如图 7-4 所示。装置能自动跟踪系统运行方式，选择自投功能。采用整周波傅里叶算法对采样值进行处理，削除了多次谐波所带来的误差，准确地判断出系统的故障情况。装置的工作过程如下：

为满足备自投只能动作一次这个要求，装置设置起动条件（即母线Ⅰ和母线Ⅱ的电压都正常），同时也作为系统运行方式的判别。当装置满足了起动条件，经 15s 延时后，才能进入相应的工作程序，在工作程序中，当检测到装置的硬件故障（如定值出错、继电器线圈长期通电）时，发出故障报警信号，等待处理，当发现异常情况（如 TV 断线、开关量异常）时，发出运行异常信号，等待处理。同时监视开关量和模拟量的状态，当发现不满足起动条件时退出工作状态，当发现母线失压时，进行故障处理，如满足自投条件，则动作，然后退出工作程

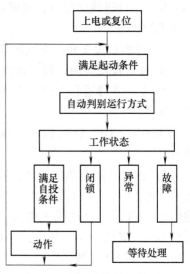

图 7-4　微机备用电源自动
投入装置软件流程

序，在 2 ~ 10s 内，监视负荷状态，过负荷联切，重新进行方式判别。

4. 微机备用电源自动投入装置的参数整定

1）有压、无压整定。备用电源有电压时，备自投装置才起动，否则起动了也无意义。监视备用电源电压的电压继电器整定值，应按母线最低工作电压不应动作的条件来选择，一般整定在额定电压的 70% 时动作。也即备用电源电压值不大于线路额定电压的 70% 时，备自投装置不应动作。

低电压继电器的定值应根据下面原则来进行，即备用电源自动投入装置在下面两种情况下不应动作：

① 网络内发生了在集中阻抗后的短路，工作母线上的电压因之降低，但当继电保

护把短路切除后，工作母线的电源可以恢复。

② 工作母线电压因电动机的自起动而降低。

按上述两点要求，检查工作电源的低压继电器的整定值，一般为额定电压的 25%。

2）有电流、无电流整定。进线无电流一般指工作电源进线的一个相电流小于线电流定值。该定值应小于最小负荷电流，以防工作电源 TV 三相断线时微机备自投装置的误动作。

3）动作时间整定。微机备用电源自动投入装置的动作时限应与继电保护配合。备用电源自动投入装置的动作时限（第一时限）应尽可能缩短，以利于电动机的自起动，但应满足以下要求：

时间继电器延时的时限应大于可以导致低电压继电器起动的网络内所有外部故障相应元件上的保护最长时限，即

$$t_{\text{op1}} = t_{\text{set. max}} + t_{\text{r}}$$

式中　$t_{\text{set. max}}$——可以导致低电压继电器起动的网络内所有外部故障相应元件上的保护最长时限；

　　　　t_{r}——裕度时间，取 0.5s。

备自投装置动作时限（第二时限）应可靠地保证断路器只自投一次，为此要求第二时限为

$$t_{\text{op2}} \geqslant t_{\text{QF}} + t_{\text{r}}$$

式中　t_{QF}——断路器的全部合闸时间（包括传动装置的动作时间）；

　　　　t_{r}——裕度时间，取 0.2～0.3s。

第二节　厂用电切换

图 7-5 所示为厂用电简化接线图。发电机通过变压器 T_1 向系统送电，厂用电 6kV Ⅰ段母线 M 由高压厂用变压器 T_2 供电，QF_2 处于合闸状态，QF_3 处于断开状态。6kV 备用段母线 S 处于带电状态，即 QF_4、QF_5、QF_6 为合闸状态。当断路器 QF_2 因故跳闸时，QF_3 合上，备用电源自动投入装置动作，6kV 厂用电由备用电源供电。

对大型发电机组来说，6kV Ⅰ段母线上一般有较多的高压大容量电动机，这些电动机在断电后残压衰减较慢，如果在残压较高而备用电源自动投入装置又不检同期时合闸，则容易产生很大的冲击电流，对电动机造成严重的冲击，甚至损坏；同时过大的冲击电流可能使备用变压器 T_3 的保护动作，QF_5、QF_6 跳闸使得厂用电切换失败。如果等到残压衰减到较小值后，备用电源投入装置再动作，则由于断电时间过长，致使厂用机械不能正常工作。因此，一般的备用电源自动投入装置，难以满足高压厂用电源的切换。

为提高厂用电切换的成功率，保证厂用电的可靠运行，

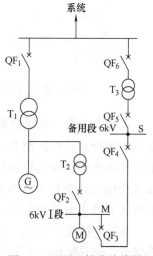

图 7-5　厂用电简化接线图

在正常情况下，厂用电应采用同期切换。在事故情况下（QF$_2$ 断开）实现快速切换时，备用母线电压 $\dot{U}_S$ 与母线 M 的残压 $\dot{U}_{MY}$ 间的相位差小于设定值时，将 QF$_3$ 合闸；当 $\dot{U}_S$ 和 $\dot{U}_{MY}$ 间的相位差超过设定值时，则应检测同期后将 QF$_3$ 合闸；如果在上述情况下 QF$_3$ 未能合闸，则应不断检测残余电压 $\dot{U}_{MY}$ 的大小，当 $\dot{U}_{MY}$ 衰减到安全值时，将 QF$_3$ 合闸。

一、厂用电快速切换

厂用电的快速切换是指工作电源断路器跳闸后或在跳闸过程中，快速将备用电源合闸恢复供电，使负荷失电时间很短。实现厂用电快速切换的前提条件为：

1）备用电源电压 $\dot{U}_S$ 应与工作电源电压同相位。例如，在图 7-5 中，当 T$_1$ 和 T$_3$ 采用 YN，d11 联结时，高压厂用变压器 T$_2$ 应采用 D，d12 联结。

2）QF3 采用快速动作的断路器。例如，采用真空断路器，其合闸时间约为 50ms 左右。若断路器动作时间太慢，则失去快速切换的意义。

在图 7-5 所示厂用电接线中，当因为事故 QF$_2$ 跳闸后，快速切换装置会迅速检测 $\dot{U}_S$ 和 $\dot{U}_{MY}$ 间的频率差和相位差，当二者均在设定范围内时，立即发出合闸脉冲，将断路器 QF$_3$ 合上。由于合闸时频率差和相位差不大，而且断路器动作快速，所以合闸时的冲击电流和冲击电压均在安全范围内。通常设定的频率差为 1Hz，相位差为 30°。

上述厂用电的快速切换，是在 QF$_2$ 跳闸后才发出 QF$_3$ 的合闸脉冲，跳闸脉冲与合闸脉冲是串联发出的，所以又称为串联切换。为缩短工作母线的断电时间，QF$_3$ 的合闸脉冲可在 QF$_2$ 跳闸脉冲发出之后、QF$_2$ 跳闸之前发出，这样工作母线的断电时间小于 QF$_3$ 的合闸时间，冲击电流更小，这种切换方式又称为同时切换。在同时切换中，若该跳闸的断路器 QF$_2$ 未能跳闸，则应将合闸的断路器 QF$_3$ 跳闸。

厂用电的快速切换是在无闭锁信号的情况下实现的，当出现下列情况之一时，快速切换装置则闭锁：

1）工作母线电压互感器隔离开关断开。

2）QF$_2$ 和 QF$_3$ 同时断开或闭合。

3）备用电源失电。

4）外部保护动作闭锁。如工作母线发生故障其差动保护动作时。

5）装置异常。

二、厂用电捕捉同期切换

在图 7-5 中，如果事故情况下厂用电快速切换未能成功，则应在 $\dot{U}_S$ 与 $\dot{U}_{MY}$ 第一次相位重合时，将断路器 QF$_3$ 触头合上，这种切换方式称为厂用电捕捉同期切换。根据异步电动机断电后的残压随时间变化的情况，当捕捉同期切换成功时，工作母线残余电压约为 65%~70% 额定电压，有利于电动机的起动，而且合闸所产生的冲击电流和冲击电压都最小。

在同期捕捉切换中，电动机无外加励磁且无外加原动力，因此存在较大电压差和频率差，但只要在相位差为 0° 附近一定范围内备用电源合上，电动机很快会恢复正常异步运行。

与发电机的同期并列相似，同期捕捉切换方式也有以下两种：

1）恒定越前相角原理：其设定的参数是频率差和越前相位差，一般取频率差为 4~5Hz，相位差为 90°。

2）恒定越前时间原理：其设定参数为频率差和越前时间，一般取频率差仍为 4~5Hz，越前时间等于从发出合闸脉冲到断路器触头闭合的时间。

三、厂用电残压切换

残压切换是在事故情况下，当 $\dot{U}_{MY}$ 衰减到 20%~40% 额定电压时，将断路器 QF_3 合闸，实现厂用电切换。一般当捕捉同期切换不成功时，便转入厂用电残压切换。

残压切换虽可保证电动机安全，但停电时间相对较长。如果刚好在 $\dot{U}_S$ 与 $\dot{U}_{MY}$ 反相时合闸，当残余电压为 40% 额定电压时，则合闸所产生的冲击电压 U_{im} 和冲击电流 I_{im} 分别为

$$U_{im} = \frac{1.4 U_N Z_{st}}{Z_{T3} + Z_{st}}$$

$$I_{im} = \frac{1.4 U_N}{Z_{T3} + Z_{st}}$$

式中 Z_{T3}、Z_{st}——变压器的阻抗和电动机组的起动阻抗。

四、失压起动切换

失压起动切换是指当电力系统故障导致工作母线失压时，切换装置中的低电压元件动作，跳开图 7-5 中的断路器 QF_2，再合上备用电源断路器 QF_3，恢复对工作母线的供电。

失压起动切换相当于备用电源自动投入装置中的低电压起动，因此其设定的参数是低电压元件的动作电压和失压延时，低电压元件的动作电压一般取 40% 的额定电压，动作延时相当于备用电源自动投入装置的动作时间。失压起动切换可看作是残压切换的后备，又称为长延时切换。残压切换和失压起动切换，会导致工作母线失电时间长，造成电动机起动困难。

在高压大容量电动机的厂用电事故切换中，快速切换可大大缩短厂用工作母线失电时间，一般失电时间在 100ms 以内，基本可保证厂用电的正常运行；当快速切换不成功转为同期捕捉切换时，厂用工作母线失电时间约为 0.4~0.6s；如果同期捕捉切换没有成功，当采用残压切换成功时，厂用工作母线失电时间约为 1~2s。

在有些情况下，快速切换过程中不检测频率差和相位差，当图 7-5 中的 QF_2 跳闸后，立即对 QF_3 进行合闸，同样可以实现厂用电的快速切换。此时，因不检测相位差的大小就立即进行快速切换，所以有可能引起较大的冲击电流，当备用变压器的电流速断保护动作时间为 0s 时，一旦冲击电流达到电流速断保护的动作值，电流速断保护就可能发生误动作。为避免这种情况，电流速断保护需要设置 100~200ms 的动作时间。

第三节　自动解列装置

从安全和经济方面考虑，在正常情况下电力系统实行并联运行是有利的，所以各地区之间、国家之间的电力系统根据互利原则，一般都实行并网运行。但并列运行的电力系统如果稳定裕度不够，在受到扰动后系统的某一部分将可能与主系统失去同步，发生失步振荡。系统在失步振荡过程中，某些地区尤其是振荡中心附近的电压、频率将大幅度变化，对用电负荷及发电机组的安全威胁很大，甚至可能引起大面积停电事故。因此，为避免事故扩大并把事故控制在有限范围内，有时被迫采用解列方法，即在事先安排的解列点上将电网解列为两个部分，等事故处理之后再做并网操作使电力系统恢复并联运行。

一、厂用电系统解列的应用

当系统出现严重的功率缺额时，将引起系统频率大幅度下降。系统频率过低时，会引起厂用电动机输出功率下降，威胁电厂本身电能生产的安全。而厂用电动机输出功率减小是形成系统"频率崩溃"的主要原因。因此，如能使厂用电系统供电频率维持在额定值附近运行，则可避免系统事故的进一步恶化。

在电力系统中，某些电厂的厂用电系统如果具备独立供电的条件，那么在安排发电厂的运行方式时就可以考虑厂用电系统与系统解列运行的可能性，以确保发电厂自身的安全运行。图 7-6 所示为厂用电系统与系统解列示意图，正常运行时，电厂厂用电由母线 I、II 供电，并经变压器 T_1 与系统相连，$1^{\#}$、$2^{\#}$机组的容量与全厂厂用电功率基本平衡。当因事故系统频率大幅度下降时，断开断路器 QF_1 使厂用电系统与电力系统解列，这时厂用电系统由本厂的 $1^{\#}$、$2^{\#}$机组单独供电，不受系统低频率的影响，从而提高了电厂运行的可靠性，有利于整个电力系统的安全运行。

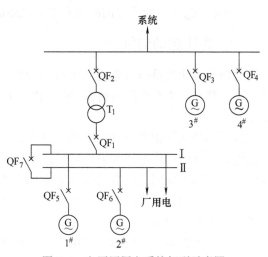

图 7-6　电厂厂用电系统解列示意图

二、系统解列的应用

在电力系统并网运行中，各区域电力系统间经联络线路相连，系统容量越大，稳定裕度越大，承受功率缺额的能力越强，并网运行的优点也就越明显。但在某些情况下，当存在约束条件时，其优势可能会受到一定的限制。如图 7-7 所示的电力系统，正常情况下系统 A 向系统 B 输送的有功功率为 P_{AB}，输电线路 AB 的极限输送功率为 P_{ABM}。设系统 B 由于事故发生了严重的功率缺额，引起整个系统频率的下降，这时 A

系统虽具备足够的备用容量，但由于受到 P_{ABM} 的限制而不能发挥其支援作用，这时如果频率下降严重，也将威胁系统 A 的安全运行。因此，为了控制事故范围，使其不致涉及邻近区域，两系统不得不解列运行。

在实行解列操作时，必须注意功率平衡问题。解列点的选择，应尽量使解列后本系统的发电量既能满足本系统用户负荷的需要，又不致造成发电功率的过剩。如图 7-6 所示情况，$1^{\#}$、$2^{\#}$ 机组的容量与其厂用电负荷基本平衡，因此选择 QF_1 为解列点。在图 7-7 中，如在联络线处解列，解列后将使系统 B 又损失了功率 P_{AB}，导致事故更为严重，不利于系统运行，因此最好在其他合适的地点解列。解列点的选择应考虑以下原则：

1）尽量保持解列后各分系统的功率平衡，以防止频率、电压的急剧变化，因此解列点要尽量选择在有功功率、无功功率分点上或交换功率最小处。在运行中，根据潮流变化情况进行调整。例如，在图 7-7 所示系统中，解列后 A 系统应继续承担 B 系统的一部分功率。

2）解列装置要操作方便、易于恢复且具有较好的远动、通信条件。

解列点选择好后，对解列条件应进行周密的分析，因为这是构成控制装置逻辑判断的依据。如在图 7-6 所示的发电厂厂用

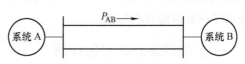

图 7-7　电力系统并列运行示意图

电解列的情况中，装置动作的判据是系统频率 f_s 的数值，即当系统频率低于整定值 f_{set} 时，解列装置就起动使断路器 QF_1 跳闸，如图 7-8 所示。如果还有其他条件，则将其相应信号接入，构成所需要的控制逻辑。

在图 7-7 所示的系统解列的例子中，若系统 B 发生事故，系统频率 f_s 下降，则 P_{AB} 增加。这时为了保证 A 系统的安全运行，需要进行解列操作。但是，如果是系统 A 发生故障，联络线路被切除，致使系统 B 的频率下降，这种情况下就没必要进行上述解列操作。所以在图 7-9 所示的系统自动解列装置的控制逻辑中，除了接入频率信号外，还需接入 P_{AB} 的数值和方向等信号。

图 7-8　厂用电系统自动解列逻辑

图 7-9　两并列系统自动解列逻辑

三、自动切机与电气制动

在电力系统中，大型水电站或坑口电厂一般都远离负荷中心，经输电线路向受端电网远距离送电，如图 7-10 所示。

设双回输电线路输送的功率 P_A 较大，当其中一回线路发生三相短路故障时，继电保护正确动作，故障线路被切除，但由

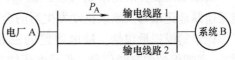

图 7-10　自动切机系统示意图

于输送功率 P_A 已超出一回线路运行时的稳定极限功率，使电厂 A 功率过剩，如果不迅速减少输送功率，则会导致系统稳定破坏。然而由于发电机调速系统的执行部件及自动励磁控制系统固有的惯性，使它们来不及迅速做出反映，故障期间的过剩功率将导致发电机组加速，发电机电压短时间内迅速上升，不仅对定子绕组的绝缘产生威胁，而且会使系统失去稳定。为此，可采取以下两项紧急操作措施：

1）迅速切除部分机组，以减少输电线路的传输功率。

2）电气制动。其实施方案是在发电机端装设足够容量的并联电阻，正常运行时这些电阻与电网断开，不投入运行；当发生故障需要减少发电机的输出功率时，自动控制装置就迅速投入相应数量的电阻。

第四节　故障录波装置

为分析继电保护事故和继电保护及安全自动装置在事故过程中的动作过程，以及迅速判定故障点的位置，在主要发电厂、220kV 及以上变电所和 110kV 重要变电所应装设专用的故障录波装置。

一、故障录波装置的作用

1）为正确分析事故原因、及时处理事故提供重要依据。装置所录故障过程波形图和有关数据，可以准确反应故障类型、相别、事故电流和电压、断路器的跳合闸时间及重合闸动作情况等，从而为分析事故原因、研究有效对策和及时处理事故提供可靠的依据。

2）根据录取的波形和数据，可以准确评价继电保护及自动装置动作的正确性。

3）根据录取的波形图和数据，结合短路电流计算结果，可以较准确地判断故障点的范围，便于寻找故障点，加速处理事故进程，减轻巡线人员的工作强度。

4）分析研究振荡规律，为继电保护和安全自动装置参数整定提供依据。系统发生振荡时，全部记录振荡从发生、失步、再同步的过程，得到振荡周期、电流和电压特征的电气量，方便获取振荡的有关参数。

5）借助录波装置，可实测系统在异常情况下的有关参数，以便提高运行水平。

二、故障录波装置的特点

微机型故障录波装置在原理和结构上与一般的数据采集系统基本相同，包括交流电流、电压的变换、A/D 转换、数据采集和处理、打印输出等环节。其特点有如下几个方面：

1. 记录量

故障录波装置的记录量有模拟量和开关量两大类。当系统连续发生大扰动时，应能无遗漏地记录每次系统扰动发生后的全过程数据。

记录的模拟量包括：输电线路的三相电流和零序电流（包括旁路断路器带线路时）；高频保护的高频信号；母线电压的三个相电压和零序电压；主变压器的三相电流和零序电流；发电机机端和中性点三相电流，发电机有功功率和无功功率，发电机励磁电压和励磁电流，发电机零序电压，发电机负序电压和负序电流，发电机三相电压，发电机频率等。

记录的开关量包括：输电线路的 A 相跳闸、B 相跳闸、C 相跳闸、三相跳闸信号；线路两套保护的 A 相动作、B 相动作、C 相动作、三相动作、重合闸动作信号；线路纵联保护接收和输出信号；母联断路器跳闸信号；母线差动保护动作、充电保护动作、失灵保护动作信号；远跳信号；主变压器保护动作信号；发电机主汽门动作、灭磁开关动作信号以及各种保护及安全自动装置动作信号。

故障录波装置分为变电所故障录波装置和发电机—变压器故障录波装置。220kV 变电所故障录波装置，应考虑 8 条线路、2 台主变压器、2 条母线的记录量；500kV 变电所故障录波装置，应考虑 6 条线路、2 台主变压器及其 2 条母线的记录量。发电机—变压器故障录波装置，应考虑发电机、主变压器、励磁变压器、高压厂用变压器、起动/备用变压器的记录量。

变电所故障录波装置，模拟量记录通道一般取 60 路，高频量记录通道 8 路，开关量记录通道 128 路。发电机—变压器故障录波装置，模拟量记录通道一般取 64/96 路，开关量记录通道为 64/128/192 路。

2. 数据的记录时间和采样速率

为便于分析，应将系统在大扰动前、扰动过程中及扰动平息后整个过程的数据完整清晰地记录下来，同时为减少数据存储容量，模拟量采集方式如图 7-11 所示。

1）A 时段记录系统大扰动前的状态数据，输出原始记录波形及有效值，记录时间不小于 0.04s，采样频率为 10000Hz。

2）B 时段记录系统大扰动后初期的状态数据，可直接输出原始记录波形，可观察到 5 次谐波，同时也可输出每一工频周期的工频有效值及直流分量值，记录时间不小于 0.1s，采样频率为 10000Hz。

图 7-11　模拟量采集时段顺序

3）C 时段记录系统大扰动后中期状态数据，可输出原始记录波形和连续工频有效值，记录时间不小于 2s，采样频率不低于 2000Hz。

4）D 时段记录系统大扰动后长期过程数据，每 0.1s 记录一个工频有效值，记录时间一般取 600s。当出现振荡、长期低电压、低频等工况时，可持续记录，也可加长 C 时段、减少 D 时段时间。

对于记录的开关量，要求分辨率不大于 1ms。

3. 起动录波方式

故障录波装置一经起动，就将接入的记录量按前述方式全部记录下来。其起动方式有人工起动、开关量起动、模拟量起动三种。

人工起动包括就地手动起动和远方起动。远方起动也称为遥控起动，是上级调度部门通过远动通道命令起动。

开关量起动可设定为变位起动、开起动、闭起动或不起动。开关量起动方式设定后，条件满足故障录波装置就起动。

模拟量起动有模拟量越限、突变起动。变电所故障录波装置的模拟量起动包括：

电流和电压量越限起动、突变起动；负序量越限起动、突变起动；零序量越限起动、突变起动。在发电机—变压器故障录波装置中，除上述起动量外，还有直流量越限起动、突变量起动和机组专项起动。机组专项起动有逆功率起动、过励磁起动、95%定子绕组接地起动、三次谐波电压起动、负序增量方向起动、发电机欠励失磁起动、频率越限起动和机组振荡起动。

故障录波装置一经起动，便按图 7-11 中 A→B→C→D 顺序记录输入量，若在记录过程中，有新的起动量动作，则重新按 A→B→C→D 顺序记录。

当所有起动量全部复归或末次记录时间达到规定时间，故障记录装置自动终止记录。

4. 存储容量和记录数据输出方式

故障录波装置的存储容量应足够大，当系统发生大扰动时，应能无遗漏地记录每次系统大扰动后的全过程数据。因此，记录数据应自动保存于主机模块和监控管理模块的硬盘中，存储容量仅受硬盘容量的限制。

故障录波装置应能接受监控计算机、分析中心主机和就地人机接口设备命令，快速、安全、可靠地输出记录数据；数据可以通过以太网、MODEM 通信输出；另可使用 USB 移动存储介质。传送的格式符合 IEC870—5—103 标准规约，实现故障回放功能。

记录数据还可打印输出。

5. GPS 对时功能

故障录波装置记录的数据应有时标，由装置内部时钟提供。为满足全网故障录波装置同步化的要求，全网的故障录波装置应有统一的时标，因此故障录波装置应能接收外部同步的时钟信号进行同步。全网故障录波系统的误差应不大于 1ms，装置内部时钟 24h 误差应不大于 ±5s。

6. 关于分析软件

故障录波装置应具有分析软件，主要用于实现故障记录装置的记录参数设置和起动值整定；标明起动时间、故障发生的时刻、标注故障性质；记录波形的编辑、分析；序电压/电流分析；谐波分析；故障测距；输出故障报告和录波分析报告等。

此外，故障录波装置对输入模拟量应有足够的线性工作范围，对交流输入电流应有 $(0.1 \sim 20)I_N$ 线性工作范围，其中 I_N 为电流互感器二次额定电流（1A 或 5A）；对交流输入电压应有 $(0.01 \sim 2)U_N$ 线性工作范围。

三、故障录波装置的构成

图 7-12 为故障录波装置的结构框图。由模拟量变换模块、开关量隔离模块、记录主机模块、监控管理系统模块组成。

主机模块数据采集采用高速数据处理的 DSP 及高分辨率的 A/D 转换器。多 CPU 之间采用双口 RAM、工业总线交换记录数据，使大容量数据流交换不会有瓶颈问题，从而不会造成数据丢失。

监控管理模块通过内部总线与记录主机模块交换数据，完成监控、通信、管理、波形分析及记录数据的备份存储。因此图 7-12 所示的故障录波装置无须再配后台机，避免了后台机或网络不稳定带来的使故障录波装置不能正常工作的现象。

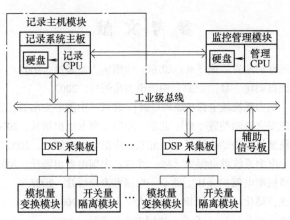

图 7-12　故障录波装置结构框图

 **复习思考题**

7-1　对备用电源自动投入装置的要求有哪些？

7-2　简述备用电源自动投入装置的动作时间的整定原则。

7-3　在厂用电事故的快速切换中，什么是快速切换、捕捉同期切换、残压切换？

7-4　快速切换、捕捉同期切换、残压切换的切换条件是什么？

7-5　分析并说明厂用电为何要采用快速切换、捕捉同期切换？

7-6　在厂用电和系统解列装置中，解列点的选择应考虑哪些原则？

7-7　什么是自动切机与电气制动？它们的作用是什么？

7-8　简述故障录波装置的作用及其模拟量采集方式。

参 考 文 献

[1] 杨冠城. 电力系统自动装置原理 [M]. 北京：中国电力出版社，2007.
[2] 李先彬. 电力系统自动化 [M]. 北京：中国电力出版社，2007.
[3] 贺家李，宋从矩. 电力系统继电保护原理 [M]. 北京：中国电力出版社，2004.
[4] 许正亚. 电力系统安全自动装置 [M]. 北京：中国水利水电出版社，2006.
[5] 丁书文. 电力系统微机型自动装置 [M]. 北京：中国电力出版社，2005.
[6] 张保会，尹项根. 电力系统继电保护 [M]. 北京：中国电力出版社，2005.
[7] 高亮. 电力系统微机继电保护 [M]. 北京：中国电力出版社，2007.
[8] 商国才. 电力系统自动化 [M]. 天津：天津大学出版社，2004.
[9] 谷水清. 配电系统自动化 [M]. 北京：中国电力出版社，2004.
[10] 韩富春. 电力系统自动化技术 [M]. 北京：中国水利水电出版社，2003.
[11] 张新燕，王维庆，何山. 风电并网运行与维护 [M]. 北京：机械工业出版社，2013.
[12] 中国电力科学研究院新能源研究中心. 风力发电接入电网及运行技术 [M]. 北京：中国电力出版社，2017.
[13] 程启明，程尹曼，汪明媚，等. 风力发电机组并网技术研究综述 [J]. 华东电力，2011，39（2）：239-244.
[14] 付蓉，马海啸. 新能源发电与控制技术 [M]. 北京：中国电力出版社，2015.
[15] 葛虎，毕锐，徐志成，等. 大型光伏电站无功电压控制研究 [J]. 电力系统保护与控制，2014，42（14）：45-51.
[16] 王曼，杨素琴. 新能源发电与并网技术 [M]. 北京：中国电力出版社，2017.
[17] 王兆安，刘进军. 电力电子技术 [M]. 5 版. 北京：机械工业出版社，2012.
[18] 李大中. 新能源发电系统控制 [M]. 北京：中国电力出版社，2016.
[19] 武晓冬，朱燕芳，田慕琴. 风电场层 AGC 常用分配策略的对比研究 [J]. 电力系统保护与控制，2019，47（16）：173-179.